大数据

基础编程、实验和案例教程

（第2版）

林子雨　编著

清华大学出版社
北京

内 容 简 介

本书以大数据分析全流程为主线，介绍数据采集、数据存储与管理、数据处理与分析、数据可视化等环节典型软件的安装、使用和基础编程方法。内容涵盖操作系统（Linux 和 Windows）、开发工具（Eclipse），以及大数据相关技术、软件（Kafka、Hadoop（HDFS、MapReduce）、HBase、Hive、Spark、MySQL、MongoDB、Redis、R、D3、ECharts）等。同时，本书还提供了丰富的课程实验和综合案例，以及大量免费的在线教学资源，可以较好地满足高等院校大数据教学实际需求。

本书是《大数据技术原理与应用》（第 3 版）的"姊妹篇"，可以作为高等院校大数据、计算机、信息管理等相关专业的大数据课程辅助教材，用于指导大数据编程实践，也可供相关技术人员参考。

本书封面贴有清华大学出版社防伪标签，无标签者不得销售。
版权所有，侵权必究。举报：010-62782989，beiqinquan@tup.tsinghua.edu.cn。

图书在版编目(CIP)数据

大数据基础编程、实验和案例教程/林子雨编著. —2 版. —北京：清华大学出版社，2020.9（2023.8 重印）
ISBN 978-7-302-55977-1

Ⅰ.①大… Ⅱ.①林… Ⅲ.①数据处理—教材 Ⅳ.①TP274

中国版本图书馆 CIP 数据核字(2020)第 121799 号

责任编辑：白立军　杨　帆
封面设计：杨玉兰
责任校对：白　蕾
责任印制：杨　艳

出版发行：清华大学出版社
网　　址：http://www.tup.com.cn，http://www.wqbook.com
地　　址：北京清华大学学研大厦 A 座　　　邮　编：100084
社 总 机：010-83470000　　　　　　　　　邮　购：010-62786544
投稿与读者服务：010-62776969，c-service@tup.tsinghua.edu.cn
质量反馈：010-62772015，zhiliang@tup.tsinghua.edu.cn
课件下载：http://www.tup.com.cn，010-83470236

印 装 者：北京同文印刷有限责任公司
经　　销：全国新华书店
开　　本：185mm×260mm　　印　张：23　　字　数：557 千字
版　　次：2017 年 8 月第 1 版　　2020 年 10 月第 2 版　　印　次：2023 年 8 月第 9 次印刷
定　　价：69.00 元

产品编号：088685-01

作者介绍

　　林子雨(1978—),男,博士,全国高校知名大数据教师,厦门大学计算机科学系副教授,厦门大学云计算与大数据研究中心创始成员,厦门大学数据库实验室负责人。于2001年获得福州大学水利水电专业学士学位,2005年获得厦门大学计算机专业硕士学位,2009年获得北京大学计算机专业博士学位。中国高校首个"数字教师"提出者和建设者,2009年至今,"数字教师"大平台累计向网络免费发布超过1000万字高价值的教学和科研资料。2013年开始在厦门大学开设大数据课程,主持的课程"大数据技术原理与应用"获评"2018年国家精品在线开放课程"。

　　主要研究方向为数据库、数据仓库、数据挖掘、大数据和云计算,发表期刊和会议学术论文多篇,并作为课题组负责人承担了国家自然科学基金和福建省自然科学基金项目。曾作为志愿者翻译了 Google Spanner、BigTable 和 Architecture of a Database System 等大量英文学术资料,与广大网友分享,深受欢迎。因在教学领域的突出贡献,成为2013年度、2017年度和2020年度厦门大学奖教金(教学类)获得者,并荣获"2018年厦门大学教学成果特等奖"和"2018年福建省教学成果二等奖"。

　　主讲课程:"大数据技术原理与应用""大数据处理技术""大数据导论"。

　　建设了高校大数据课程公共服务平台,为教师教学和学生学习大数据课程提供包括教学大纲、讲义PPT、学习指南、备课指南、实验指南、上机习题、授课视频和技术资料等全方位、一站式免费服务,平台年访问量超过200万次,累计网络访问量突破1000万次;同时提供面向高校的大数据实验平台建设方案和大数据课程师资培训服务。

第2版前言

《大数据基础编程、实验和案例教程》的第1版于2017年7月出版,在过去的几年时间里,大数据技术又获得了新的发展,开源流计算框架Flink迅速崛起,在市场上和Spark展开了激烈的角逐。与此同时,Hadoop和Spark的版本也在不断更新升级,一些编程接口发生了变化。因此,为了适应大数据技术的新发展,继续保持本书的先进性和实用性,我们及时对第1版内容进行了补充和修订。

下面对第1版内容的修改做简要说明。

第2章 Linux系统的安装和使用,升级了VirtualBox软件的版本,并修改了在Linux系统中安装Eclipse的方法。

第3章 Hadoop的安装和使用,修改了Hadoop简介及Java环境的安装方法,升级Hadoop到3.1.3版本;同时,删除了"使用Docker搭建Hadoop分布式集群"这部分内容,因为该内容在教学中很少被使用。

第4章 HDFS操作方法和基础编程,升级Hadoop到3.1.3版本,并根据最新版本的特点对HDFS相关内容做了修改;同时重新撰写了HDFS编程实践的内容。

第5章 HBase的安装和基础编程,升级HBase到2.2.2版本,版本升级后,HBase的安装配置方法和相关的编程接口也发生了变化,因此,对编程接口和实例代码进行了大量修改。

第6章 典型NoSQL数据库的安装和使用,升级Redis到较新的5.0.5版本,并对由于版本升级而发生变化的内容做了修改。

第7章 MapReduce基础编程,升级Hadoop到3.1.3版本,并对由于版本升级而发生变化的内容做了修改。

第8章 数据仓库Hive的安装和使用,升级Hive到3.1.2版本,并对由于版本升级而发生变化的内容做了修改。

第9章 Spark的安装和基础编程,升级Spark到2.4.0版本,并对由于版本升级而发生变化的内容做了修改。

第10章 Flink的安装和基础编程,本章内容均为新增,以反映当前新兴的大数据处理技术,并介绍了Flink的安装和基础编程方法。

第 11 章　典型可视化工具的使用方法，删除了一些教学环节不太方便开展实践的内容，包括 Easel.ly、Tableau 和魔镜等，因为这些技术产品存在官网无法访问、需要用户注册才能使用等问题。

第 12 章　数据采集工具的安装和使用，删除了 Flume 的内容，因为该内容比较孤立，未与其他章节的内容进行有效结合；同时删除了 Sqoop 的内容，因为 Sqoop 不支持最新版 Hadoop 和 Hive 等软件。

第 13 章　大数据课程综合实验案例，升级了各个大数据软件的版本，并删除了和 Sqoop 相关的操作实践，因为 Sqoop 不支持新版的 Hadoop 和 Hive；同时增加了使用 Java 程序把 Hive 中的数据导入 MySQL。

第 14 章　实验，升级实验中相关软件到较新的版本，并新增了 3 个实验，从而帮助读者更好实践 Hive、Spark 和 Flink 等大数据技术。

本书第 1 版是《大数据技术原理与应用》（第 2 版）的"姊妹篇"，前者可以作为后者的课程配套实验手册。由于《大数据技术原理与应用》（第 2 版）已经在全国高校得到了广泛使用，很多高校采用该教材开设了大数据课程，因此，这也带动了本书第 1 版在高校的大量使用。在使用过程中，一些高校老师积极反馈了很多宝贵的意见和建议，为我们团队进行本书第 2 版的创作提供了很好的方向指引。同时，笔者也在厦门大学开设了大数据课程，并把本书第 1 版积极应用在实践教学中，让教材在教学实践中经受检验。现在，《大数据技术原理与应用》（第 2 版）已经改版到了第 3 版，作为配套"姊妹篇"，本书也及时从第 1 版升级到第 2 版，也就是说，在未来的教学过程中，本书第 2 版是与《大数据技术原理与应用》（第 3 版）配套使用的。当然，通过过去全国高校老师的反馈信息，我们也了解到，不少高校会直接把本书作为单独的课程教材（而不是配套的实验手册）来使用，因此，本书第 2 版也可以作为独立教材来使用。

本书由林子雨执笔。在撰写过程中，厦门大学计算机科学系硕士研究生程璐、林哲、郑宛玉、陈杰祥、陈绍纬、周伟敬等做了大量辅助性工作，在此，向这些同学的辛勤工作表示衷心的感谢。

本书官网免费提供全部配套资源的在线浏览和下载，并接受错误反馈和发布勘误信息。同时，在学习大数据课程的过程中，欢迎读者访问厦门大学数据库实验室建设的国内高校首个大数据课程公共服务平台，该平台为教师教学和学生学习大数据课程提供包括教学大纲、讲义 PPT、学习指南、备课指南、实验指南、上机习题、授课视频、技术资料等全方位、一站式免费服务。

大数据技术处于快速发展变革之中，厦门大学数据库实验室团队会持续跟踪大数据技术发展趋势，努力保持本书内容的新颖性，并把一些较新的教学内容及时发布到本书官网。由于笔者能力有限，书中难免存在不足之处，望广大读者不吝赐教。

林子雨

2020 年 6 月于厦门大学数据库实验室

第1版前言

大数据带来了信息技术的巨大变革,并深刻影响着社会生产和人民生活的方方面面。大数据专业人才的培养是世界各国新一轮科技较量的基础,高等院校承担着大数据人才培养的重任,需要及时建立大数据课程体系,为社会培养和输送一大批具备大数据专业素养的高级人才,满足社会对大数据人才日益旺盛的需求。

高质量的教材是推进高校大数据课程体系建设的关键支撑。2013年12月,笔者根据自己主讲厦门大学计算机科学系研究生大数据课程的教学实践,编写了电子书《大数据技术基础》,通过网络免费发布,反响较好。此后两年多的时间里,笔者继续对大数据技术知识体系进行深入学习和系统梳理,并结合教学实践和大量调研,编著出版了《大数据技术原理与应用》,该书第1版于2015年8月出版发行,第2版于2017年2月出版发行。《大数据技术原理与应用》一书侧重于介绍大数据技术的实现原理,编程实践内容较少,该教材定位为入门级大数据教材,以"构建知识体系、阐明基本原理、开展初级实践、了解相关应用"为原则,旨在为读者搭建通向大数据知识空间的桥梁和纽带,为读者在大数据领域深耕细作奠定基础、指明方向。教材系统论述了大数据的基本概念、大数据处理架构Hadoop、分布式文件系统HDFS、分布式数据库HBase、NoSQL数据库、云数据库、分布式并行编程模型MapReduce、大数据处理架构Spark、流计算、图计算、数据可视化,以及大数据在互联网、生物医学和物流等各个领域的应用。

《大数据技术原理与应用》一书出版以后,获得了读者较高认可,目前已经成为国内多所高校的大数据课程教材。与此同时,笔者在最近两年通过各种形式助力全国高校加快推进大数据课程建设,包括建设全国高校大数据课程公共服务平台,开展全国高校大数据公开课巡讲计划,组织全国高校大数据教学论坛,举办全国高校大数据课程教师培训交流班等。通过这些活动,笔者与全国高校广大大数据课程教师有了更深的接触和交流,也收集到了广大一线教师的核心教学需求。很多高校教师在高度肯定《大数据技术原理与应用》教材的同时,也提出了很多中肯的改进意见和建议,其中,有很多教师指出,应该加强大数据实践环节的训练,提供实验指导和综合案例。

为了更好地满足高校教学实际需求,笔者带领厦门大学数据库实验室团队，开展了大量的探索和实践，并对实践材料进行系统整理，在此基础上编写了本书。本书侧重于介绍大数据软件的安装、使用和基础编程方法，并提供大量实验和案例。由于大数据软件都是开源软件，安装过程一般比较复杂，也很耗费时间。为了尽量减少读者搭建大数据实验环境时的障碍，笔者在本书中详细介绍了各种大数据软件的详细安装过程，可以确保读者顺利完成大数据实验环境搭建。

    本书共 13 章，详细介绍系统和软件的安装、使用以及基础编程方法。第 1 章介绍大数据关键技术和代表性软件，帮助读者形成对大数据技术及其代表性软件的总体性认识。第 2 章介绍 Linux 系统的安装和使用方法，为后面其他章节的学习奠定基础。第 3 章介绍分布式计算框架 Hadoop 的安装和使用方法。第 4 章介绍分布式文件系统 HDFS 的操作方法和基础编程。第 5 章介绍分布式数据库 HBase 的安装和基础编程方法。第 6 章介绍典型 NoSQL 数据库的安装和使用方法，包括键值数据库 Redis 和文档数据库 MongoDB。第 7 章介绍如何编写基本的 MapReduce 程序。第 8 章介绍基于 Hadoop 的数据仓库 Hive 的安装和使用方法。第 9 章介绍基于内存的分布式计算框架 Spark 的安装和基础编程方法。第 10 章介绍 5 种典型可视化工具的安装和使用方法，包括 Easel.ly、D3、Tableau、魔镜、ECharts 等。第 11 章介绍数据采集工具的安装和使用方法，包括 Flume、Kafka 和 Sqoop。第 12 章介绍一个大数据课程综合实验案例，即网站用户购物行为分析。第 13 章通过 5 个实验让读者加深对知识的理解。

    本书面向高校计算机和信息管理等相关专业的学生，可以作为专业必修课或选修课的辅助教材。本书是《大数据技术原理与应用》（第 2 版）的"姊妹篇"，可以作为《大数据技术原理与应用》（第 2 版）的辅助配套教程，两本书组合使用，可以取得更好的学习效果。此外，本书也可以和市场上现有的其他大数据教材配套使用，作为教学辅助用书。

    本书由林子雨执笔。在撰写过程中，厦门大学计算机科学系硕士研究生谢荣东、罗道文、邓少军、阮榕城、薛倩、魏亮、曾冠华等做了大量辅助性工作，在此，向这些同学的辛勤工作表示衷心的感谢。

    本书官网免费提供全部配套资源的在线浏览和下载，并接受错误反馈和发布勘误信息。同时，在学习大数据课程的过程中，欢迎读者访问厦门大学数据库实验室建设的国内高校首个大数据课程公共服务平台，该平台为教师教学和学生学习大数据课程提供包括教学大纲、讲义 PPT、学习指南、备课指南、上机习题、授课视频、技术资料等全方位、一站式免费服务。

    本书在撰写过程中，参考了大量网络资料，对大数据技术及其典型软件进行了系统梳理，有选择地把一些重要知识纳入本书。由于笔者能力有限，本书难免存在不足之处，望广大读者不吝赐教。

林子雨

2017 年 2 月于厦门大学数据库实验室

目录

第 1 章 大数据技术概述 /1
1.1 大数据时代 /1
1.2 大数据关键技术 /2
1.3 大数据软件 /3
    1.3.1 Hadoop /4
    1.3.2 Spark /5
    1.3.3 NoSQL 数据库 /5
1.4 内容安排 /6
1.5 在线资源 /8
1.6 本章小结 /10

第 2 章 Linux 系统的安装和使用 /11
2.1 Linux 系统简介 /11
2.2 Linux 系统安装 /11
    2.2.1 下载安装文件 /12
    2.2.2 Linux 系统的安装方式 /12
    2.2.3 安装 Linux 虚拟机 /13
    2.2.4 生成 Linux 虚拟机镜像文件 /35
2.3 Linux 系统及相关软件的基本使用方法 /36
    2.3.1 Shell /36
    2.3.2 root 用户 /37
    2.3.3 创建普通用户 /37
    2.3.4 sudo 命令 /38
    2.3.5 常用的 Linux 系统命令 /38
    2.3.6 文件解压缩 /39
    2.3.7 常用的目录 /39
    2.3.8 目录的权限 /40
    2.3.9 更新 APT /40
    2.3.10 切换中英文输入法 /42

    2.3.11 vim 编辑器的使用方法 /42
    2.3.12 在 Windows 系统中使用 SSH 方式登录 Linux 系统 /43
    2.3.13 在 Linux 系统中安装 Eclipse /46
    2.3.14 其他使用技巧 /47
  2.4 关于本书内容的一些约定 /47
  2.5 本章小结 /48

第 3 章 Hadoop 的安装和使用 /49
  3.1 Hadoop 简介 /49
  3.2 安装 Hadoop 前的准备工作 /49
    3.2.1 创建 hadoop 用户 /50
    3.2.2 更新 APT /50
    3.2.3 安装 SSH /50
    3.2.4 安装 Java 环境 /51
  3.3 安装 Hadoop /52
    3.3.1 下载安装文件 /53
    3.3.2 单机模式配置 /53
    3.3.3 伪分布式模式配置 /54
    3.3.4 分布式模式配置 /61
  3.4 本章小结 /70

第 4 章 HDFS 操作方法和基础编程 /71
  4.1 HDFS 操作常用的 Shell 命令 /71
    4.1.1 查看命令的用法 /71
    4.1.2 HDFS 操作 /73
  4.2 利用 HDFS 的 Web 管理界面 /75
  4.3 HDFS 编程实践 /75
    4.3.1 在 Eclipse 中创建项目 /75
    4.3.2 为项目添加需要用到的 JAR 包 /76
    4.3.3 编写 Java 应用程序 /79
    4.3.4 编译运行程序 /82
    4.3.5 应用程序的部署 /83
  4.4 本章小结 /86

第 5 章 HBase 的安装和基础编程 /88
  5.1 安装 HBase /88
    5.1.1 下载安装文件 /88
    5.1.2 配置环境变量 /89
    5.1.3 添加用户权限 /89

5.1.4 查看 HBase 版本信息 /89
5.2 HBase 的配置 /90
　　5.2.1 单机模式配置 /90
　　5.2.2 伪分布式模式配置 /92
5.3 HBase 常用的 Shell 命令 /94
　　5.3.1 在 HBase 中创建表 /94
　　5.3.2 添加数据 /94
　　5.3.3 查看数据 /95
　　5.3.4 删除数据 /96
　　5.3.5 删除表 /97
　　5.3.6 查询历史数据 /97
　　5.3.7 退出 HBase 数据库 /97
5.4 HBase 编程实践 /98
　　5.4.1 在 Eclipse 中创建项目 /98
　　5.4.2 为项目添加需要用到的 JAR 包 /100
　　5.4.3 编写 Java 应用程序 /102
　　5.4.4 编译运行程序 /105
5.5 本章小结 /106

第 6 章 典型 NoSQL 数据库的安装和使用 /108

6.1 Redis 的安装和使用 /108
　　6.1.1 Redis 简介 /108
　　6.1.2 安装 Redis /108
　　6.1.3 Redis 实例演示 /110
6.2 MongoDB 的安装和使用 /111
　　6.2.1 MongDB 简介 /111
　　6.2.2 安装 MongoDB /112
　　6.2.3 使用 Shell 命令操作 MongoDB /113
　　6.2.4 Java API 编程实例 /118
6.3 本章小结 /122

第 7 章 MapReduce 基础编程 /123

7.1 词频统计任务要求 /123
7.2 MapReduce 程序编写方法 /124
　　7.2.1 编写 Map 处理逻辑 /124
　　7.2.2 编写 Reduce 处理逻辑 /124
　　7.2.3 编写 main 方法 /125
　　7.2.4 完整的词频统计程序 /126
7.3 编译打包程序 /127

　　　　7.3.1　使用命令行编译打包词频统计程序　/128

　　　　7.3.2　使用 Eclipse 编译打包词频统计程序　/128

　7.4　运行程序　/136

　7.5　本章小结　/139

第 8 章　数据仓库 Hive 的安装和使用　/140

　8.1　Hive 的安装　/140

　　　　8.1.1　下载安装文件　/140

　　　　8.1.2　配置环境变量　/141

　　　　8.1.3　修改配置文件　/141

　　　　8.1.4　安装并配置 MySQL　/142

　8.2　Hive 的数据类型　/144

　8.3　Hive 基本操作　/145

　　　　8.3.1　创建数据库、表、视图　/145

　　　　8.3.2　删除数据库、表、视图　/146

　　　　8.3.3　修改数据库、表、视图　/147

　　　　8.3.4　查看数据库、表、视图　/148

　　　　8.3.5　描述数据库、表、视图　/148

　　　　8.3.6　向表中装载数据　/149

　　　　8.3.7　查询表中数据　/149

　　　　8.3.8　向表中插入数据或从表中导出数据　/149

　8.4　Hive 应用实例：WordCount　/150

　8.5　Hive 编程的优势　/151

　8.6　本章小结　/151

第 9 章　Spark 的安装和基础编程　/152

　9.1　基础环境　/152

　9.2　安装 Spark　/152

　　　　9.2.1　下载安装文件　/152

　　　　9.2.2　配置相关文件　/153

　9.3　使用 Spark Shell 编写代码　/154

　　　　9.3.1　启动 Spark Shell　/154

　　　　9.3.2　读取文件　/155

　　　　9.3.3　编写词频统计程序　/156

　9.4　编写 Spark 独立应用程序　/157

　　　　9.4.1　用 Scala 语言编写 Spark 独立应用程序　/157

　　　　9.4.2　用 Java 语言编写 Spark 独立应用程序　/161

　9.5　本章小结　/164

第 10 章　Flink 的安装和基础编程　/165

10.1　安装 Flink　/165

10.2　编程实现 WordCount 程序　/167

　　10.2.1　安装 Maven　/167

　　10.2.2　编写代码　/167

　　10.2.3　使用 Maven 打包 Java 程序　/171

　　10.2.4　通过 flink run 命令运行程序　/172

10.3　本章小结　/172

第 11 章　典型可视化工具的使用方法　/173

11.1　D3 可视化库的使用方法　/173

　　11.1.1　D3 可视化库的安装　/173

　　11.1.2　基本操作　/174

11.2　使用 ECharts 制作图表　/182

　　11.2.1　ECharts 简介　/182

　　11.2.2　ECharts 图表制作方法　/182

11.3　本章小结　/185

第 12 章　数据采集工具的安装和使用　/186

12.1　Kafka　/186

　　12.1.1　Kafka 相关概念　/186

　　12.1.2　安装 Kafka　/186

　　12.1.3　一个实例　/187

12.2　实例：编写 Spark 程序使用 Kafka 数据源　/188

　　12.2.1　Kafka 准备工作　/188

　　12.2.2　Spark 准备工作　/190

　　12.2.3　编写 Spark 程序使用 Kafka 数据源　/191

12.3　本章小结　/197

第 13 章　大数据课程综合实验案例　/198

13.1　案例简介　/198

　　13.1.1　案例目的　/198

　　13.1.2　适用对象　/198

　　13.1.3　时间安排　/198

　　13.1.4　预备知识　/198

　　13.1.5　硬件要求　/199

　　13.1.6　软件工具　/199

　　13.1.7　数据集　/199

　　13.1.8　案例任务　/199

13.2 实验环境搭建 /200
13.3 实验步骤概述 /200
13.4 本地数据集上传到数据仓库 Hive /201
    13.4.1 实验数据集的下载 /201
    13.4.2 数据集的预处理 /203
    13.4.3 导入数据库 /206
13.5 Hive 数据分析 /209
    13.5.1 简单查询分析 /209
    13.5.2 查询条数统计分析 /211
    13.5.3 关键字条件查询分析 /213
    13.5.4 根据用户行为分析 /214
    13.5.5 用户实时查询分析 /215
13.6 Hive、MySQL、HBase 数据互导 /216
    13.6.1 Hive 预操作 /216
    13.6.2 使用 Java API 将数据从 Hive 导入 MySQL /217
    13.6.3 使用 HBase Java API 把数据从本地导入 HBase 中 /222
13.7 使用 R 进行数据可视化分析 /229
    13.7.1 安装 R /229
    13.7.2 安装依赖库 /230
    13.7.3 可视化分析 /232
13.8 本章小结 /236

第 14 章 实验 /237

14.1 实验一：熟悉常用的 Linux 操作和 Hadoop 操作 /237
    14.1.1 实验目的 /237
    14.1.2 实验平台 /237
    14.1.3 实验步骤 /237
    14.1.4 实验报告 /239
14.2 实验二：熟悉常用的 HDFS 操作 /239
    14.2.1 实验目的 /239
    14.2.2 实验平台 /239
    14.2.3 实验步骤 /240
    14.2.4 实验报告 /240
14.3 实验三：熟悉常用的 HBase 操作 /241
    14.3.1 实验目的 /241
    14.3.2 实验平台 /241
    14.3.3 实验步骤 /241
    14.3.4 实验报告 /242
14.4 实验四：NoSQL 和关系数据库的操作比较 /243

14.4.1　实验目的　/243
　　　14.4.2　实验平台　/243
　　　14.4.3　实验步骤　/243
　　　14.4.4　实验报告　/246
　14.5　实验五：MapReduce初级编程实践　/247
　　　14.5.1　实验目的　/247
　　　14.5.2　实验平台　/247
　　　14.5.3　实验步骤　/247
　　　14.5.4　实验报告　/249
　14.6　实验六：熟悉Hive的基本操作　/250
　　　14.6.1　实验目的　/250
　　　14.6.2　实验平台　/250
　　　14.6.3　数据集　/250
　　　14.6.4　实验步骤　/250
　　　14.6.5　实验报告　/251
　14.7　实验七：Spark初级编程实践　/252
　　　14.7.1　实验目的　/252
　　　14.7.2　实验平台　/252
　　　14.7.3　实验步骤　/252
　　　14.7.4　实验报告　/254
　14.8　实验八：Flink初级编程实践　/254
　　　14.8.1　实验目的　/254
　　　14.8.2　实验平台　/254
　　　14.8.3　实验步骤　/254
　　　14.8.4　实验报告　/255

附录A　实验参考答案　/256
　A.1　"实验一：熟悉常用的Linux操作和Hadoop操作"实验步骤　/256
　A.2　"实验二：熟悉常用的HDFS操作"实验步骤　/261
　A.3　"实验三：熟悉常用的HBase操作"实验步骤　/280
　A.4　"实验四：NoSQL和关系数据库的操作比较"实验步骤　/289
　A.5　"实验五：MapReduce初级编程实践"实验步骤　/306
　A.6　"实验六：熟悉Hive的基本操作"实验步骤　/315
　A.7　"实验七：Spark初级编程实践"实验步骤　/319
　A.8　"实验八：Flink初级编程实践"实验步骤　/325

附录B　Linux系统中的MySQL安装及常用操作　/343
　B.1　安装MySQL　/343
　B.2　MySQL常用操作　/346

参考文献　/350

第 1 章

大数据技术概述

大数据的时代已经到来,大数据作为继云计算、物联网之后 IT 行业又一颠覆性的技术,备受关注。大数据无处不在,包括金融、汽车、零售、餐饮、电信、能源、政务、医疗、体育、娱乐等在内的社会各行各业,大数据都融入其中,它对人类社会的生产和生活必将产生重大而深远的影响。

本章首先介绍大数据关键技术和各类典型的大数据软件,帮助读者形成对大数据技术及其代表性软件的总体性认识;其次,给出本书的整体内容安排,帮助读者快速找到相关技术所对应的章节;最后,详细给出与本书配套的在线资源,帮助读者更好、更深入地学习理解相关大数据技术知识。

1.1 大数据时代

人类全面进入信息化社会以后,数据以自然方式增长,其产生不以人的意志为转移。从 1986 年开始到 2016 年的 30 年时间里,全球数据量增长了 100 多倍,今后的数据量增长速度将更快,我们正生活在一个"数据爆炸"的大数据时代。今天,世界上只有大约 25% 的设备是接入互联网的,大约 80% 的上网设备是计算机和手机,而在不远的将来,随着物联网的发展和大规模普及,汽车、电视、家用电器、生产机器等各种设备也将接入互联网,各种传感器和摄像头将遍布人们工作和生活的各个角落,这些设备每时每刻都在自动产生大量数据。可以说,人类社会正经历第二次数据爆炸(如果把印刷在纸上的文字和图片也看作数据,那么人类历史上第一次数据爆炸发生在造纸术和印刷术发明的时期)。各种数据产生速度之快,产生数量之大,已经远远超出传统技术可以处理的范围,"数据爆炸"成为大数据时代的鲜明特征。

在数据爆炸的今天,人类一方面对知识充满渴求,另一方面为数据的复杂特征所困惑。数据爆炸对科学研究提出了更高的要求,需要人类设计出更加灵活高效的数据存储、处理和分析工具,来应对大数据时代的挑战。由此,必将带来云计算、数据仓库、数据挖掘等技术和应用的提升或者根本性变革。在存储效率(存储技术)领域,需要实现低成本的大规模分布式存储;在网络效率(网络技术)方面,需要实现及时响应的用户体验;在数据中心方面,需要开发更加绿色节能的新一代数据中心,在有效面对大数据处理需求的同时,实现最大化资源利用率、最小化系统能耗的目标。面对数据爆炸的大数据时代,我们人类不再从容!

1.2 大数据关键技术

大数据的基本处理流程,主要包括数据采集、存储管理、处理分析、结果呈现等环节。因此,从数据分析全流程的角度,大数据技术主要包括数据采集与预处理、数据存储和管理、数据处理与分析、数据可视化、数据安全和隐私保护等几个层面的内容(具体如表1-1所示)。其中,数据可视化有时也被视为数据分析的一种,即可视化分析,因此,数据可视化也可被归入数据处理与分析这一大类。

表 1-1　大数据技术的不同层面及其功能

技术层面	功　　能
数据采集与预处理	利用ETL(Extraction-Transformation-Loading)工具将分布的、异构数据源中的数据,如关系数据、平面数据文件等,抽取到临时中间层后进行清洗、转换、集成,最后加载到数据仓库或数据集市中,成为联机分析处理、数据挖掘的基础;也可以利用日志采集工具(如Flume、Kafka等)把实时采集的数据作为流计算系统的输入,进行实时处理分析
数据存储和管理	利用分布式文件系统、数据仓库、关系数据库、NoSQL数据库、云数据库等,实现对结构化、半结构化和非结构化海量数据的存储和管理
数据处理与分析	利用分布式并行编程模型和计算框架,结合机器学习和数据挖掘算法,实现对海量数据的处理和分析
数据可视化	对分析结果进行可视化呈现,帮助人们更好地理解、分析数据
数据安全和隐私保护	在从大数据中挖掘潜在的巨大商业价值和学术价值的同时,构建隐私数据保护体系和数据安全体系,有效保护个人隐私和数据安全

需要指出的是,大数据技术是许多技术的集合体,这些技术也并非全部都是新生事物,诸如关系数据库、数据仓库、数据采集、ETL、OLAP(On-Line Analytical Processing)、数据挖掘、数据隐私和安全、数据可视化等已经发展多年的技术,在大数据时代得到不断补充、完善、提高后又有了新的升华,也可以视为大数据技术的一个组成部分。对于这些技术,除了数据可视化技术以外,其他内容将不再介绍,本书重点阐述近些年新发展起来的大数据核心技术及其代表性软件使用方法,包括分布式并行编程、分布式文件系统、分布式数据库、NoSQL数据库、日志采集工具等。

此外,大数据技术及其代表性软件种类繁多,不同的技术都有其适用和不适用的场景。总体而言,不同的企业应用场景,都对应着不同的大数据计算模式,根据不同的大数据计算模式,可以选择相应的大数据计算产品,具体如表1-2所示。

表 1-2　大数据计算模式及其代表产品

大数据计算模式	解决问题	代表产品
批处理计算	针对大规模数据的批量处理	MapReduce、Spark等
流计算	针对流数据的实时计算	Flink、Storm、S4、Flume、Streams、Puma、DStream、Super Mario、银河流数据处理平台等

续表

大数据计算模式	解 决 问 题	代 表 产 品
图计算	针对大规模图结构数据的处理	Pregel、GraphX、Giraph、PowerGraph、Hama、GoldenOrb 等
查询分析计算	大规模数据的存储管理和查询分析	Dremel、Hive、Cassandra、Impala 等

批处理计算主要解决针对大规模数据的批量处理,也是人们日常数据分析工作中常见的一类数据处理需求。例如,爬虫程序把大量网页抓取过来存储到数据库中以后,可以使用 MapReduce 对这些网页数据进行批量处理,生成索引,加快搜索引擎的查询速度。

流计算主要是实时处理来自不同数据源的、连续到达的流数据,经过实时分析处理,给出有价值的分析结果。例如,用户在访问淘宝网等电子商务网站时,用户在网页中的每次点击的相关信息(如选取了什么商品)都会像水流一样实时传播到大数据分析平台,平台采用流计算技术对这些数据进行实时处理分析,构建用户"画像",为其推荐可能感兴趣的其他相关商品。

在大数据时代,许多大数据都是以大规模图或网络的形式呈现,如社交网络、传染病传播途径、交通事故对路网的影响等,此外,许多非图结构的大数据,也常常会被转换为图模型后再进行处理分析。图计算软件是专门针对图结构数据开发的,在处理大规模图结构数据时可以获得很好的性能。

查询分析计算也是一种在企业中常见的应用场景,主要是面向大规模数据的存储管理和查询分析,用户一般只需要输入查询语句(如 SQL),就可以快速得到相关的查询结果。

流计算软件(Storm、S4 等)和图计算软件(Pregel、Hama 等)学习门槛稍高,一般适合作为高级教程内容,本书作为入门级教程,没有涉及流计算和图计算的内容。感兴趣的读者,可以访问本书官网,学习《大数据技术原理与应用》(第 3 版)在线视频的内容,了解图计算和流计算的技术原理和相关软件的使用方法。

1.3 大数据软件

本书涉及的大数据软件涵盖数据采集、数据存储与管理、数据处理与分析、数据可视化等环节,每个环节所采用的相关软件如表 1-3 所示。

表 1-3 本书所涉及的大数据软件

大数据技术	大数据软件
数据采集	Kafka
数据存储与管理	HDFS、HBase、Redis、MongoDB、MySQL
数据处理与分析	MapReduce、Spark、Hive、Flink
数据可视化	D3、ECharts、R

针对表 1-3 中的每款大数据软件,本书都会详细介绍安装和使用方法,以及如何开展基础编程实践。

1.3.1 Hadoop

Hadoop 是 Apache 软件基金会旗下的一个开源分布式计算平台,为用户提供了系统底层细节透明的分布式计算架构。Hadoop 是基于 Java 语言开发的,具有很好的跨平台特性,并且可以部署在廉价的计算机集群中。Hadoop 的核心是 Hadoop 分布式文件系统(Hadoop Distributed File System,HDFS)和 MapReduce。借助 Hadoop,程序员可以轻松地编写分布式并行程序,将其运行在廉价的计算机集群上,完成海量数据的存储与计算。经过多年的发展,Hadoop 生态系统不断完善和成熟,目前已经包含多个子项目(见图 1-1)。除了核心的 HDFS 和 MapReduce 以外,Hadoop 生态系统还包括 YARN、Zookeeper、HBase、Hive、Pig、Mahout、Sqoop、Flume、Ambari 等功能组件。

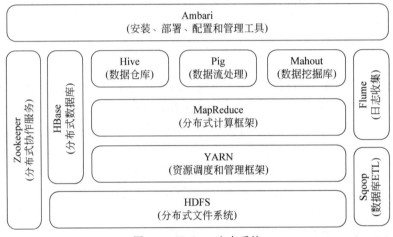

图 1-1 Hadoop 生态系统

本书将详细介绍 HDFS、MapReduce、HBase、Hive、Flume、Sqoop 等组件的安装和使用方法,因此,这里简要介绍这些组件的功能,要了解 Hadoop 的更多细节内容,可以访问本书官网,学习《大数据技术原理与应用》(第 3 版)在线视频的内容。

(1) HDFS:HDFS 是针对谷歌文件系统(Google File System,GFS)的开源实现,它是 Hadoop 两大核心组成部分之一,提供了在廉价服务器集群中进行大规模分布式文件存储的能力。HDFS 具有很好的容错能力,并且兼容廉价的硬件设备,因此,可以以较低的成本利用现有机器实现大流量和大数据量的读写。

(2) MapReduce:一种分布式并行编程模型,用于大规模数据集(大于 1TB)的并行运算,它将复杂的、运行于大规模集群上的并行计算过程高度抽象为两个函数——Map 和 Reduce。MapReduce 极大方便了分布式编程工作,编程人员在不会分布式并行编程的情况下,也可以很容易地将自己的程序运行在分布式系统上,完成海量数据集的计算。

(3) HBase:针对谷歌 BigTable 的开源实现,是一个高可靠、高性能、面向列、可伸缩的分布式数据库,主要用来存储非结构化和半结构化的松散数据。HBase 可以支持超大规模数据存储,可以通过水平扩展的方式,利用廉价计算机集群处理由超过 10 亿行数据和数百万列元素组成的数据表。

(4) Hive:一个基于 Hadoop 的数据仓库工具,可以用于对存储在 Hadoop 文件中的数据集进行数据整理、特殊查询和分析处理。Hive 的学习门槛比较低,因为它提供了类似于关系数据库 SQL 的查询语言——HiveQL,可以通过 HiveQL 语句快速实现简单的 MapReduce 统计,Hive 自身可以自动将 HiveQL 语句快速转换成 MapReduce 任务进行运行,而不必开发专门的 MapReduce 应用程序,因而十分适合数据仓库的统计分析。

(5) Flume：Cloudera 公司开发的一个高可用的、高可靠的、分布式的海量日志采集、聚合和传输系统。Flume 支持在日志系统中定制各类数据发送方,用于收集数据;同时,Flume 提供对数据进行简单处理,并写到各种数据接收方的能力。

(6) Sqoop：SQL to Hadoop 的缩写,主要用来在 Hadoop 和关系数据库之间交换数据,可以改进数据的互操作性。通过 Sqoop,可以方便地将数据从 MySQL、Oracle、PostgreSQL 等关系数据库中导入 Hadoop(如导入 HDFS、HBase 或 Hive 中),或者将数据从 Hadoop 导出到关系数据库,使得传统关系数据库和 Hadoop 之间的数据迁移变得非常方便。

1.3.2　Spark

Spark 最初诞生于美国加州大学伯克利分校的 AMP 实验室,是一个可应用于大规模数据处理的快速、通用引擎,如今是 Apache 软件基金会下的顶级开源项目之一。Spark 最初的设计目标是使数据分析更快——不仅运行速度快,也能快速、容易地编写程序。为了使程序运行更快,Spark 提供了内存计算,减少了迭代计算时的 I/O 开销;而为了使编写程序更容易,Spark 使用简练、优雅的 Scala 语言编写,基于 Scala 提供了交互式的编程体验。虽然 Hadoop 在过去很长一段时间内成为大数据的代名词,但是 MapReduce 分布式计算模型仍存在诸多缺陷,而 Spark 不仅具备了 Hadoop MapReduce 的优点,而且解决了 Hadoop MapReduce 的缺陷。Spark 正以其结构一体化、功能多元化的优势逐渐成为当今大数据领域最热门的大数据计算平台。

Spark 的设计遵循"一个软件栈满足不同应用场景"的理念,逐渐形成了一套完整的生态系统,既能够提供内存计算框架,也可以支持 SQL 即席查询(Spark SQL)、流式计算(Spark Streaming)、机器学习(MLlib)和图计算(GraphX)等。Spark 可以部署在资源管理器 YARN 上,提供一站式的大数据解决方案。因此,Spark 所提供的生态系统同时支持批处理、交互式查询和流数据处理。

现在,Spark 生态系统已经成为伯克利数据分析栈(Berkeley Data Analytics Stack,BDAS)的重要组成部分。BDAS 架构如图 1-2 所示,从中可以看出,Spark 专注于数据的处理分析,而数据的存储还是要借助于 HDFS、Amazon S3 等来实现的。因此,Spark 生态系统可以很好地实现与 Hadoop 生态系统的兼容,使得现有 Hadoop 应用程序可以非常容易地迁移到 Spark 系统中。

1.3.3　NoSQL 数据库

NoSQL 数据库是一种不同于关系数据库的数据库管理系统,是对一大类非关系数据库的统称,它所采用的数据模型并非传统关系数据库的关系模型,而是类似键值、列族、文档等非关系模型。NoSQL 数据库没有固定的表结构,通常不存在连接操作,也没有严格遵守

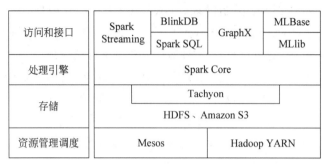

图 1-2 BDAS 架构

ACID 约束,因此,与关系数据库相比,NoSQL 数据库具有灵活的水平可扩展性,可以支持海量数据存储。此外,NoSQL 数据库支持 MapReduce 风格的编程,可以较好地应用于大数据时代的各种数据管理。NoSQL 数据库的出现,一方面弥补了关系数据库在当前商业应用中的各种缺陷,另一方面也撼动了关系数据库的传统垄断地位。

NoSQL 数据库虽然数量众多,但是,归结起来,典型的 NoSQL 数据库通常包括键值数据库、列族数据库、文档数据库和图数据库。本书介绍两种流行的 NoSQL 数据库产品的安装和使用方法,即键值数据库 Redis 和文档数据库 MongoDB。

键值数据库(Key-Value Database)会使用一个哈希表,这个表中有一个特定的 Key 和一个指针指向特定的 Value。Key 可以用来定位 Value,即存储和检索具体的 Value。Value 对数据库而言是透明不可见的,不能对 Value 进行索引和查询,只能通过 Key 进行查询。Value 可以用来存储任意类型的数据,包括整型、字符型、数组、对象等。在存在大量写操作的情况下,键值数据库可以比关系数据库取得明显更好的性能。

在文档数据库中,文档是数据库的最小单位。虽然每一种文档数据库的部署都有所不同,但是,大都假定文档以某种标准化格式封装并对数据进行加密,同时用多种格式进行解码,包括 XML、YAML、JSON 和 BSON 等,也可以使用二进制格式(如 PDF、微软 Office 文档等)。文档数据库通过键来定位一个文档,因此可以看成键值数据库的一个衍生品,而且前者比后者具有更高的查询效率。对于那些可以把输入数据表示成文档的应用而言,文档数据库是非常合适的。

1.4 内容安排

本书以大数据分析全流程为主线,介绍数据采集、数据存储与管理、数据处理与分析、数据可视化等环节典型软件的安装、使用和基础编程方法。

本书涵盖了操作系统(Linux 和 Windows)、开发工具(Eclipse)、大数据相关软件(Kafka、Hadoop(HDFS、MapReduce)、HBase、Hive、Spark、Flink、MySQL、MongoDB、Redis、R、D3、ECharts)。其中,数据仓库 Hive 即可作为数据存储与管理工具,也可作为数据处理与分析工具。在本书中,这些系统和软件之间的相互关系如图 1-3 所示(注意,图 1-3 仅反映这些软件在本书中的实际关系)。

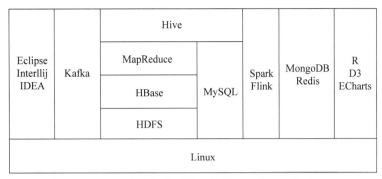

图 1-3 本书中相关系统和软件之间的相互关系

对于本书中相关系统和软件之间的相互关系有以下 3 点说明。

（1）在操作系统层面，采用 Linux 和 Windows 系统。

（2）所有软件都在 Linux 系统下安装和使用。

（3）HBase 借助于 HDFS 作为底层存储，可以编写 MapReduce 程序，处理和分析 HDFS、HBase 中的数据；Hive 采用 MySQL 存储 Hive 元数据，它会把 SQL 查询语句自动转换成 MapReduce 任务；Kafka 采集到的数据会被提交给 Spark 进行处理。

表 1-4 给出了相关大数据软件在本书中的章节安排，可以帮助读者快速找到相关技术所对应的章节。

表 1-4 相关大数据软件在本书中的章节安排

软　件	功　能	所在章节
Linux	操作系统	第 2 章 Linux 系统的安装和使用
Eclipse	开发工具	第 2 章 Linux 系统的安装和使用
Hadoop	分布式处理框架	第 3 章 Hadoop 的安装和使用
HDFS	分布式文件系统	第 4 章 HDFS 操作方法和基础编程
HBase	分布式数据库	第 5 章 HBase 的安装和基础编程
MongoDB	文档数据库	第 6 章 典型 NoSQL 数据库的安装和使用
Redis	键值数据库	第 6 章 典型 NoSQL 数据库的安装和使用
MapReduce	分布式并行编程框架	第 7 章 MapReduce 基础编程
Hive	基于 Hadoop 的数据仓库	第 8 章 数据仓库 Hive 的安装和使用
Spark	基于内存的分布式计算框架	第 9 章 Spark 的安装和基础编程
Flink	流计算框架	第 10 章 Flink 的安装和基础编程
D3	可视化工具	第 11 章 典型可视化工具的使用方法
ECharts	可视化工具	第 11 章 典型可视化工具的使用方法
Kafka	数据采集工具	第 12 章 数据采集工具的安装和使用
R	可视化工具	第 13 章 大数据课程综合实验案例
MySQL	关系数据库	附录 B　Linux 系统中的 MySQL 安装及常用操作

需要说明的是,数据采集工具(Kafka)虽然是在大数据分析流程中的第一个环节,但是,由于这些工具需要与 Hadoop 和 Spark 等配合使用,所以,本书把数据采集工具(Kafka)的介绍安排在后面的"第 12 章 数据采集工具的安装和使用",在第 12 章,介绍完 Kafka 的安装后,介绍了 Kafka 和 Spark 组合使用的方法。

1.5 在线资源

本书官网提供了全部配套资源的在线浏览和下载,地址是 http://dblab.xmu.edu.cn/post/bigdatapractice2/。为了便于读者更好地学习和使用,本书官网提供了下载专区、在线视频、拓展阅读等栏目,具体内容如表 1-5 所示。

表 1-5 本书官网的栏目内容说明

栏 目	内 容 说 明
下载专区	包含各章所涉及的源代码和软件
在线视频	包含与本书配套的《大数据技术原理与应用》(第 3 版)的课程免费在线视频
拓展阅读	包含各种大数据技术在线教程
大数据课程公共服务平台	提供大数据教学资源一站式"免费"在线服务,包括课程教材、讲义 PPT、课程习题、实验指南、学习指南、备课指南、授课视频和技术资料等

1. 下载专区

下载专区提供了本书各章所涉及的源代码和软件的下载,为了方便读者查找相关软件和代码,表 1-6 给出了本书官网"下载专区"目录及其内容概览。

表 1-6 本书官网"下载专区"目录及其内容概览

目 录	文 件 清 单
软件	apache-hive-3.1.2-bin.tar.gz apache-maven-3.6.3-bin.zip eclipse-4.7.0-linux.gtk.x86_64.tar.gz FileZilla_3.17.0.0_win64_setup.exe flink-1.9.1-bin-scala_2.11.tgz hadoop-3.1.3.tar.gz hbase-2.2.2-bin.tar.gz jdk-8u162-linux-x64.tar.gz kafka_2.11-0.10.2.0.tgz mysql-connector-java-5.1.40.tar.gz mongo-java-driver-3.12.1.jar putty_V0.63.0.0.43510830.exe redis-5.0.5.tar.gz sbt-1.3.8.tgz SecurAble.rar spark-2.4.0-bin-without-hadoop.tgz spark-streaming-kafka-0-8_2.11-2.4.0.jar ubuntukylin-16.04-desktop-amd64.iso VirtualBox-6.1.2.135663-Win.exe

续表

目录		文件清单
代码	第3章	伪分布式(core-site.xml;hdfs-site.xml);分布式(workers;core-site.xml;hdfs-site.xml;mapred-site.xml;yarn-site.xml)
	第4章	MergeFile.java
	第5章	单机模式(hbase-site.xml);伪分布式(hbase-site.xml);ExampleForHBase.java
	第6章	MongoDBExample.java
	第7章	WordCount.java
	第8章	hive-site.xml
	第9章	sbt;pom.xml;simple.sbt;SimpleApp.java;SimpleApp.scala
	第10章	WordCountData.java;WordCountTokenizer.java;WordCount.java;pom.xml
	第11章	d3.zip;example1.html;example2.html;example3.html;example4.html;example5.html;echarts.js;example6.html;toolbox.html
	第12章	KafkaWordCount.scala;KafkaWordProducer.scala;simple.sbt;StreamingExamples.scala
	第13章	HivetoMySQL.java;ImportHBase.java;pre_deal.sh
数据集	第13章	user.zip
	第14章	prog-hive-1st-ed-data.zip
实验答案	附录A	附录A:大数据课程实验答案.pdf

2. 在线视频

本书是笔者编著的另一本书《大数据技术原理与应用》(第3版)的"姊妹篇"。

《大数据技术原理与应用》(第3版)教材拥有配套的高清课程视频,共13讲,视频累计1300分钟。读者在学习本书的同时,可以通过在线视频了解相关大数据技术的实现原理,从而更好地实践大数据技术。为了让读者在学习本书时能够快速找到对应的在线视频内容,表1-7给出本书和在线视频之间的章节对应关系。

表1-7 本书和在线视频之间的章节对应关系

本书章节		《大数据技术原理与应用》(第3版)视频	
第1章	大数据技术概述	第1讲	大数据概述
第2章	Linux系统的安装和使用	无	
第3章	Hadoop的安装和使用	第2讲	大数据处理架构Hadoop
第4章	HDFS操作方法和基础编程	第3讲	分布式文件系统HDFS
第5章	HBase的安装和基础编程	第4讲	分布式数据库HBase
第6章	典型NoSQL数据库的安装和使用	第5讲	NoSQL数据库
第7章	MapReduce基础编程	第7讲	MapReduce
第8章	数据仓库Hive的安装和使用	第8讲	基于Hadoop的数据仓库Hive

续表

本 书 章 节	《大数据技术原理与应用》(第3版)视频
第9章 Spark的安装和基础编程	第10讲 Spark
第10章 Flink的安装和基础编程	第12讲 Flink
第11章 典型可视化工具的使用方法	无
第12章 数据采集工具的安装和使用	无
第13章 大数据课程综合实验案例	无

3. 拓展阅读

本书只是简要介绍大数据软件安装和基础编程,如果要深入学习相关内容,可以访问本书官网的"拓展阅读"栏目,里面提供了相关的大数据技术在线教程。例如,《Spark 入门教程》为读者开辟了一条学习 Spark 技术的捷径,扫除学习道路上的各种障碍,帮助读者降低学习难度,大幅度节省学习时间。《Spark 入门教程》详细介绍了 Scala 语言、Spark 运行架构、RDD 的设计与运行原理、Spark 的部署模式、RDD 编程、键值对 RDD、数据读写、Spark SQL、Spark Streaming、Spark MLlib 等。

4. 大数据课程公共服务平台

中国高校大数据课程公共服务平台(标志见图 1-4),旨在为全国高校教师和学生提供大数据教学资源一站式"免费"在线服务,包括教学大纲、讲义 PPT、学习指南、备课指南、实验指南、上机习题、授课视频和技术资料等。平台重点打造"13 个 1 工程",即 1 本教材、1 个教师服务站、1 个学生服务站、1 个公益项目、1 堂巡讲公开课、1 个示范班级、1 门在线课程、1 个交流群、1 个保障团队、1

图 1-4 大数据课程公共服务平台的标志

个培训交流基地、1 个实验平台、1 个课程群和 1 个微信公众号。平台由厦门大学数据库实验室建设,自 2013 年 5 月建设以来,目前年访问量超过 200 万次,累计访问量超过 1000 万次,成为全国高校大数据教学知名品牌,并荣获 2018 年厦门大学教学成果特等奖和 2018 年福建省教学成果二等奖。

1.6 本章小结

大数据技术是一个庞杂的知识体系,包含了大量相关技术和软件。在具体学习相关技术及其软件之前,非常有必要建立对大数据技术体系的整体性认识。因此,本章首先从总体上介绍了大数据关键技术和各类大数据软件。鉴于不同的大数据学习者有着不同的学习需求,为了方便读者迅速找到对应的学习章节,本章给出了本书的整体内容安排。此外,与教程配套的相关资源的建设,是帮助读者更加有效且高效学习本书的重要方面,因此,本章最后详细列出了与本书配套的各种丰富的在线资源,全部可以通过网络自由免费访问。

第 2 章

Linux 系统的安装和使用

Hadoop 是目前处于主流地位的大数据软件,尽管 Hadoop 本身可以运行在 Linux、Windows 和其他一些类 UNIX 系统(如 FreeBSD、OpenBSD、Solaris 等)上,但是,Hadoop 官方真正支持的作业平台只有 Linux。这就导致其他平台在运行 Hadoop 时,往往需要安装很多其他的包来提供一些 Linux 操作系统的功能,以配合 Hadoop 的执行。例如,Windows 在运行 Hadoop 时,需要安装 Cygwin 等软件。鉴于 Hadoop、Spark 等大数据软件大多数都是运行在 Linux 系统上,因此,本书采用 Linux 系统安装各种常用大数据软件,开展基础编程。

首先,本章简要介绍 Linux 系统;其次,详细介绍 Linux 系统的安装方法、Linux 系统及相关软件的基本使用方法,为后面章节内容的学习奠定基础;最后,给出关于本书内容的一些约定。

2.1 Linux 系统简介

Linux 是一套免费使用和自由传播的类 UNIX 操作系统,是一个基于 POSIX 和 UNIX 的多用户、多任务,支持多线程和多 CPU 的操作系统。Linux 有许多服务于不同目的的发行版,包括对不同计算机结构的支持、对一个具体区域或语言的本地化、实时应用和嵌入式系统等,已经超过 300 个发行版,但是,目前在全球范围内只有 10 个左右发行版被普遍使用,如 Fedora、Debian、Ubuntu、RedHat、SuSE、CentOS 等。

Linux 的发行版大体分为两类:一类是商业公司维护的发行版;另一类是社区组织维护的发行版。前者以著名的 RedHat 为代表,后者以 Debian 为代表。Debian 是社区类 Linux 的典范,是迄今为止最遵循 GNU 规范的 Linux 系统。严格地说,Ubuntu 不能算作一个独立的发行版,它是基于 Debian 的 unstable 版本加强而来的。Ubuntu 就是一个拥有 Debian 所有优点以及自己所加强的优点的近乎完美的 Linux 桌面系统,在服务端和桌面端使用占比最高,网络上资料最齐全,因此,本书采用 Ubuntu。

2.2 Linux 系统安装

本节介绍 Linux 系统的安装方法,内容包括下载安装文件、Linux 系统的安装方式、安装 Linux 虚拟机、生成 Linux 虚拟机镜像文件等。

2.2.1 下载安装文件

本书采用的 Linux 发行版是 Ubuntu，同时，为了更好地支持汉化（例如，更容易输入中文），这里采用了 Ubuntu Kylin 发行版。Ubuntu Kylin 是针对中国用户定制的 Ubuntu 发行版，里面包含了一些中国特色的软件（如中文拼音输入法），并根据中国人的使用习惯，对系统做了一些优化。

Ubuntu Kylin 较新的版本是 18.04 LTS，但是，在实际使用过程中发现，该版本对计算机的资源消耗较多，在使用虚拟机方式安装时，系统运行起来速度较慢。因此，本书选择 Ubuntu Kylin 16.04 LTS。

可以通过两种途径下载 Ubuntu Kylin 发行版。第一种方式是进入 Windows 系统，访问 Ubuntu 官网（https://www.ubuntu.org.cn/download/ubuntu-kylin）下载。进入 Ubuntu 官网下载页面后（见图 2-1），会提供两种不同版本的下载地址，即 32 位版本和 64 位版本。如果计算机硬件配置较低，内存小于 2GB，建议选择 32 位版本；如果计算机硬件配置较高，内存大于 4GB，建议选择 64 位版本。

图 2-1　Ubuntu Kylin 官网下载页面

第二种方式是进入 Windows 系统，访问本书官网（http://dblab.xmu.edu.cn/post/bigdatapractice2/），进入"下载专区"，在"软件"目录下找到文件 ubuntukylin-16.04-desktop-amd64.iso 下载到本地。但是，本书官网仅提供了 64 位版本的 Linux 系统安装镜像文件。

Linux 系统安装文件一般都比较大，往往在 1GB 以上，因此，在下载 Linux 系统安装文件时，建议使用支持断点续传的下载工具，如迅雷或者 QQ 旋风。

2.2.2 Linux 系统的安装方式

Linux 系统的安装主要有两种方式：虚拟机安装方式和双系统安装方式。

（1）虚拟机安装方式。在 Windows 操作系统上先安装虚拟机软件（如 VirtualBox 或 VMware）；然后，在虚拟机软件上安装 Linux 系统。采用这种安装方式时，Linux 系统就相当于运行在 Windows 上的一个软件。如果要使用 Linux 系统，需要在计算机开机后，首先启动进入 Windows 操作系统；然后，在 Windows 操作系统中打开虚拟机软件（如 VirtualBox）；最后，在虚拟机软件中启动 Linux，之后才能使用 Linux 系统。

（2）双系统安装方式。直接把 Linux 系统安装在计算机"裸机"上，而不是安装在 Windows 系统上。采用这种安装方式时，Linux 系统和 Windows 系统的地位是平等的，当计算机开机时，屏幕上会显示提示信息，让用户选择要启动的系统：如果用户选择 Windows 系统，计算机就继续启动进入 Windows 系统；如果用户选择 Linux 系统，计算机就继续启动进入 Linux 系统。

对于虚拟机安装方式而言，由于同时要运行 Windows 系统和 Linux 系统，因此，这种安装方式对计算机硬件的要求较高。建议计算机较新且具备 4GB 以上内存时可以选择虚拟机安装方式。如果计算机较旧或配置内存小于 4GB 时，建议选择双系统安装方式；否则，在配置较低的计算机上运行 Linux 虚拟机，系统运行速度会非常慢。

由于大多数大数据初学者对 Windows 系统比较熟悉，对 Linux 系统可能稍显陌生，因此，本书采用虚拟机方式安装 Linux 系统。如果需要采用双系统方式安装，可以使用网络搜索相关资料完成安装，这里不做介绍。

2.2.3 安装 Linux 虚拟机

当采用虚拟机安装方式时，计算机一定要具备 4GB 以上的内存；否则，运行速度会很慢。计算机的硬盘配置需要在 100GB 以上。

1. 检测 CPU 是否支持虚拟化

采用虚拟机安装方式时，需要提前测试计算机的 CPU 是否支持虚拟化。一般来说，近几年购买的计算机的 CPU 都是支持虚拟化的，但是，还是建议采用 SecurAble 软件进行测试。本书官网提供了 SecurAble 软件的下载，在"下载专区"的"软件"目录下，文件名是 SecurAble.exe。

1）CPU 支持虚拟化

运行 SecurAble 软件以后，如果得到如图 2-2 所示的结果，则说明 CPU 支持 64 位系统，支持虚拟化。

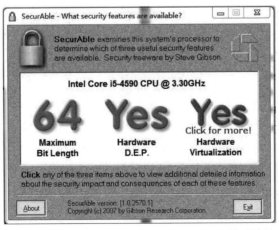

图 2-2　CPU 支持 64 位系统时的 SecurAble 检测结果

2）虚拟化在 BIOS 中没有开启

运行 SecurAble 软件以后，如果得到如图 2-3 所示的结果，则说明 CPU 支持 64 位系统；但是，虚拟化在 BIOS 中没有开启。

图 2-3　虚拟化在 BIOS 中没有开启时的 SecurAble 检测结果

这时,就需要在 BIOS 中开启相关选项。关于如何修改 BIOS 以支持虚拟化,不同的计算机具有不同的方法。对于大部分计算机而言,只需要在开机的第一时间按 Delete 键即可进入 BIOS。图 2-4 显示了某款计算机的 BIOS 界面。

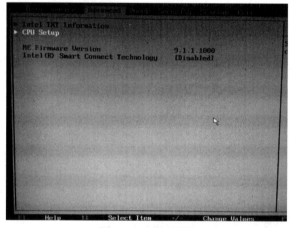

图 2-4　BIOS 界面

在该 BIOS 界面中,选择 CPU Setup 就可以进入 CPU 的设置界面(见图 2-5),需要把 Intel(R) Virtualization Technology 选项设置为 Enabled,这样就开启了虚拟化功能。

如果出现设置 BIOS 的界面和本书不同,可参考相关网络资料修改 BIOS 配置。

3) CPU 不支持虚拟化

运行 SecurAble 软件以后,如果得到图 2-6 所示的结果,一般情况下,意味着 CPU 不支持虚拟化,建议更换计算机。但是,也有例外,在实际使用该软件时,通过大量计算机的实际测试结果,发现存在一定比例的"误测"情况,也就是说,测试结果是"不支持虚拟化",实际上,计算机是支持虚拟化的。所以,当测试结果是"不支持虚拟化"时,也不要完全放弃,可以尝试继续按照本书后面的步骤安装 Linux 虚拟机,也许可以安装成功。

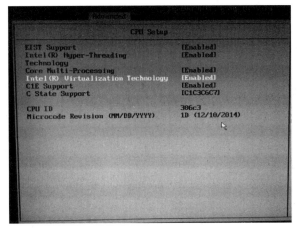

图 2-5　CPU 设置界面

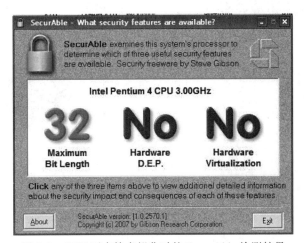

图 2-6　CPU 不支持虚拟化时的 SecurAble 检测结果

2. 安装虚拟机软件

常用的虚拟机软件包括 VMware 和 VirtualBox 等。但是，VMware 属于商业软件，需要付费，因此，本书采用免费的开源软件 VirtualBox，可以访问 VirtualBox 官网（https://www.virtualbox.org/wiki/Downloads）下载安装文件，也可以到本书官网下载，位于"下载专区"的"软件"目录下，文件名是 VirtualBox-6.1.2.135663-Win.exe。下载后，在 Windows 操作系统中安装 VirtualBox。根据大量计算机的实际安装情况，有部分计算机无法成功安装 VirtualBox，这时，可尝试获得商业软件 VMware 进行安装。总体而言，根据大量计算机的实际安装情况，部分计算机只能成功安装 VirtualBox 而无法成功安装 VMware，还有一部分计算机只能成功安装 VMware 而无法成功安装 VirtualBox。所幸的是，对于 VirtualBox 和 VMware 两款虚拟机软件，当其中一款虚拟机软件在计算机上安装失败时，另一款虚拟机软件基本都会安装成功，在实际使用过程中，还没有出现这两款虚拟机软件都安装失败的情形。

3. 安装 Linux 操作系统

本书仅介绍如何在 VirtualBox 上安装 Linux 系统，关于如何在 VMware 上安装 Linux 系统，可参考相关网络资料。

进入 Windows 系统，启动 VirtualBox 软件，按照以下两大步骤完成 Linux 系统的安装：首先需要创建一个虚拟机；然后，在虚拟机上安装 Linux 系统。

1) 创建虚拟机

（1）新建一个虚拟机。

打开 VirtualBox，如图 2-7 所示，单击"新建"按钮，创建一个虚拟机。

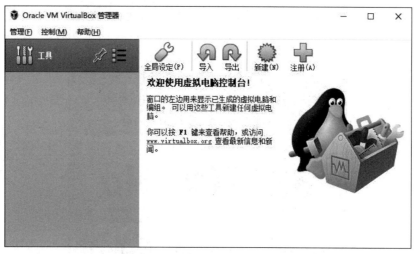

图 2-7　VirtualBox 首界面

（2）设置虚拟机名称和系统类型。

在弹出的界面中（见图 2-8），在"名称"后面的文本框中输入虚拟机名称，例如，可以取名为 Ubuntu。在"文件夹"后面的文本框中可以设置为本地磁盘目录，如"D:\"。在"类型"后面的下拉列表框中，选择 Linux。如果选择的是 32 位 Ubuntu 系统，在"版本"后面的下拉列表框中选择 Ubuntu（32-bit）；如果选择的是 64 位 Ubuntu 系统，在"版本"下拉列表框中选择 Ubuntu（64-bit）。本书采用的是 64 位 Ubuntu 系统。设置好以后，单击"下一步"按钮。

（3）设置虚拟机内存大小。

可以根据计算机的内存情况设置虚拟机内存大小。如果计算机总内存为 4GB（见图 2-9），可以划分 1GB 的内存给虚拟机来运行 Ubuntu（实际上，在这种配置下运行虚拟机以后，仍会稍显卡顿，建议计算机总内存增加到 8GB 以上）。如果计算机总内存有 8GB，那么可以划分 3GB 内存给 Ubuntu，这样运行速度会快很多。设置好以后，单击"下一步"按钮。

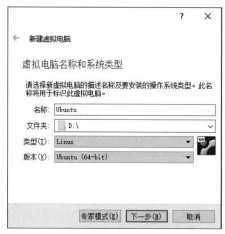

图 2-8　VirtualBox 新建虚拟机界面

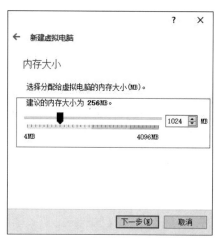

图 2-9　内存大小设置界面

（4）创建虚拟硬盘。

在弹出的界面中（见图 2-10）选择"现在创建虚拟硬盘"单选按钮，单击"创建"按钮。

在弹出的界面中（见图 2-11）选择"VDI（VirtualBox 磁盘映像）"单选按钮，单击"下一步"按钮。

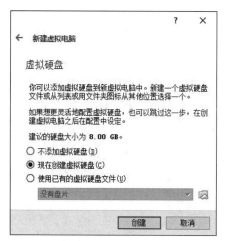

图 2-10　创建虚拟硬盘界面

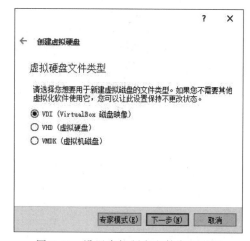

图 2-11　设置虚拟硬盘文件类型界面

在弹出的界面中（见图 2-12）选择"动态分配"单选按钮，单击"下一步"按钮。

随后需要在弹出的界面中（见图 2-13）选择文件存储的位置和容量大小。本书需要安装常用的大数据软件（包括 Hadoop、HBase、Hive、Spark 等），大概需要划分 20GB 用于文件存储，然后单击"创建"按钮。

到此为止，虚拟机的创建已完成，用户可以在新建的虚拟机上安装 Linux 系统。

2）在虚拟机上安装 Linux 系统

按照上面的步骤完成虚拟机的创建以后，会返回如图 2-14 所示的界面。

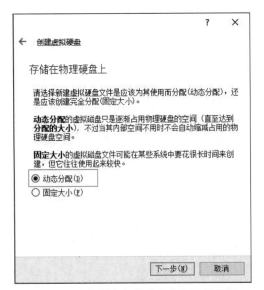

图 2-12　虚拟硬盘文件动态分配设置界面　　图 2-13　文件存储位置和容量大小设置界面

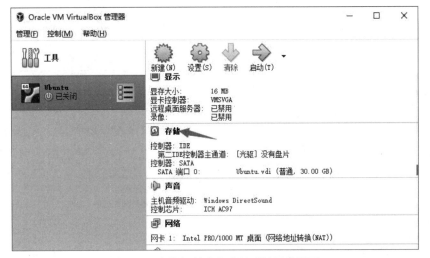

图 2-14　虚拟机创建完成以后返回的界面

这时勿直接单击"启动"按钮，否则，有可能导致进程中断。应该首先设置"存储"，单击图 2-14 中的"存储"按钮，打开存储设置界面（见图 2-15）。然后单击"没有盘片"，再单击"光盘"图标，选择"选择一个虚拟光盘"，找到之前已经下载到本地的 Ubuntu 系统安装镜像文件 ubuntukylin-16.04-desktop-amd64.iso，单击"确定"按钮。

在界面中（见图 2-16）选择刚创建的虚拟机 Ubuntu，单击"启动"按钮。

启动后如果看到如图 2-17 所示的界面，在下拉列表框中选择 ISO 文件 ubuntukylin-16.04-desktop-amd64.iso，单击"启动"按钮。如果没有出现此界面，直接跳往下一步即可。

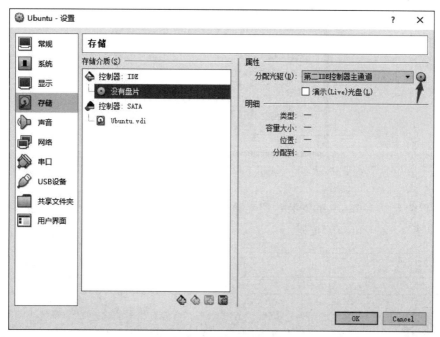

图 2-15　选择虚拟光盘界面

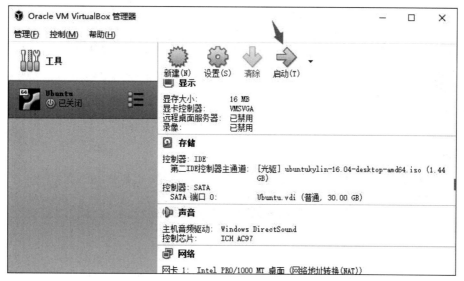

图 2-16　加载虚拟光盘后的 VirtualBox 界面

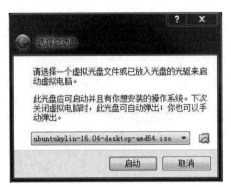

图 2-17　VirtualBox 虚拟机启动后可能出现的界面

启动后会看到 Ubuntu 的安装欢迎界面(见图 2-18),选择操作系统语言,推荐使用中文(简体),单击"安装 Ubuntu"按钮。

图 2-18　Ubuntu 安装欢迎界面

在如图 2-19 所示的界面中,检查是否接入网络、是否安装第三方软件。如果此时网络不可用,则会显示叉号。这里不需要接入网络也可以顺利完成安装,并且不需要安装第三方软件。单击"继续"按钮。

在如图 2-20 所示的界面中,需要先确认安装类型,这里选择"其他选项"单选按钮,然后单击"继续"按钮。

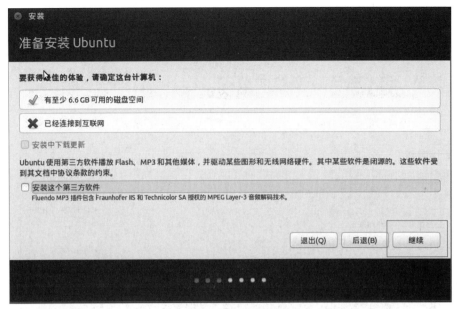

图 2-19　检查是否接入网络和安装第三方软件的界面

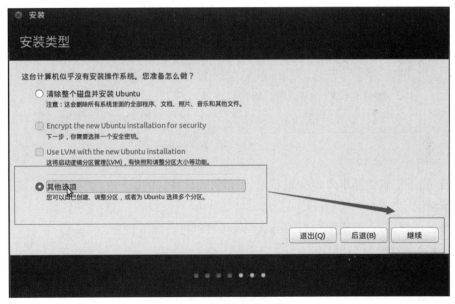

图 2-20　安装类型选择界面

在如图 2-21 所示的界面中，单击"新建分区表"按钮。这时，可能在界面上无法看到＋按钮，这是由于计算机的分辨率问题导致的，遇到这种情形时，可以按住 Alt 键，再把鼠标移动到安装类型界面上，按住鼠标左键向上拖动界面，就可以看到其他被遮住的部分了。后面在安装过程中，可以用这种方法处理类似问题。

在弹出的界面中（见图 2-22）单击"继续"按钮。

下面开始创建分区，添加交换空间和根目录。一般来说，可以选择 512MB～1GB 作为

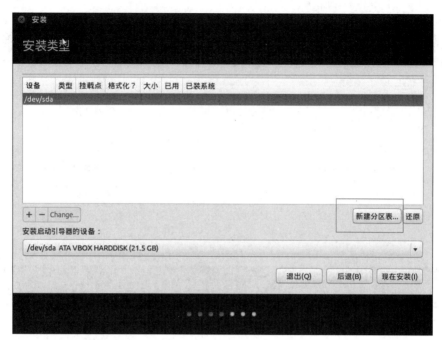

图 2-21　安装类型界面

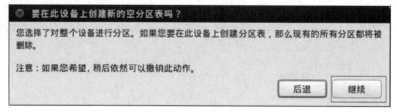

图 2-22　新建分区表确认界面

交换空间,剩下空间全部用来作为根目录。在图 2-23 中,单击选中"空闲",再单击＋按钮,创建交换空间。

单击＋按钮后,会出现图 2-24 所示的界面,可以进行如下设置。

（1）大小：设置为 512MB。

（2）新分区的类型：选中"主分区"单选按钮。

（3）新分区的位置：选中"空间起始位置"单选按钮。

（4）用于：在下拉列表框中选择"交换空间"。

设置完成后,单击"确定"按钮。

下面开始创建根目录。在图 2-25 中,单击选中"空闲",再单击＋按钮,创建根目录。

单击＋按钮后,会出现图 2-26 所示的界面,可以进行如下设置。

（1）大小：不用改动,系统自动设为剩余的空间。

（2）新分区的类型：选中"逻辑分区"单选按钮。

（3）新分区的位置：选中"空间起始位置"单选按钮。

第 2 章　Linux 系统的安装和使用

图 2-23　创建交换空间界面

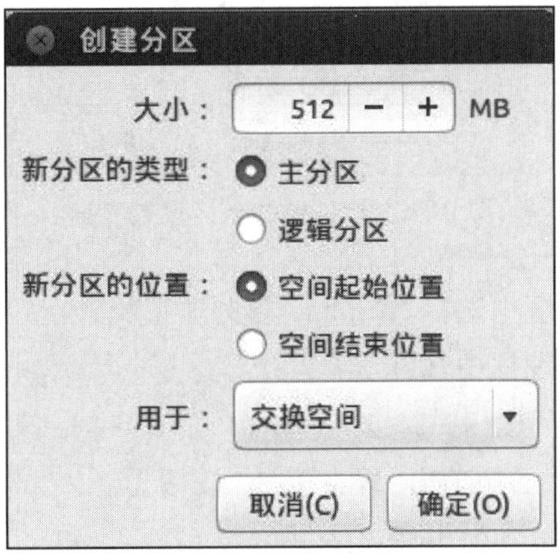

图 2-24　交换空间的分区设置界面

图 2-25　创建根目录界面

图 2-26　根目录的分区设置界面

（4）用于：在下拉列表框中选择"Ext4 日志文件系统"。
（5）挂载点：在下拉列表框中选择/。
设置完成后，单击"确定"按钮。
在弹出的界面中（见图 2-27）单击"现在安装"按钮。
单击"现在安装"按钮后，会弹出图 2-28 所示的界面，询问"将改动写入磁盘吗？"，单击"继续"按钮。
如果需要在弹出的界面（见图 2-29）中选择时区，这里采用默认值 Shanghai 即可。单击"继续"按钮。

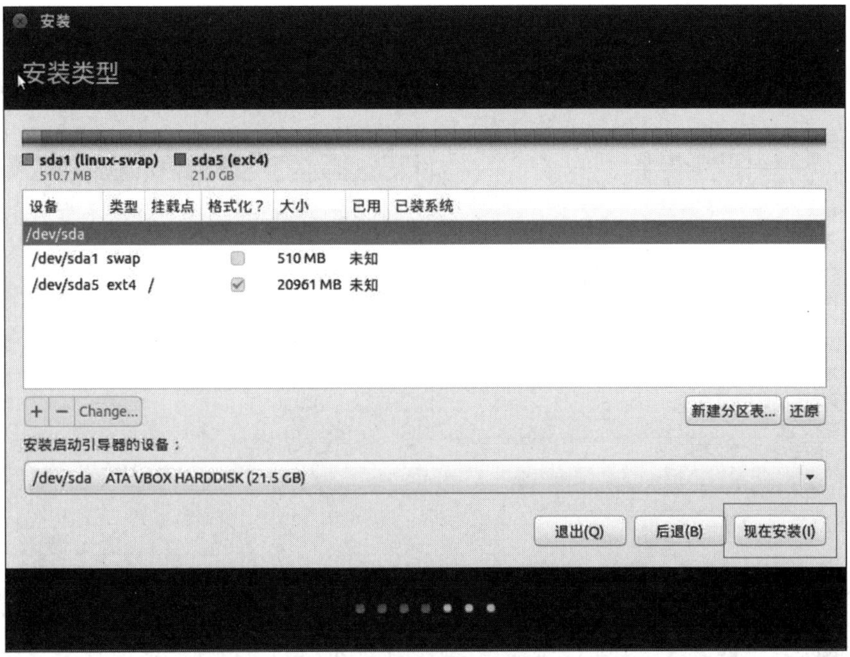

图 2-27 "现在安装"界面

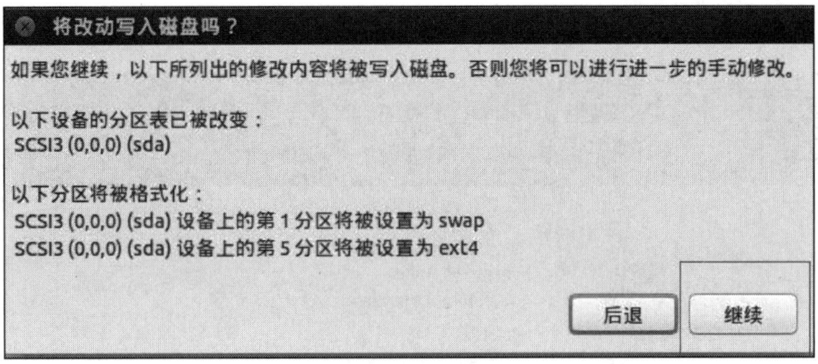

图 2-28 询问界面

图 2-29 选择时区界面

在弹出的界面中(见图 2-30)选择键盘布局,左右栏目都选择"汉语"即可。

如果需要在弹出的界面(见图 2-31)中设置用户名和密码,建议选择"登录时需要密码"单选按钮。由于现在处于学习阶段,不需要考虑安全问题,密码建议使用一位的密码(如把

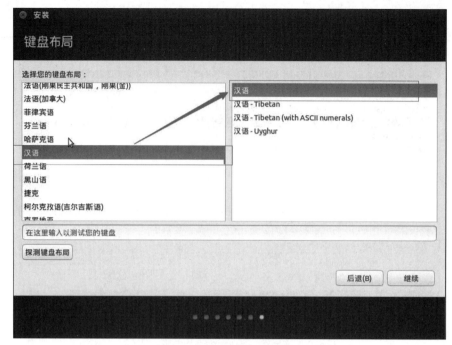

图 2-30　选择键盘布局界面

密码设置为 1），这样在安装软件需要输入密码时会比较方便。本书设置用户名为 dblab。

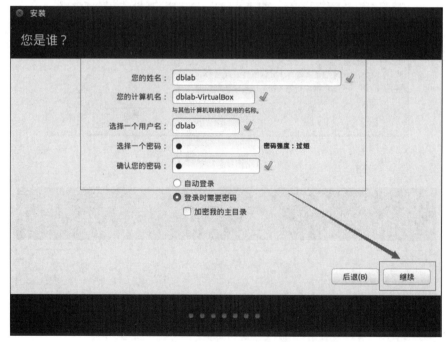

图 2-31　设置用户名和密码界面

单击"继续"按钮，弹出如图 2-32 所示的界面，现在安装过程就正式开始了，系统会自动安装,不要单击 Skip 按钮,耐心等候系统自动安装完成。

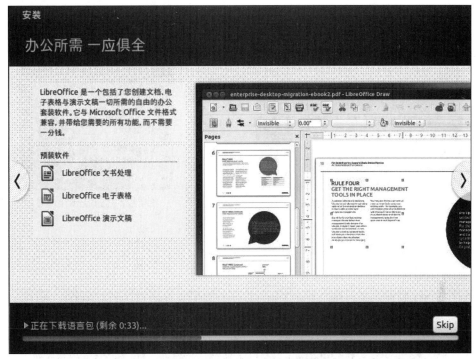

图 2-32　安装过程正式开始的界面

安装完成以后(见图 2-33),单击"现在重启"按钮即可。"现在重启"只是重启虚拟机系统的运行,并不是重启 Windows 系统。

图 2-33　提示"现在重启"界面

重启以后就可以进入 Ubuntu 系统的登录界面(见图 2-34),输入刚才创建的用户名和密码,就可以进入 Ubuntu 系统了。

至此,Linux 系统成功安装。

进入 Linux 系统以后,如果要关闭系统,可以单击系统界面右上角的"齿轮"图标,单击后会弹出如图 2-35 所示的界面,单击"关机",就可以关闭 Linux 系统。关闭 Linux 虚拟机后,还需要继续手动关闭 VirtualBox 软件。注意,采用虚拟机方式安装 Linux 系统,Linux 虚拟机可以被视为运行在 Windows 系统上的一个软件,关闭 Linux 虚拟机,只相当于关闭了 Windows 系统上面的一个软件,Windows 系统本身还会继续正常运行。

图 2-34　Ubuntu 系统的登录界面

图 2-35　Linux 系统菜单

3）可能出现的问题及其解决方法

（1）启动时出现错误。

启动 Linux 虚拟机时可能出现如图 2-36 所示的提示界面，然后，一直停在那里不动，表现出类似"死机"的状态。

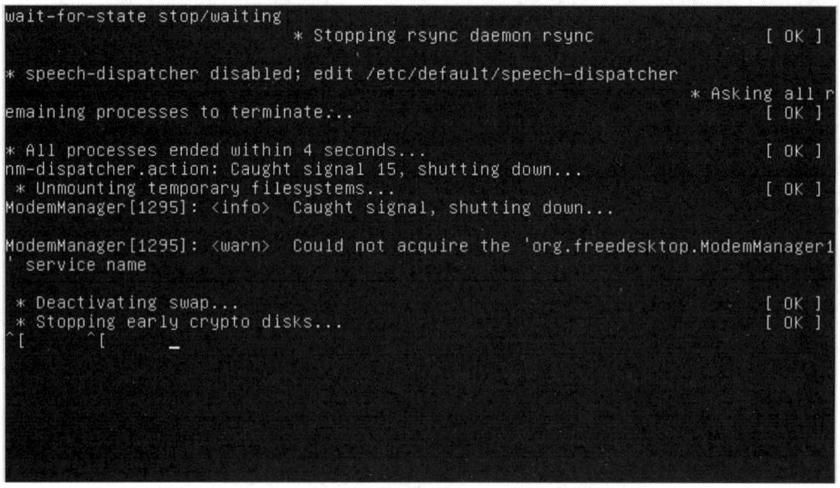

图 2-36　Linux 虚拟机启动时的提示信息

遇到这种情况时，可以单击 VirtualBox 软件界面右上角的叉号，会弹出如图 2-37 所示的界面。

可以选择"强制退出"单选按钮，单击"确定"按钮后强行结束虚拟机。

（2）屏幕分辨率低的问题。

虚拟机启动后，Ubuntu 系统默认是以窗口模式打开，而且分辨率很低。如果无法接受较低的分辨率，那么可以进行适当设置，获得更大的屏幕分辨率。如图 2-38 所示，选择 VirtualBox 菜单中的"设备"→"安装增强功能"命令，系统便会自动安装增强的功能，若出现提示需要确认，则输入 return 即可。

图 2-37 关闭虚拟机的界面

图 2-38 设备菜单

在 Ubuntu 系统桌面中,在快速启动栏单击"终端"按钮(把鼠标放在按钮上,就会显示按钮的快捷功能,见图 2-39),启动一个终端,进入 Shell 命令提示符状态,可以在里面输入和执行各种 Linux 命令。

图 2-39 快速启动栏

为了获得更高的屏幕分辨率,在终端中输入如下命令:

```
$sudo apt-get install virtualbox-guest-dkms
```

可以在终端中输入 exit 退出终端,返回 Ubuntu 系统桌面。在系统桌面中单击顶部菜单最右边的"齿轮"图标,在弹出的界面中选择"关机",再在弹出的界面中单击"重启"按钮。

重启后再次登录 Ubuntu 系统,单击系统桌面右上角的"齿轮"图标,在弹出的界面中单击"系统设置"选项,会弹出如图 2-40 所示的界面。

单击"显示"图标,出现如图 2-41 所示的界面。

在这个界面中,可以设置合适的分辨率,设置好后单击右下角的"应用"按钮,会弹出如图 2-42 所示的界面,单击"保持当前配置"按钮就完成了分辨率的修改。

(3)网络无法连接问题。

按照上述过程完成 Ubuntu 系统安装以后,大部分计算机都可以正常访问互联网。但是,仍然会有部分计算机可能出现无法访问互联网的情况,就无法下载各种软件和更新。如果出现无法接入互联网的情况,就需要对虚拟机的网络配置进行修改。在 VirtualBox 软件界面单击"设置"图标,在弹出的界面中单击"网络",再在弹出的界面中的"连接方式"下拉列表框中选择"桥接网卡"。这样,启动进入 Ubuntu 以后,就可以使用网络了。

图 2-40　系统设置界面

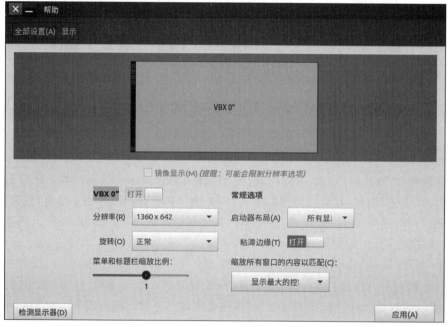

图 2-41　显示器设置界面

需要注意的是，采用虚拟机方式安装 Linux 系统时，当在 Windows 中运行 Linux 虚拟机时，起初 Linux 虚拟机能够正常接入互联网，但是，一旦计算机休眠或者待机，唤醒计算机进入工作状态以后，可能出现 Windows 系统可以正常接入互联网但是 Linux 虚拟机无法接入互联网的情况，这时，只能关闭 Linux 虚拟机，再次启动虚拟机，Linux 虚拟机就可以正常接入互联网。

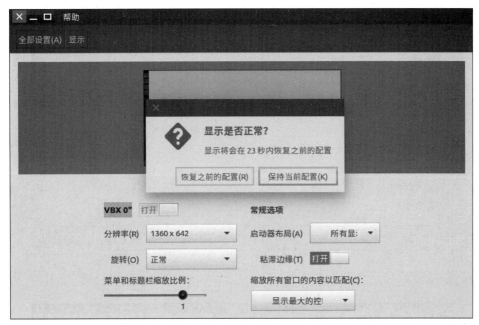

图 2-42　显示器配置更改后的提示界面

4．利用 FTP 软件向 Ubuntu 传输文件

由于大多数大数据初学者对 Windows 系统比较熟悉，因此，本书采用虚拟机方式安装 Linux 系统（即 Ubuntu 系统）。在后续的学习过程中，经常需要把一些资料从 Windows 系统中传输到 Ubuntu 系统中，因此，这里介绍具体的实现方法。

1）设置网络连接方式

按照前面的虚拟机安装方式完成 Ubuntu 系统安装以后，Ubuntu 系统可以顺利访问互联网，例如，这时进入 Ubuntu 系统，打开一个浏览器（如默认安装的火狐浏览器），就可以访问新浪、百度、腾讯等网站了。但是，这时 Windows 系统中的一些软件（如 FTP），无法连接到 Ubuntu 系统，为什么呢？

在解答这个问题之前，要先关闭虚拟机，关闭 VirtualBox 软件。然后，重新打开 VirtualBox 软件，在 VirtualBox 界面的左上角，单击"齿轮"图标，在弹出的下拉菜单中选择"设置"命令，打开如图 2-43 所示的 VirtualBox 网络设置界面，在左边栏目中选择"网络"。

可以看出，这时的网络连接方式是"网络地址转换（NAT）"。如果把 Windows 系统称为主机，把 VirtualBox 上的 Ubuntu 系统称为虚拟机，采用这种连接方式时，虚拟机可以访问主机，但是，主机无法访问虚拟机。所以，在这种连接方式下，Windows 系统上的 FTP 软件是无法连接访问 Ubuntu 系统中的 FTP 服务器的。

为了让虚拟机能够访问主机，同时让主机也能够访问虚拟机，就必须更改网络连接方式。如图 2-44 所示，需要在"连接方式"中选择"桥接网卡"，在"界面名称"后面的下拉列表框中选择计算机当前连接到互联网的网卡，单击"确定"按钮。经过上述设置后，再启动进入 Ubuntu 系统，就可以让主机访问虚拟机了。

图 2-43　VirtualBox 网络设置界面

图 2-44　修改网络连接方式

2）安装 SSH

SSH 是 Secure Shell 的缩写，它是建立在应用层基础上的安全协议，专为远程登录会话和其他网络服务提供安全性。利用 SSH 协议可以有效防止远程管理过程中的信息泄露问题。需要在 Ubuntu 上安装 SSH 服务端，才能让 FTP 软件通过 SFTP（SSH File Transfer Protocol）方式连接 Ubuntu 系统。Ubuntu 默认已安装了 SSH 客户端，因此，还需要安装 SSH 服务端，安装方法是在 Ubuntu 系统中打开一个命令行终端，执行如下命令：

```
$sudo apt-get install openssh-server
```

3）设置 FTP 软件

本书采用的 FTP 软件是 FileZilla，可以登录 Windows 系统打开浏览器，访问本书官网进行下载，FileZilla 安装文件位于"下载专区"的"软件"目录下，文件名是 FileZilla_3.17.0.0_win64_setup.exe。下载 FileZilla 安装文件以后，将其安装在 Windows 系统上。

为了能够让 FTP 软件连接到 Linux 虚拟机（Ubuntu 系统），需要获得 Linux 虚拟机的 IP 地址。先登录 Windows 系统，打开虚拟机软件 VirtualBox，再登录 Ubuntu 系统，打开一个终端（可以按 Ctrl+Alt+T 键），进入 Shell 命令提示符状态，输入命令 ifconfig，会得到如图 2-45 所示的结果。其中，"inet 地址：192.168.0.104"表示 Linux 虚拟机的 IP 地址是 192.168.0.104。每次重新启动虚拟机，或者在不同的地方（实验室或者宿舍）启动虚拟机，IP 地址都可能发生变化，所以，每次登录 Ubuntu 系统以后，都需要重新查询 IP 地址。

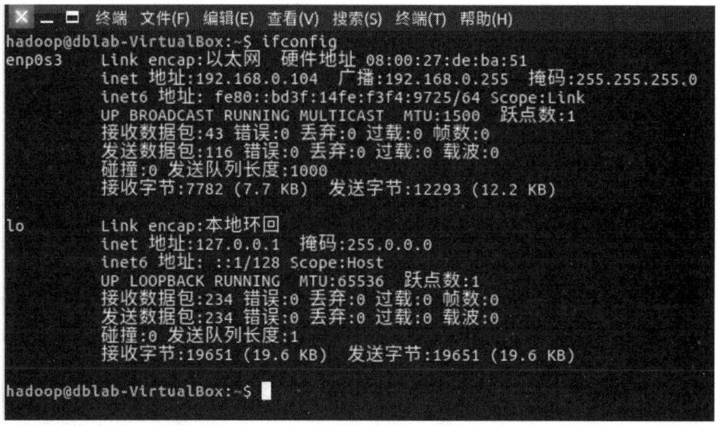

图 2-45　在 Linux 系统中查询 IP 地址

获得 Linux 虚拟机 IP 地址信息以后，就可以使用 FTP 软件 FileZilla 连接 Linux 虚拟机了。打开 FileZilla，启动后的界面如图 2-46 所示。

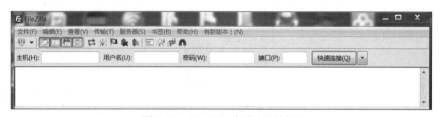

图 2-46　FileZilla 启动后的界面

单击界面左上角菜单的"文件"→"站点管理器"命令，会出现如图 2-47 所示的界面，用于设置 FTP 连接参数。

单击界面左下角的"新站点"按钮，设置各种连接参数，具体如下。
（1）主机：设置为 Linux 虚拟机的 IP 地址 192.168.0.104。
（2）端口：可以空着，使用默认端口。
（3）协议：选择 SFTP-SSH File Transfer Protocol。
（4）登录类型：选择"正常"。
（5）用户：可以使用之前安装 Ubuntu 系统时创建的用户名。
（6）密码：可以使用之前安装 Ubuntu 系统时创建的用户密码。

设置完成以后，单击界面下边的"连接"按钮，开始连接 Linux 虚拟机。连接成功以后，

图 2-47　FTP 软件设置界面

会显示如图 2-48 所示的界面,就可以使用 FTP 软件 FileZilla 向 Ubuntu 系统中传输文件了。

图 2-48　连接成功后的 FTP 软件界面

从图 2-48 中可以看出,FileZilla 连接成功以后的界面包括两个主要区域。其中,左侧的"本地站点"区域,会显示 Windows 系统中的目录,单击某个目录以后,下面就会显示目录中的文件信息;右侧的"远程站点"区域,是 Linux 虚拟机中的目录,可以选择一个目录,作为文件上传后要存放的位置。当需要把 Windows 中的某个文件上传到 Linux 虚拟机中时,首先,在"远程站点"中选择上传后的文件所要存放的目录;然后,在"本地站点"中选择需要上传的文件,并在该文件名上右击,在弹出的下拉菜单中选择"上传"命令,就可以轻松完成文件的上传操作。如果要把 Linux 虚拟机中的某个文件下载到 Windows 系统中,可以首先在"本地站点"中选择下载后的文件所要存放的目录;然后,在"远程站点"中找到要下载的文件,在文件名上右击,在弹出的下拉菜单中选择"下载"命令,就可以完成文件的下载操作。

这里需要注意的是,Linux 系统对文件访问权限有严格的规定,如果目录和文件的访问权限没有授权给某个用户,那么该用户是无法访问这些目录和文件的。所以,当使用 FileZilla 连接 Linux 虚拟机时,如果采用用户名 hadoop 连接,那么就只能把文件上传到 Ubuntu 系统中 hadoop 用户的主目录,也就是/home/hadoop 目录,是无法对其他目录进行操作的,企图把文件传输到其他目录下就会失败。如果要顺利传输到其他目录,就必须登录 Ubuntu 系统,使用 root 权限把某个目录的权限赋予 hadoop 用户。

2.2.4 生成 Linux 虚拟机镜像文件

采用虚拟机方式安装 Linux 系统以后,后面还会在 Linux 系统中继续安装大量的其他软件,进行各种各样费时费力的配置。因此,一个安装成功以后能够正常运行各种大数据软件的 Linux 系统,已经具有备份和传播的价值,可以先把系统导出成镜像文件,然后在其他计算机上,就可以直接导入镜像文件,立即完成 Linux 系统的安装,而且里面已经包含了大量大数据软件,大大节省了系统和软件安装时间;此外,导出的镜像文件,也可以作为系统备份,一旦系统出现问题,可以立即导入镜像文件,重新生成系统,省时省力。

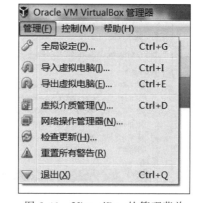

图 2-49　VirtualBox 的管理菜单

1. 导出生成镜像文件

打开虚拟机软件 VirtualBox,单击界面左上角的"管理"菜单,会弹出如图 2-49 所示的子菜单。

在这个子菜单中单击"导出虚拟电脑"命令,出现如图 2-50 所示的界面。

单击"下一步"按钮会弹出如图 2-51 所示的界面。

在存储设置界面中的"文件"后面的文本框中设置镜像文件的存储位置,在"格式"后面的下拉列表框中选择生成镜像文件的格式,如"开放式虚拟化格式1.0"。再单击"下一步"按钮,会弹出如图 2-52 所示的界面。在该界面中单击底部的"导出"按钮,就可以生成 Linux 虚拟机镜像文件。

2. 导入 Linux 虚拟机镜像文件

导入 Linux 虚拟机镜像文件的操作比较简单,打开虚拟机软件 VirtualBox,单击界面左上角的"管理"→"导入虚拟电脑"命令;在弹出的界面中找到虚拟机镜像文件,单击"下一步"按钮,在弹出的界面中单击"导入"按钮,就可以顺利完成导入,生成一个可用的 Linux 虚拟机。设置完成后,可以启动这个虚拟机,登录 Linux 系统。

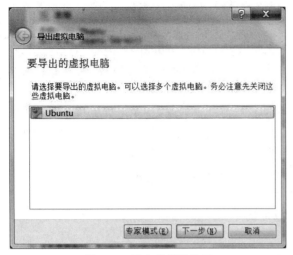

图 2-50　导出虚拟机界面　　　　　　　图 2-51　存储设置界面

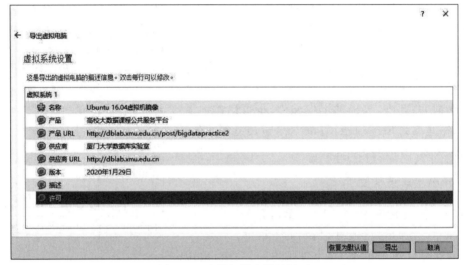

图 2-52　虚拟机导出设置界面

2.3　Linux 系统及相关软件的基本使用方法

下面介绍 Linux 系统中需要了解的相关知识以及基本使用方法，以确保后续顺利学习和使用 Linux 系统及各种大数据软件。

2.3.1　Shell

Shell 是 Linux 系统的用户界面，提供了用户与 Linux 系统内核进行交互操作的一种接口，它接收用户输入的命令并把它送入内核去执行。当在 Linux 系统中打开一个终端（可以按 Ctrl＋Alt＋T 键）时，就进入了 Shell 命令提示符状态，在里面输入的用户命令，都会被送入 Linux 内核去执行。每个 Linux 系统的用户都可以拥有自己的 Shell,用以满足他们自己专门的 Shell 需要。正如 Linux 本身拥有很多发行版一样,Shell 也有多种不同的版本,主要有下列版本的 Shell。

(1) Bourne Shell:由贝尔实验室开发。

(2) BASH:GNU 的 Bourne Again Shell,是 GNU 操作系统上默认的 Shell。

(3) Korn Shell:对 Bourne Shell 的发展,在大部分内容上与 Bourne Shell 兼容。

(4) C Shell:SUN 公司 Shell 的 BSD 版本。

(5) Z Shell:Z 是最后一个字母,也就是终极 Shell,集成了 BASH、ksh 的重要特性,同时又增加了自己独有的特性。

2.3.2　root 用户

对于 Linux 系统而言,超级用户一般命名为 root,相当于 Windows 系统中的 Administrator 用户。root 是系统中唯一的超级用户,具有系统中所有的权限,如启动或停止一个进程、删除或增加用户、增加或者禁用硬件等。Linux 系统中的 root 用户比 Windows 系统的 Administrator 用户的能力更大,足以把整个系统的大部分文件删掉,导致系统完全毁坏,不能再次使用。所以,用 root 进行不当的操作是相当危险的,轻微的可以造成死机,严重的甚至不能开机。因此,在实际使用中,除非确实需要,一般情况下都不推荐使用 root 用户登录 Linux 系统进行日常的操作。建议单独建立一个普通的用户,学习大数据软件安装和开展编程实践。例如,本书全部采用单独建立的 hadoop 用户开展编程实践。

2.3.3　创建普通用户

本书需要创建一个名为 hadoop 的普通用户,后续所有操作都会使用该用户名登录到 Linux 系统。刚才在安装 Linux 系统时,设置了一个名为 dblab 的用户,现在就可以先使用 dblab 用户登录 Linux 系统;再打开一个终端(可以按 Ctrl+Alt+T 键),使用如下命令创建一个 hadoop 用户:

```
$sudo useradd -m hadoop -s /bin/bash
```

这条命令创建了可以登录的 hadoop 用户,并使用 /bin/bash 作为 Shell。

接着使用如下命令为 hadoop 用户设置密码:

```
$sudo passwd hadoop
```

由于是处于学习阶段,不需要把密码设置得过于复杂,本书把密码简单设置为 hadoop,即用户名和密码相同,方便记忆。需要按照提示输入两次密码。

可为 hadoop 用户增加管理员权限,以方便部署,避免一些对于新手来说比较棘手的权限问题,命令如下:

```
$sudo adduser hadoop sudo
```

单击屏幕右上角的"齿轮"图标,选择"注销"按钮,注销当前登录的 dblab 用户,返回 Linux 系统的登录界面(见图 2-53)。在登录界面中选择刚创建的 hadoop 用户并输入密码进行登录。

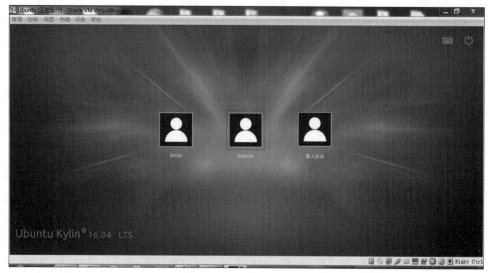

图 2-53　Linux 系统登录界面

再次说明本书以后学习过程中全部采用 hadoop 用户登录 Linux 系统。

2.3.4　sudo 命令

sudo 是 Linux 系统的管理指令,管理员可以授权给一些普通用户去执行一些需要 root 权限执行的操作。这样不仅减少了 root 用户的登录和管理时间,同样也提高了安全性。本书后面在执行软件安装时,都是采用 hadoop 用户登录,而不是 root 用户登录。因此,使用 hadoop 用户登录 Linux 系统以后,当需要执行只有 root 用户有权限执行的命令时,都要在命令前面加上 sudo,才能够顺利执行,如果不加上 sudo,就会被拒绝执行。当使用 sudo 命令时,会要求输入当前用户的密码。需要注意的是,Windows 系统中,用户输入密码,都会在屏幕上显示 * 号作为反馈,但是,在 Linux 系统中,当输入密码时,不会在屏幕上显示 * 号作为反馈,这时,不要误以为系统死机或者键盘出了问题,只要输完密码后按 Enter 键即可。

2.3.5　常用的 Linux 系统命令

本书以"最小化学习"为基本原则,只介绍本书后续学习过程需要用到的 Linux 命令,并以实例的形式进行介绍(见表 2-1),更多其他 Linux 命令可参考其他网络资料和书籍。

表 2-1　Linux 常用操作命令及其含义

命　　令	含　　义
cd /home/hadoop	把 /home/hadoop 设置为当前目录
cd ..	返回上一级目录

续表

命　令	含　义
cd ~	进入当前 Linux 系统登录用户的主目录(或主文件夹)。在 Linux 系统中,～代表的是用户的主文件夹,即"/home/用户名"这个目录,如果当前登录用户名为 hadoop,则～就代表/home/hadoop 这个目录
ls	查看当前目录中的文件
ls -l	查看文件和目录的权限信息
cat /proc/version	查看 Linux 系统内核版本信息
cat /home/hadoop/word.txt	把/home/hadoop/word.txt 这个文件全部内容显示到屏幕上
cat file1 file2＞file3	把当前目录下的 file1 和 file2 两个文件进行合并生成文件 file3
head -5 word.txt	把当前目录下的 word.txt 文件中的前 5 行内容显示到屏幕上
cp /home/hadoop/word.txt /usr/local/	把/home/hadoop/word.txt 文件复制到/usr/local 目录下
rm ./word.txt	删除当前目录下的 word.txt 文件
rm －r ./test	删除当前目录下的 test 目录及其下面的所有文件
rm －r test *	删除当前目录下所有以 test 开头的目录和文件
ifconfig	查看本机 IP 地址信息
exit	退出并关闭 Linux 终端

2.3.6　文件解压缩

大数据软件安装包通常都是一个压缩文件,文件名以.tar.gz 为后缀(或者简写为.tgz),这种压缩文件必须经过解压缩以后才能够安装。在 Linux 系统中,可以使用 tar 命令对后缀为.tar.gz(或.tgz)的压缩文件进行解压。通常可以采用如下形式的命令:

```
$tar -zxf /home/hadoop/下载/hbase-2.2.2-bin.tar.gz -C /usr/local
```

上面命令表示把"/home/hadoop/下载/hbase-2.2.2-bin.tar.gz"这个文件解压缩后保存到/usr/local 目录下。其中,各个参数的含义如下。

(1) z:表示 tar 包是被 gzip 压缩过的,所以解压时需要用 gunzip 解压。
(2) x:表示从 tar 包中把文件提取出来。
(3) f:表示后面跟着的是文件。
(4) C:表示文件解压后转到指定的目录下。

2.3.7　常用的目录

Linux 系统的根目录/下,存在很多个目录,其中有两个目录是本书学习过程中经常用到的:一个是/home 目录;另一个是/usr 目录。/home 目录包含了各个用户的用户目录,每当在 Linux 系统中新建一个普通用户时,系统就会自动为这个用户创建用户主目录(主文件夹),例如,创建 hadoop 用户时,就会自动创建用户主目录/home/hadoop 及其下面的各个子目录。假设当前采用 hadoop 用户登录了 Linux 系统,这时执行下面命令:

```
$cd ~
```

该命令执行后,就会进入 hadoop 用户的主文件夹,也就是进入/home/hadoop 目录。

/usr 目录是 UNIX Software Resource 的简写,表示这里是各种软件安装的目录。对于/usr 目录而言,只需要关注它下面的子目录/usr/local,一般由用户安装的软件都建议安装到该目录下,所以,本书所有大数据软件都会安装到/usr/local 这个目录下。

2.3.8 目录的权限

Linux 系统对文件权限有着严格的规定,如果一个用户不具备权限,将无法访问目录及其下面的文件。例如,使用 hadoop 用户登录 Linux 系统以后,从网络上下载了 HBase 安装包文件,把文件解压缩到/usr/local/目录下,会得到一个类似/usr/local/hbase 的目录,这时,hadoop 用户并不是/usr/local/hbase 目录的所有者,无法对该目录进行相关操作,从而无法正常使用 HBase。这时,就必须采用 chown 命令进行授权,让 hadoop 用户拥有对该目录的权限,具体命令如下:

```
$sudo chown -R hadoop /usr/local/hbase
```

本书安装其他大数据软件,都会涉及类似问题,所以,必须熟练使用该命令。

2.3.9 更新 APT

APT 是一款非常优秀的软件管理工具,Linux 系统采用 APT 安装和管理各种软件。安装 Linux 系统以后,需要及时更新 APT 软件,否则,后续一些软件可能无法正常安装。登录 Linux 系统,打开一个终端(可以按 Ctrl+Alt+T 键),进入 Shell 命令提示符状态,然后输入下面命令:

```
$sudo apt-get update
```

apt-get 命令执行以后,Linux 系统就会开始从网络上下载 APT 的各种更新。若出现"Hash 校验和不符"的提示信息(见图 2-54),则可通过更改软件源来解决。若没有该问题,则不需要更改。另外,从软件源下载某些软件的过程中,可能由于网络方面的原因出现无法下载的情况,建议更改软件源。不过,需要说明的是,在后续安装各种大数据软件过程中,即使出现"Hash 校验和不符"的提示,一般也不会影响 Hadoop 等软件的正常安装。

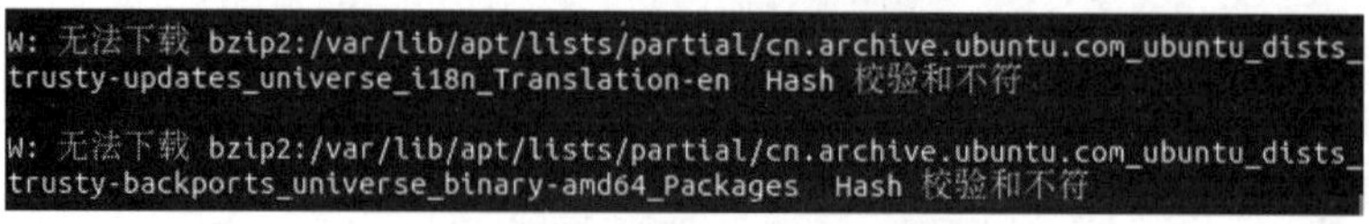

图 2-54 "校验和不符"的提示信息

如果需要更改软件源，需要在 Linux 系统桌面右上角单击"齿轮"图标，在弹出的菜单中选择"系统设置"命令，再在弹出的界面中单击"软件和更新"图标，会弹出如图 2-55 所示的界面。

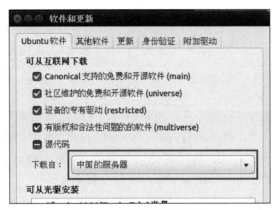

图 2-55　软件和更新界面

单击"下载自"右侧的下拉列表框，选择"其他节点"，会弹出如图 2-56 所示的界面。

图 2-56　选择下载服务器界面

在服务器列表中选择 mirrors.aliyun.com，并单击右下角的"选择服务器"按钮，这时，需要输入用户密码。输入后，会显示如图 2-57 所示的界面。

图 2-57　选择服务器相关界面

只要在该界面上单击"关闭"按钮，就会出现如图 2-58 所示的界面。

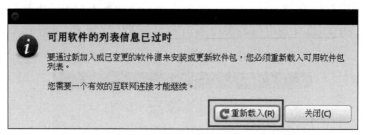

图 2-58 "可用软件的列表信息已过时"提示界面

单击"重新载入"按钮,然后耐心等待更新即可。更新完成后系统会自动关闭软件和更新界面。经过上述步骤以后,再去执行 sudo apt-get update 命令,如果这时还是提示错误,继续按照上面修改软件源的方法,选择其他服务器节点,如 mirrors.163.com,再次进行尝试。更新成功后,再次执行 sudo apt-get update 命令就正常了。

2.3.10 切换中英文输入法

Ubuntu 中终端输入的命令一般都是使用英文输入。但是,有时也会需要输入中文。Linux 系统的中英文输入法的切换方式是按 Shift 键来切换,也可以单击系统桌面顶部菜单的"输入法"按钮进行切换。Ubuntu 自带的 Sunpinyin 中文输入法已经可以很好满足中文输入要求,不需要额外安装中文输入法。

2.3.11 vim 编辑器的使用方法

vim 编辑器是 Linux 系统上最著名的文本/代码编辑器,是 vi 编辑器的加强版,可以帮助人们完成文件的创建和代码的编写。登录 Linux 系统(本书全部统一使用 hadoop 用户登录),打开一个终端,执行下面命令完成 vim 编辑器的安装:

```
$sudo apt-get install vim
```

执行上面命令以后,如果屏幕上出现信息要求进行确认,在提示处输入 y 即可。

下面演示一个实例来了解 vim 编辑器的使用方法。假设要在/home/hadoop/目录下新建一个文件 word.txt,里面包含一些单词。可以执行下面命令创建一个 word.txt 文件:

```
$cd ~
$vim word.txt
```

通过上面命令就打开了 vim 编辑器,打开后需要输入一个英文字母 i,进入编辑状态以后才能修改内容,这时可以向 word.txt 文件中输入一些单词。修改后,需要按 Esc 键退出 vim 的编辑状态,之后有以下几种选择。

(1) 输入":wq"3 个英文字符,再按 Enter 键,表示保存文件并退出。

(2) 输入":q"两个英文字符,再按 Enter 键,表示不保存并退出。如果本次编辑过程只是查看了文件内容,没有对文件做任何修改,则可以顺利退出。但是,如果已经修改了文件内容,那么 vim 编辑器不允许这样退出,会给出提示信息,这时,要想不保存就退出 vim 编辑器,可以采用下面这种方式,即输入":q!"。

(3) 输入":q!"3个英文字符,再按 Enter 键,表示不保存并强制退出。

输入":wq"3个英文字符,再按 Enter 键,表示保存文件并退出 vim 编辑器。这样,就成功创建了 word.txt 文件,这时使用 ls 命令查看,会发现/home/hadoop/目录下多了一个 word.txt 文件。如果要查看 word.txt 文件中的内容,可以采用两种方式:第一种方式是仍然使用 vim 编辑器打开 word.txt 文件,查看其内容;第二种方式是使用 cat 命令,这种方式要比前一种简单得多。

这里需要指出的是,在 Linux 系统中使用 vim 编辑器创建一个文件时,并不是以扩展名来区分文件的,不管是否有扩展名,都是生成文本文件,txt 扩展名只是人为添加,方便自己查看用的。也就是说,创建 word.txt 和 word 这两个文件,对于 Linux 系统而言都是默认创建了文本类型的文件,与是否有 txt 扩展名没有关系。

2.3.12 在 Windows 系统中使用 SSH 方式登录 Linux 系统

当采用虚拟机安装方式时,Linux 虚拟机就像运行在 Windows 上的一个软件。这时,使用 Linux 系统可以随时把 VirtualBox 窗口最小化,返回 Windows 桌面,继续使用 Windows 系统,需要用 Linux 系统时,再切换到 VirtualBox 窗口即可。

由于 Windows 系统运行和使用各种软件的体验都会比较流畅,例如浏览网页搜索大数据资料等,相对而言,在 Linux 系统中使用各种软件,体验会比 Windows 系统差很多。所以,人们通常都习惯在 Windows 系统中使用浏览器搜索阅读相关资料,如代码实例等。想象一下我们可能遇到下面这种场景,在 Linux 系统中使用 vim 编辑器打开了一个 testInLinux.txt 文件,在 Windows 系统中通过网络搜索找到了一段实例代码,这时,我们很想把 Windows 系统中的网页里面的代码复制并粘贴到 Linux 系统中的正在被 vim 编辑器打开的 testInLinux.txt 文件中。

在 Windows 系统内部的两个文本文件 A 和 B 之间复制、粘贴内容,通常是借助于"剪贴板"的功能。剪贴板是 Windows 操作系统在内存中设置的一块区域,用于数据共享。在 Windows 系统中,先选中文件 A 中的内容,右击,在弹出的快捷菜单中选择"复制"命令,内容就被复制到剪贴板暂时保存;然后,在文件 B 中右击,在弹出的快捷菜单中选择"粘贴"命令,就把内容从剪贴板粘贴到文件 B 中了。

所以,一个很自然的想法是,首先在 Windows 系统的浏览器中,复制这段实例代码到剪贴板;然后再切换到 Linux 虚拟机界面,把代码粘贴到正在被 vim 编辑器打开的 testInLinux.txt 文件中。遗憾的是,这样做会失败,系统是不支持直接把 Windows 系统中的内容直接复制、粘贴到 Linux 系统中的,因为,Windows 系统和 Linux 系统是完全独立的两个系统,在默认情况下,Windows 系统中的剪贴板对于 Linux 系统而言是不可见的。所以,在 Windows 系统中把代码复制到剪贴板上以后,只能在 Windows 系统中执行粘贴操作,无法在 Linux 中执行粘贴操作。

那么,怎么才能把 Windows 中的代码直接粘贴到 Linux 系统的文件中呢?VirtualBox 等虚拟机软件提供了可以让 Windows 和 Linux 两个系统共享剪贴板的功能,如图 2-59 所示。

在图 2-59 中,只要把"共享剪贴板"设置为"双向",就可以在 Windows 和 Linux 系统之间

图 2-59　在 VirtualBox 界面中设置共享剪贴板

互相复制、粘贴文本内容。但是，需要说明的是，在实际应用过程中，对于一些计算机而言，这个功能可能失效，所以，下面介绍另外一种方法实现在两个操作系统之间复制、粘贴文本。

前面介绍过的 FTP 软件，只能进行整个文件的传输，即把整个文件从 Windows 系统传输到 Linux 系统中，而无法把某段代码直接粘贴到 Linux 系统的文件中。因此，需要采用在 Windows 系统中使用 SSH 方式登录 Linux 系统，实现文本内容（如代码）的复制、粘贴；当然，SSH 方式也可以用来实现远程登录，例如，在宿舍用 SSH 方式远程登录位于实验室的某台 Linux 服务器。

本书采用 PuTTY 软件实现 SSH 登录到 Linux 系统。PuTTY 是一个免费的、Windows x86 平台下的 Telnet、SSH 和 rlogin 客户端，也是目前较为流行的远程登录工具之一。在 Windows 系统中访问本书官网下载该软件，位于"下载专区"的"软件"目录下，文件名是 putty_V0.63.0.0.43510830.exe。下载后，保存到 Windows 系统下，然后在 Windows 系统中启动 PuTTY，会出现如图 2-60 所示的 PuTTY 设置界面。

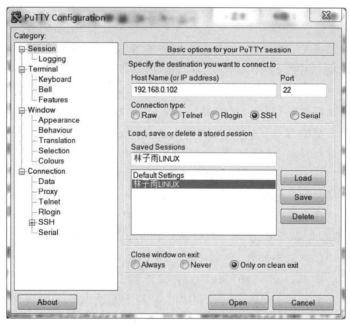

图 2-60　PuTTY 设置界面

在设置界面中 Host Name(or IP address)下面的文本框中填入 Linux 虚拟机的 IP 地址,前面在介绍 FTP 软件使用方法时已经介绍过 IP 地址的查询方法,可参考前面的方法,在 Linux 终端中使用 ifconfig 命令查询得到 Linux 虚拟机的 IP 地址。在 Port 下面的文本框中填入端口号 22。在 Connection type 下面的单选按钮中,选中 SSH 作为登录方式。在 Close window on exit 下面选中 Only on clean exit 单选按钮。最后,可以单击 Save 按钮保存当前设置,建议给当前连接命名,以便下次重复使用(下次再用时,只要选中该连接名,然后单击 Load 按钮,就可以把之前保存好的配置信息自动加载进来)。

此外,默认设置情况下,连接成功后,字体会比较小,容易产生视觉疲劳,可以事先对字体大小进行设置。在设置界面的左侧,单击 Windows 下面的 Appearance 子目录,进入 PuTTY 设置外观界面(见图 2-61)。

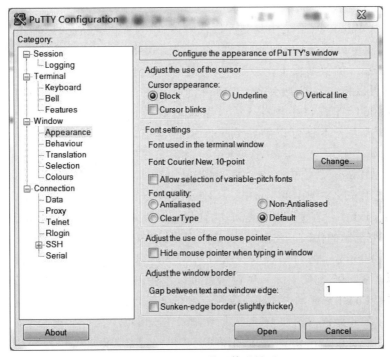

图 2-61　PuTTY 设置外观界面

在该界面中,首先单击 Font settings 右侧的 Change 按钮,在弹出的界面中,选择合适的字体大小,例如,设置为 18;然后单击"确定"按钮;最后单击 Open 按钮,启动 SSH 登录。这时可能弹出一个英文界面,只要单击 OK 按钮确定就可以继续登录,登录后的界面如图 2-62 所示。

首先需要在"login as:"后面输入登录 Linux 系统的用户名,这里使用用户名 hadoop;然后输入 hadoop 用户的密码(密码也是 hadoop),验证通过后,就进入 Linux 的 Shell 命令提示符状态了,就相当于之前在 Linux 系统中打开的终端一样,可以在里面输入各种 Linux 命令。如果要退出登录,可以输入 exit 命令,就会退出并关闭 PuTTY 窗口。

假设目前已经使用 PuTTY 软件从 Windows 系统中登录到了 Linux 系统中,这时,就可以完成代码的复制、粘贴了。因为,这时,PuTTY 只是运行在 Windows 系统中的一个软

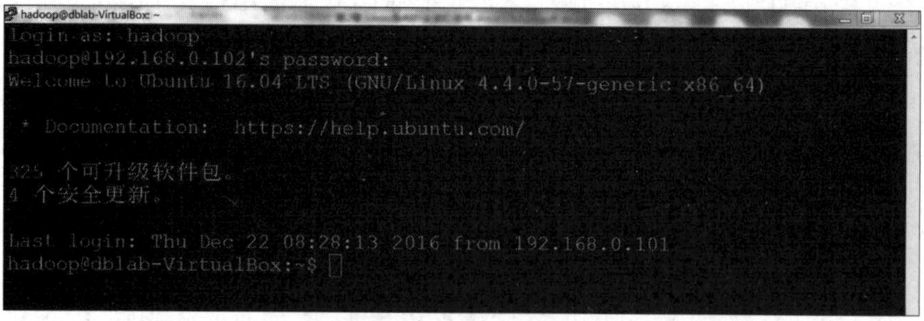

图 2-62 PuTTY 登录界面

件,是可以看到 Windows 系统中的剪贴板的。在 PuTTY 中使用 vim 编辑器,新建一个文本文件 testInLinux.txt,执行两个小实验。

(1) 测试从 Windows 系统中复制一段代码,粘贴到 Linux 系统的 testInLinux.txt 文件中。可以在 Windows 系统中打开浏览器,在网络上找到一段代码,通过"复制"命令,把代码复制到 Windows 的剪贴板上。接下来,把窗口切换到 PuTTY 窗口,在打开的 vim 编辑器中右击,就可以把代码粘贴到 testInLinux.txt 文件中,然后保存并退出 vim 编辑器。也就是说,在 PuTTY 窗口中操作 Linux 系统时右击,就表示"粘贴"命令,会把刚才复制的内容粘贴进去。不仅可以粘贴到 vim 编辑器中,也可以粘贴到 Shell 命令提示符后面。

(2) 测试从 Linux 系统中复制一段代码,粘贴到 Windows 系统中的文本文件中。例如,现在需要把 Linux 系统中的 testInLinux.txt 文件的部分代码复制到 Windows 系统中的 testInWindows.txt 中。在 PuTTY 窗口中,使用 vim 编辑器打开 testInLinux.txt,然后用鼠标左键选中需要复制的代码。注意,只要选中即可,选中被复制的代码以后,这些代码自动就被保存到了 Windows 的剪贴板上。然后到 Windows 系统中打开 testInWindows.txt 文件中,执行粘贴操作(如按 Ctrl+V 键),就可以把代码粘贴到 testInWindows.txt 中。同理,如果需要把 PuTTY 窗口中一些命令执行后在屏幕上显示的信息复制、粘贴到 Windows 系统中,也可以如此操作。例如,有时人们在 PuTTY 窗口中执行某条命令,屏幕上返回了错误信息,人们需要在 Windows 系统的浏览器中网络搜索错误的解决方案,这时,就可以在 PuTTY 窗口中,用鼠标左键选中错误信息,然后把这些错误信息粘贴到 Windows 系统下的搜索引擎页面中,就可以获得很好的网页浏览体验,毕竟在 Linux 系统中使用浏览器的体验并不是很好。

2.3.13 在 Linux 系统中安装 Eclipse

Eclipse 是常用的程序开发工具,本书中很多程序代码都是使用 Eclipse 开发调试的,因此,需要在 Linux 系统中安装 Eclipse。

可以到 Eclipse 官网(https://www.eclipse.org/downloads/)下载安装包,或者直接访问本书官网下载该软件,位于"下载专区"的"软件"目录下,文件名是 eclipse-4.7.0-linux.gtk.x86_64.tar.gz。假设安装文件下载后保存在 Linux 系统的 ~/Downloads 目录下,下面执行如下命令对文件进行解压缩:

```
$cd ~/Downloads
$sudo tar -zxvf ./eclipse-4.7.0-linux.gtk.x86_64.tar.gz -C /usr/local
```

再执行如下命令启动 Eclipse：

```
$cd /usr/local/eclipse
$./eclipse
```

这时，就可以看到 Eclipse 的启动界面了。

2.3.14 其他使用技巧

1. 使用 Tab 键自动补全命令

在 Linux Shell 中输入命令时，可以使用 Tab 键自动补全命令，节省输入时间。例如，要使用 vim 编辑器打开文件/home/hadoop/word20161221.txt，正常情况下，需要输入 vim /home/hadoop/word20161221.txt，但是，word20161221.txt 文件名不好记忆，手动输入也容易出错，所以，可以采用 Linux 自动补全功能简化输入工作。具体方法是，输入 vim /home/hadoop/word 以后，就不要继续输入后面的 20161221.txt，而是直接按 Tab 键，Linux 系统就会自动补上 20161221.txt。

2. 隐藏文件

在 Linux 下，以英文点号(.)开头命名的文件，在系统中被视为隐藏文件。因此，如果想隐藏某个文件或目录，一种简单的办法就是把文件名命名为以英文点号开头。例如，后面学习过程中经常用到的.bashrc 文件，就是一个隐藏文件，用来保存系统的各种环境变量。

3. 重现历史命令

在 Linux 的终端中，人们会输入大量命令，系统会自动保存人们历史上输入的命令，可以按键盘上的"↑"和"↓"按钮，翻看历史命令，找到某条历史命令后，可以直接按 Enter 键执行该命令，这样，就不需要重复输入一些较长的命令了，大幅节省了输入命令的时间。

2.4 关于本书内容的一些约定

为了准确理解本书后续的内容，这里对本书的内容做如下约定。
(1) 本书全部采用 hadoop 用户登录 Linux 系统。
(2) 本书所有在 Linux 系统中下载的文件都保存到"/home/hadoop/下载/"目录下，所有从 Windows 系统中通过 FTP 软件上传到 Linux 系统中的文件，也放在"/home/hadoop/下载/"目录下，总之，这个目录就是本书选择的 Linux 系统中的文件中转站。
(3) 本书中，当需要在 Linux 系统的"终端"中输入命令时，全部统一采用如下格式，即$符号开头，后面跟上 Linux 命令：

```
$cd /usr/local        #设置当前目录
```

在上面命令中,#表示注释。所以,后面内容只要是$开始的命令,都在Linux系统中打开一个终端,进入Shell命令提示符状态后执行命令。

(4) 由于页面的宽度限制,当一行命令过长时,排版时会被放到下一行,例如,下面的命令虽然包含两行,实际上是一行完整的命令。

```
$./bin/hadoop jar ./share/hadoop/mapreduce/hadoop-mapreduce-examples-*.jar
grep ./input ./output 'dfs[a-z.]+'
```

2.5 本章小结

本书几乎所有软件(除了可视化工具Tableau以外)都是安装和运行在Linux系统上,因此,顺利安装Linux系统并且掌握Linux系统的基本使用方法,是开展后续章节内容学习的前提和基础。

Linux系统可以采用双系统安装方式,也可以采用虚拟机安装方式,建议在大数据初学阶段采用虚拟机安装方式。本章详细介绍了如何安装Linux虚拟机,并给出了生成Linux虚拟机镜像文件的方法,可以实现Linux虚拟机的快速复制安装。另外,为了帮助读者更好地开展Linux系统下的相关操作和实践,本章简要介绍了Linux系统及其相关软件的基本使用方法。最后,本章给出了关于本书的一些约定,了解这些约定,有助于准确理解后续章节的内容。

第 3 章

Hadoop 的安装和使用

Hadoop 是一个开源的、可运行于大规模集群上的分布式计算平台,它主要包含分布式并行编程模型 MapReduce 和分布式文件系统 HDFS 等功能,已经在业内得到广泛的应用。借助于 Hadoop,程序员可以轻松地编写分布式并行程序,将其运行于计算机集群上,完成海量数据的存储与处理分析。

本章首先简要介绍 Hadoop 的发展情况;其次,阐述安装 Hadoop 之前的一些必要准备工作;最后,介绍安装 Hadoop 的具体方法,包括单机模式、伪分布式模式以及分布式模式。

3.1 Hadoop 简介

Apache Hadoop 版本分为 3 代,分别是 Hadoop 1.0、Hadoop 2.0 和 Hadoop 3.0。第一代 Hadoop 包含 0.20.x、0.21.x 和 0.22.x 三大版本,其中,0.20.x 最后演化成 1.0.x,变成了稳定版,而 0.21.x 和 0.22.x 则增加了 HDFS HA 等重要的新特性。第二代 Hadoop 包含 0.23.x 和 2.x 两大版本,它们完全不同于 Hadoop 1.0,是一套全新的架构,均包含 HDFS Federation 和 YARN(Yet Another Resource Negotiator)两个系统。Hadoop 2.0 是基于 JDK 1.7 开发的,而 JDK 1.7 在 2015 年 4 月已停止更新,于是 Hadoop 社区基于 JDK1.8 重新发布一个新的 Hadoop 版本,即 Hadoop 3.0。因此,到了 Hadoop 3.0 以后,JDK 版本的最低依赖从 1.7 变成了 1.8。Hadoop 3.0 中引入了一些重要的功能和优化,包括 HDFS 可擦除编码、多名称节点支持、任务级别的 MapReduce 本地优化、基于 cgroup 的内存和磁盘 I/O 隔离等。本书采用 Hadoop 3.1.3。

除了免费开源的 Apache Hadoop 以外,还有一些商业公司推出 Hadoop 发行版。2008 年,Cloudera 成为第一个 Hadoop 商业化公司,并在 2009 年推出第一个 Hadoop 发行版。此后,很多大公司也加入了做 Hadoop 产品化的行列,如 MapR、Hortonworks、星环等。2018 年 10 月,Cloudera 和 Hortonworks 宣布合并。一般而言,商业化公司推出的 Hadoop 发行版,也是以 Apache Hadoop 为基础,但是,前者比后者具有更好的易用性、更多的功能以及更高的性能。

3.2 安装 Hadoop 前的准备工作

本节介绍安装 Hadoop 前的一些准备工作,包括创建 hadoop 用户、更新 APT、安装 SSH 和安装 Java 环境等。

3.2.1 创建 hadoop 用户

本书全部采用 hadoop 用户登录 Linux 系统，并为 hadoop 用户增加了管理员权限。在第 2 章已经介绍了 hadoop 用户创建和增加权限的方法，一定要按照该方法先创建 hadoop 用户，并且使用 hadoop 用户登录 Linux 系统，然后再开始下面的学习。

3.2.2 更新 APT

第 2 章介绍了 APT 软件作用和更新方法，为了确保 Hadoop 安装过程顺利进行，建议按照第 2 章介绍的方法，用 hadoop 用户登录 Linux 系统后打开一个终端，执行下面命令更新 APT 软件：

```
$sudo apt-get update
```

3.2.3 安装 SSH

SSH 最初是 UNIX 系统上的一个程序，后来又迅速扩展到其他操作平台。SSH 由客户端和服务端的软件组成：服务端是一个守护进程，它在后台运行并响应来自客户端的连接请求；客户端包含 ssh 程序以及像 scp（远程复制）、slogin（远程登录）、sftp（安全文件传输）等其他的应用程序。

为什么在安装 Hadoop 之前要配置 SSH 呢？这是因为，Hadoop 名称节点（NameNode）需要启动集群中所有机器的 Hadoop 守护进程，这个过程需要通过 SSH 登录来实现。Hadoop 并没有提供 SSH 输入密码登录的形式，因此，为了能够顺利登录集群中的每台机器，需要将所有机器配置为"名称节点可以无密码登录它们"。

Ubuntu 默认已安装了 SSH 客户端，因此，还需要安装 SSH 服务端，在 Linux 的终端中执行以下命令：

```
$sudo apt-get install openssh-server
```

安装后，可以使用如下命令登录本机：

```
$ssh localhost
```

执行该命令后会出现如图 3-1 所示的提示信息（SSH 首次登录提示），输入 yes，然后按提示输入密码 hadoop，就登录到本机了。

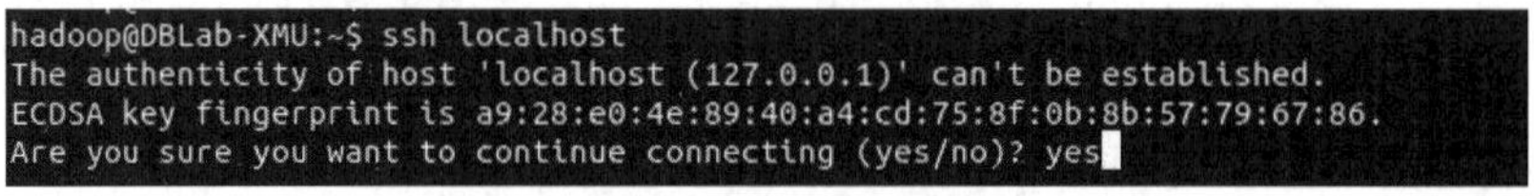

图 3-1　SSH 首次登录提示信息

这里在理解上会有一点"绕弯"。也就是说，原本登录 Linux 系统以后，就是在本机上，这时，在终端中输入的每条命令都是直接提交给本机去执行，然后，又在本机上使用 SSH 方式登录到本机,这时,在终端中输入的命令,是通过 SSH 方式提交给本机处理。如果换成包含两台独立计算机的场景,SSH 登录会更容易理解。例如,有两台计算机 A 和 B 都安装了 Linux 系统,计算机 B 上安装了 SSH 服务端,计算机 A 上安装了 SSH 客户端,计算机 B 的 IP 地址是 59.77.16.33,在计算机 A 上执行命令 ssh 59.77.16.33,就实现了通过 SSH 方式登录计算机 B 上面的 Linux 系统,在计算机 A 的 Linux 终端中输入的命令,都会提交给计算机 B 上的 Linux 系统执行,即在计算机 A 上操作计算机 B 中的 Linux 系统。现在,只有一台计算机,就相当于计算机 A 和 B 都在同一台机器上,所以,理解起来就会有点"绕弯"。

由于这样登录需要每次输入密码,所以,需要配置成 SSH 无密码登录会比较方便。在 Hadoop 集群中,名称节点要登录某台机器(数据节点)时,也不可能人工输入密码,所以,也需要设置成 SSH 无密码登录。

首先输入命令 exit 退出刚才的 SSH,就回到了原先的终端窗口;然后可以利用 ssh-keygen 生成密钥,并将密钥加入授权中,命令如下:

```
$cd ~/.ssh/                                #若没有该目录,先执行一次 ssh localhost
$ssh-keygen -t rsa                         #会有提示,按 Enter 键即可
$cat ./id_rsa.pub >>./authorized_keys      #加入授权
```

此时,再执行 ssh localhost 命令,无须输入密码就可以直接登录了,如图 3-2 所示。

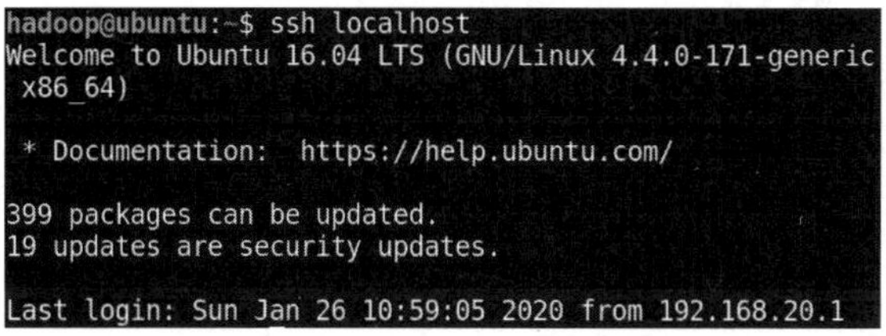

图 3-2　SSH 登录后的提示信息

3.2.4　安装 Java 环境

由于 Hadoop 本身是使用 Java 语言编写的,因此,Hadoop 的开发和运行都需要 Java 的支持,对于 Hadoop 3.1.3 而言,要求使用 JDK 1.8 或者更新的版本。

访问 Oracle 官网(https://www.oracle.com/technetwork/java/javase/downloads)下载 JDK 1.8 安装包,也可以访问本书官网,进入"下载专区",在"软件"目录下找到文件 jdk-8u162-linux-x64.tar.gz 下载到本地。这里假设下载得到的 JDK 安装文件保存在 Ubuntu 系统的/home/hadoop/Downloads/目录下。

执行如下命令创建/usr/lib/jvm 目录用来存放 JDK 文件:

```
$cd /usr/lib
$sudo mkdir jvm             #创建/usr/lib/jvm 目录用来存放 JDK 文件
```

执行如下命令对安装文件进行解压缩:

```
$cd ~                    # 进入hadoop用户的主目录
$cd Downloads
$sudo tar -zxvf ./jdk-8u162-linux-x64.tar.gz -C /usr/lib/jvm
```

下面继续执行如下命令,设置环境变量:

```
$vim ~/.bashrc
```

上面命令使用 vim 编辑器打开了 hadoop 这个用户的环境变量配置文件,在这个文件的开头添加如下几行内容:

```
export JAVA_HOME=/usr/lib/jvm/jdk1.8.0_162
export JRE_HOME=${JAVA_HOME}/jre
export CLASSPATH=.:${JAVA_HOME}/lib:${JRE_HOME}/lib
export PATH=${JAVA_HOME}/bin:$PATH
```

保存.bashrc 文件并退出 vim 编辑器。然后,可继续执行如下命令让.bashrc 文件的配置立即生效:

```
$source ~/.bashrc
```

这时,可以使用如下命令查看是否安装成功:

```
$java -version
```

如果能够在屏幕上返回如下信息,则说明安装成功:

```
java version "1.8.0_162"
Java(TM) SE Runtime Environment (build 1.8.0_162-b12)
Java HotSpot(TM) 64-Bit Server VM (build 25.162-b12, mixed mode)
```

至此,就成功安装了 Java 环境。下面就可以进入 Hadoop 的安装。

3.3 安装 Hadoop

Hadoop 包括 3 种安装模式。
(1) 单机模式。只在一台机器上运行,存储采用本地文件系统,没有采用 HDFS。
(2) 伪分布式模式。存储采用 HDFS,但是,HDFS 的名称节点和数据节点都在同一台机器上。
(3) 分布式模式。存储采用 HDFS,而且,HDFS 的名称节点和数据节点位于不同机器上。

本节介绍 Hadoop 的具体安装方法,包括下载安装文件、单机模式配置、伪分布式模式配置、分布式模式配置。

3.3.1　下载安装文件

本书采用的 Hadoop 版本是 3.1.3，可以到 Hadoop 官网（http://mirrors.cnnic.cn/apache/hadoop/common/）下载安装文件，也可以到本书官网的"下载专区"中下载安装文件，进入"下载专区"后，在"软件"目录下找到文件 hadoop-3.1.3.tar.gz，下载到本地。下载的方法是，在 Linux 系统中（不是在 Windows 系统中），打开浏览器，一般自带了火狐（FireFox）浏览器。打开浏览器后，访问本书官网，下载 hadoop-3.1.3.tar.gz。火狐浏览器默认会把下载文件都保存到当前用户的下载目录，由于本书全部采用 hadoop 用户登录 Linux 系统，所以，hadoop-3.1.3.tar.gz 文件会被保存到"/home/hadoop/下载/"目录下。

需要注意的是，如果是在 Windows 系统下载安装文件 hadoop-3.1.3.tar.gz，则需要通过 FTP 软件上传到 Linux 系统的"/home/hadoop/下载/"目录下，这个目录是本书所有安装文件的中转站。

下载完安装文件后，需要对文件进行解压。按照 Linux 系统使用的默认规范，用户安装的软件一般都是存放在/usr/local/目录下。使用 hadoop 用户登录 Linux 系统，打开一个终端，执行如下命令：

```
$sudo tar -zxf ~/下载/hadoop-3.1.3.tar.gz -C /usr/local    #解压到/usr/local目录中
$cd /usr/local/
$sudo mv ./hadoop-3.1.3/ ./hadoop         #将文件夹名改为hadoop
$sudo chown -R hadoop ./hadoop            #修改文件权限
```

Hadoop 解压后即可使用，可以输入如下命令来检查 Hadoop 是否可用，成功则会显示 Hadoop 版本信息：

```
$cd /usr/local/hadoop
$./bin/hadoop version
```

3.3.2　单机模式配置

Hadoop 的默认模式为本地模式（非分布式模式），无须进行其他配置即可运行。Hadoop 附带了丰富的例子，运行如下命令可以查看所有例子：

```
$cd /usr/local/hadoop
$./bin/hadoop jar ./share/hadoop/mapreduce/hadoop-mapreduce-examples-3.1.3.jar
```

上述命令执行后，会显示所有例子的简介信息，包括 grep、join、wordcount 等。这里选择运行 grep 例子，可以先在/usr/local/hadoop 目录下创建一个文件夹 input，并复制一些文件到该文件夹下；然后，运行 grep 程序，将 input 文件夹中的所有文件作为 grep 的输入，让 grep 程序从所有文件中筛选出符合正则表达式"dfs[a-z.]+"的单词，并统计单词出现的次

数;最后,把统计结果输出到/usr/local/hadoop/output 文件夹中。完成上述操作的具体命令如下:

```
$cd /usr/local/hadoop
$mkdir input
$cp ./etc/hadoop/*.xml ./input       #将配置文件复制到 input 目录下
$./bin/hadoop jar ./share/hadoop/mapreduce/hadoop-mapreduce-examples-3.1.3.jar grep ./input ./output 'dfs[a-z.]+'
$cat ./output/*                       #查看运行结果
```

执行成功后结果如图 3-3 所示,输出了作业的相关信息,输出的结果是符合正则表达式的单词 dfsadmin 出现了 1 次。

图 3-3 grep 程序运行结果

需要注意的是,Hadoop 默认不会覆盖结果文件,因此,再次运行上面实例会提示出错。如果要再次运行,需要先使用如下命令把 output 文件夹删除:

```
$rm -r ./output
```

3.3.3 伪分布式模式配置

Hadoop 可以在单个节点(一台机器)上以伪分布式的方式运行,同一个节点既作为名称节点(NameNode),也作为数据节点(DataNode),读取的是 HDFS 中的文件。

1. 修改配置文件

需要配置相关文件,才能够让 Hadoop 在伪分布式模式下顺利运行。Hadoop 的配置文件位于/usr/local/hadoop/etc/hadoop/目录下,进行伪分布式模式配置时,需要修改两个配置文件,即 core-site.xml 和 hdfs-site.xml。

可以使用 vim 编辑器打开 core-site.xml 文件,它的初始内容如下:

```
<configuration>
</configuration>
```

修改以后,core-site.xml 文件的内容如下:

```xml
<configuration>
    <property>
        <name>hadoop.tmp.dir</name>
        <value>file:/usr/local/hadoop/tmp</value>
        <description>Abase for other temporary directories.</description>
    </property>
    <property>
        <name>fs.defaultFS</name>
        <value>hdfs://localhost:9000</value>
    </property>
</configuration>
```

在上面的配置文件中，hadoop.tmp.dir 用于保存临时文件，若没有配置 hadoop.tmp.dir 这个参数，则默认使用的临时目录为/tmp/hadoo-hadoop，而这个目录在 Hadoop 重启时有可能被系统清理掉，导致一些意想不到的问题，因此，必须配置这个参数。fs.defaultFS 这个参数用于指定 HDFS 的访问地址，其中，9000 是端口号。

同样，需要修改配置文件 hdfs-site.xml，修改后的内容如下：

```xml
<configuration>
    <property>
        <name>dfs.replication</name>
        <value>1</value>
    </property>
    <property>
        <name>dfs.namenode.name.dir</name>
        <value>file:/usr/local/hadoop/tmp/dfs/name</value>
    </property>
    <property>
        <name>dfs.datanode.data.dir</name>
        <value>file:/usr/local/hadoop/tmp/dfs/data</value>
    </property>
</configuration>
```

在 hdfs-site.xml 文件中，dfs.replication 这个参数用于指定副本的数量，因为，在 HDFS 中，数据会被冗余存储多份，以保证可靠性和可用性。但是，由于这里采用伪分布式模式，只有一个节点，所以，只可能有一个副本，设置 dfs.replication 的值为 1。dfs.namenode.name.dir 用于设定名称节点的元数据的保存目录，dfs.datanode.data.dir 用于设定数据节点的数据的保存目录，这两个参数必须设定，否则后面会出错。

配置文件 core-site.xml 和 hdfs-site.xml 的内容，也可以直接到本书官网的"下载专区"下载，位于"代码"目录下的"第 3 章"子目录下的"伪分布式"子目录中。

需要指出的是，Hadoop 的运行方式（如运行在单机模式下还是运行在伪分布式模式下）是由配置文件决定的，启动 Hadoop 时会读取配置文件，然后根据配置文件来决定运行在什么模式下。因此，如果需要从伪分布式模式切换回单机模式，只需要删除 core-site.xml

中的配置项即可。

2. 执行名称节点格式化

修改配置文件以后,要执行名称节点的格式化,命令如下:

```
$cd /usr/local/hadoop
$./bin/hdfs namenode -format
```

如果格式化成功,会看到 successfully formatted 的提示信息(见图 3-4)。

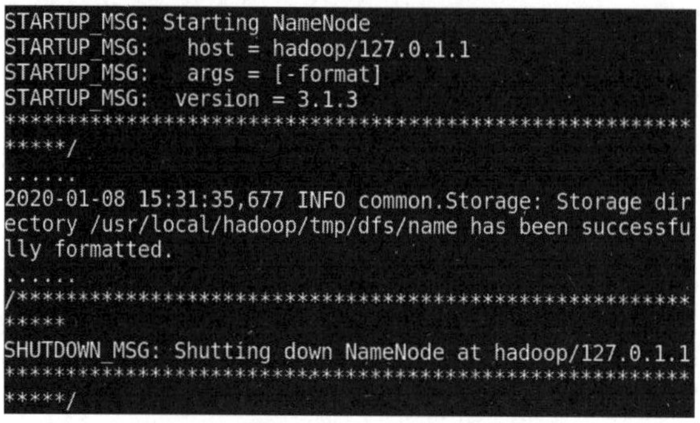

图 3-4 执行名称节点格式化后的提示信息

如果在执行这一步时提示错误信息"Error:JAVA_HOME is not set and could not be found",则说明之前设置 JAVA_HOME 环境变量时,没有设置成功,要按前面的内容介绍先设置好 JAVA_HOME 变量,否则,后面的过程都无法顺利进行。

3. 启动 Hadoop

执行下面命令启动 Hadoop:

```
$cd /usr/local/hadoop
$./sbin/start-dfs.sh        #start-dfs.sh 是一个完整的可执行文件,中间没有空格
```

如果出现如图 3-5 所示的 SSH 提示,输入 yes 即可:

图 3-5 启动 Hadoop 后的提示信息

启动时可能出现如下警告信息:

```
WARN util.NativeCodeLoader: Unable to load native-hadoop library for your
platform… using builtin-java classes where applicable WARN
```

这个警告提示信息可以忽略，并不会影响 Hadoop 正常使用。

如果启动 Hadoop 时遇到输出非常多"ssh：Could not resolve hostname xxx"的异常情况，如图 3-6 所示。

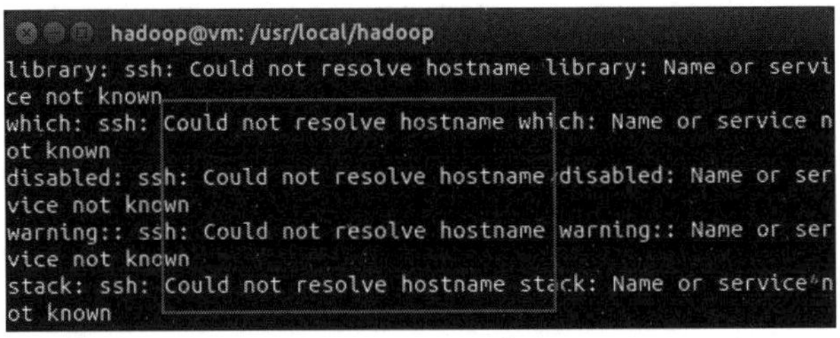

图 3-6　Hadoop 启动后的错误提示信息

这并不是 SSH 的问题，可以通过设置 Hadoop 环境变量来解决。首先，按 Ctrl+C 键中断启动过程；然后，使用 vim 编辑器打开文件～/.bashrc，在文件最上边的开始位置增加如下两行内容（设置过程与 JAVA_HOME 变量一样，其中，HADOOP_HOME 为 Hadoop 的安装目录）：

```
export HADOOP_HOME=/usr/local/hadoop
export HADOOP_COMMON_LIB_NATIVE_DIR=$HADOOP_HOME/lib/native
```

保存该文件以后，务必先执行命令 source ～/.bashrc 使变量设置生效；然后，再次执行命令./sbin/start-dfs.sh 启动 Hadoop。

Hadoop 启动完成后，可以通过命令 jps 判断是否成功启动，命令如下：

```
$jps
```

若成功启动，则会列出进程 NameNode、DataNode 和 SecondaryNameNode。如果看不到 SecondaryNameNode 进程，先运行命令./sbin/stop-dfs.sh 关闭 Hadoop 相关进程；然后再次尝试启动。如果看不到 NameNode 或 DataNode 进程，则表示配置不成功，仔细检查之前的步骤，或通过查看启动日志排查原因。

通过 start-dfs.sh 命令启动 Hadoop 以后，就可以运行 MapReduce 程序处理数据，此时是对 HDFS 进行数据读写，而不是对本地文件进行数据读写。

4. Hadoop 无法正常启动的解决方法

一般可以通过查看启动日志来排查原因。启动时屏幕上会显示类似如下信息：

```
DBLab-XMU: starting namenode, logging to /usr/local/hadoop/logs/hadoop-
hadoop-namenode-DBLab-XMU.out
```

其中，DBLab-XMU 对应的是机器名（你的机器名可能不是这个名称），不过，实际上启动日志信息记录在下面这个文件中：

```
/usr/local/hadoop/logs/hadoop-hadoop-namenode-DBLab-XMU.log
```

所以，应该查看后缀为.log 的文件，而不是后缀.out 的文件。此外，每次的启动日志都是追加到日志文件后，所以，需要拉到日志文件的最后面查看，根据日志记录的时间信息，就可以找到某次启动的日志信息。

当找到属于本次启动的一段日志信息以后，出错的提示信息一般会出现在最后面，通常是写着 Fatal、Error、Warning 或者 Java Exception 的地方。可以在网上搜索出错信息，寻找一些相关的解决方法。

如果执行 jps 命令后，找不到 DataNode 进程，则表示数据节点启动失败，可尝试如下的方法：

```
$./sbin/stop-dfs.sh            #关闭
$rm -r ./tmp                   #删除 tmp 文件,注意：这会删除 HDFS 中原有的所有数据
$./bin/hdfs namenode -format   #重新格式化名称节点
$./sbin/start-dfs.sh           #重启
```

注意：这会删除 HDFS 中原有的所有数据，如果原有的数据很重要，不要这样做，不过对于初学者而言，通常这时不会有重要数据。

5. 使用 Web 界面查看 HDFS 信息

Hadoop 成功启动后，可以在 Linux 系统中（不是 Windows 系统）打开一个浏览器，在地址栏输入地址 http://localhost:9870（见图 3-7）就可以查看名称节点和数据节点信息，还可以在线查看 HDFS 中的文件。

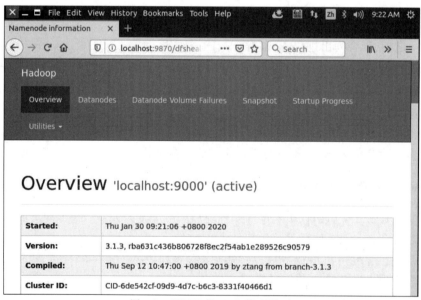

图 3-7 HDFS 的 Web 管理界面

6. 运行 Hadoop 伪分布式实例

在上面的单机模式中，grep 例子读取的是本地数据，在伪分布式模式下，读取的则是 HDFS 上的数据。要使用 HDFS，首先需要在 HDFS 中创建用户目录（本书全部统一采用 hadoop 用户名登录 Linux 系统），命令如下：

```
$cd /usr/local/hadoop
$./bin/hdfs dfs -mkdir -p /user/hadoop
```

上面的命令是 HDFS 的操作命令，会在第 4 章做详细介绍，目前只需要按照命令操作即可。

接着需要把本地文件系统的/usr/local/hadoop/etc/hadoop 目录中的所有 xml 文件作为输入文件，复制到 HDFS 中的/user/hadoop/input 目录中，命令如下：

```
$cd /usr/local/hadoop
$./bin/hdfs dfs -mkdir input            #在 HDFS 中创建 hadoop 用户对应的 input 目录
$./bin/hdfs dfs -put ./etc/hadoop/*.xml input     #把本地文件复制到 HDFS 中
```

复制完成后，可以通过如下命令查看 HDFS 中的文件列表：

```
$./bin/hdfs dfs -ls input
```

执行上述命令以后，可以看到 input 目录下的文件信息。

现在就可以运行 Hadoop 自带的 grep 程序，命令如下：

```
$./bin/hadoop jar ./share/hadoop/mapreduce/hadoop-mapreduce-examples-3.1.3.jar grep input output 'dfs[a-z.]+'
```

运行结束后，可以通过如下命令查看 HDFS 中的 output 文件夹中的内容：

```
$./bin/hdfs dfs -cat output/*
```

执行结果如图 3-8 所示。

图 3-8 在 Hadoop 伪分布式模式下运行 grep 的结果

需要强调的是，Hadoop 运行程序时，输出目录不能存在，否则会提示如下错误信息：

```
org.apache.hadoop.mapred.FileAlreadyExistsException: Output directory hdfs://localhost:9000/user/hadoop/output already exists
```

因此，若要再次执行 grep 程序，需要执行如下命令删除 HDFS 中的 output 文件夹：

```
$./bin/hdfs dfs -rm -r output          #删除 output 文件夹
```

7. 关闭 Hadoop

如果要关闭 Hadoop，可以执行下面命令：

```
$cd /usr/local/hadoop
$./sbin/stop-dfs.sh
```

下次启动 Hadoop 时，无须进行名称节点的初始化（否则会出错），也就是说，不要再次执行 hdfs namenode -format 命令，每次启动 Hadoop 只需要直接运行 start-dfs.sh 命令即可。

8. 配置 PATH 变量

前面在启动 Hadoop 时，都要加上命令的路径，例如，./sbin/start-dfs.sh 命令中就带上了路径，实际上，通过配置 PATH 变量，可以在执行命令时，不用带上命令本身所在的路径。例如，打开一个 Linux 终端，在任何一个目录下执行 ls 命令时，都没有带上 ls 命令的路径，实际上，执行 ls 命令时，是执行/bin/ls 这个程序，之所以不需要带上路径，是因为 Linux 系统已经把 ls 命令的路径加入 PATH 变量中，当执行 ls 命令时，系统是根据 PATH 环境变量中包含的目录逐一进行查找，直至在这些目录下找到匹配的 ls 程序（若没有匹配的程序，则系统会提示该命令不存在）。

知道了这个原理以后，同样可以把 start-dfs.sh、stop-dfs.sh 等命令所在的目录/usr/local/hadoop/sbin，加入环境变量 PATH 中，这样，以后在任何目录下都可以直接使用命令 start-dfs.sh 启动 Hadoop，不用带上命令路径。具体操作方法是，首先使用 vim 编辑器打开~/.bashrc 文件，然后在这个文件的最前面加入如下单独一行：

```
export PATH=$PATH:/usr/local/hadoop/sbin
```

在后面的学习过程中，如果要继续把其他命令的路径也加入 PATH 变量中，也需要继续修改~/.bashrc 这个文件。当后面要继续加入新的路径时，只要用英文冒号":"隔开，把新的路径加到后面即可，例如，如果要继续把/usr/local/hadoop/bin 路径增加到 PATH 中，只要继续追加到后面，例如：

```
export PATH=$PATH:/usr/local/hadoop/sbin:/usr/local/hadoop/bin
```

添加后，执行命令 source ~/.bashrc 使设置生效。设置生效后，在任何目录下启动 Hadoop，都只要直接输入 start-dfs.sh 命令即可。同理，停止 Hadoop，也只需要在任何目录下输入 stop-dfs.sh 命令即可。

3.3.4 分布式模式配置

当 Hadoop 采用分布式模式部署和运行时，存储采用 HDFS，而且，HDFS 的名称节点和数据节点位于不同机器上。这时，数据就可以分布到多个节点上，不同数据节点上的数据计算可以并行执行，MapReduce 分布式计算能力才能真正发挥作用。

为了降低分布式模式部署的难度，本书简单使用两个节点（两台物理机器）来搭建集群环境：一台机器作为 Master 节点，局域网 IP 地址为 192.168.1.121；另一台机器作为 Slave 节点，局域网 IP 地址为 192.168.1.122。由 3 个以上节点构成的集群，也可以采用类似的方法完成安装部署。

Hadoop 集群的安装配置大致包括以下 6 个步骤。

(1) 选定一台机器作为 Master。
(2) 在 Master 节点上创建 hadoop 用户、安装 SSH 服务端、安装 Java 环境。
(3) 在 Master 节点上安装 Hadoop，并完成配置。
(4) 在其他 Slave 节点上创建 hadoop 用户、安装 SSH 服务端、安装 Java 环境。
(5) 将 Master 节点上的/usr/local/hadoop 目录复制到其他 Slave 节点上。
(6) 在 Master 节点上开启 Hadoop。

上述这些步骤中，关于如何创建 hadoop 用户、安装 SSH 服务端、安装 Java 环境、安装 Hadoop 等过程，已经在前面介绍伪分布式模式配置时做了详细介绍，按照之前介绍的方法完成步骤(1)~(4)，这里不再赘述。在完成步骤(1)~(4)的操作以后，才可以继续进行下面的操作。

1. 网络配置

假设集群所用的两个节点（机器）都位于同一个局域网内。如果两个节点使用的是虚拟机方式安装的 Linux 系统，那么两者都需要更改网络连接方式为"桥接网卡"模式（可以参考第 2 章介绍的网络连接设置方法），才能实现多个节点互连，如图 3-9 所示。此外，一定要确保各个节点的 MAC 地址不能相同，否则会出现 IP 地址冲突。在第 2 章曾介绍过采用导入虚拟机镜像文件的方式安装 Linux 系统，如果是采用这种方式安装 Linux 系统，则有可能出现两台机器的 MAC 地址是相同的，因为一台机器复制了另一台机器的配置。因此，需要改变机器的 MAC 地址，如图 3-9 所示，可以单击界面右边的"刷新"按钮随机生成 MAC 地址，这样就可以让两台机器的 MAC 地址不同了。

网络配置完成以后，可以查看机器的 IP 地址（可以使用在第 2 章介绍过的 ifconfig 命令查看）。本书在同一个局域网内部的两台机器的 IP 地址分别是 192.168.1.121 和 192.168.1.122。

由于集群中有两台机器需要设置，所以，在接下来的操作中，一定要注意区分 Master 节点和 Slave 节点。为了便于区分 Master 节点和 Slave 节点，可以修改各个节点的主机名，这样，在 Linux 系统中打开一个终端以后，在终端窗口的标题和命令行中都可以看到主机名，就比较容易区分当前是对哪台机器进行操作。在 Ubuntu 中，可在 Master 节点上执行如下命令修改主机名：

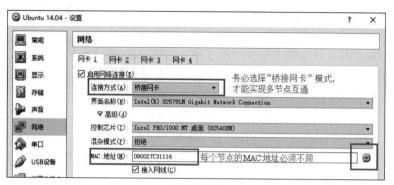

图 3-9 网络连接方式设置

```
$sudo vim /etc/hostname
```

执行上面命令后,就打开了/etc/hostname 文件,这个文件里面记录了主机名,例如,本书在第 2 章安装 Ubuntu 系统时,设置的主机名是 dblab-VirtualBox,因此,打开这个文件以后,里面就只有 dblab-VirtualBox 这一行内容,可以直接删除,并修改为 Master(注意是区分大小写的);再保存并退出 vim 编辑器,这样就完成了主机名的修改,需要重启 Linux 系统才能看到主机名的变化。

要注意观察主机名修改前后的变化。在修改主机名之前,如果用 hadoop 用户登录 Linux 系统,打开终端,进入 Shell 命令提示符状态,会显示如下内容:

```
hadoop@dblab-VirtualBox:~$
```

修改主机名并且重启系统之后,用 hadoop 用户登录 Linux 系统,打开终端,进入 Shell 命令提示符状态,会显示如下内容:

```
hadoop@Master:~$
```

可以看出,这时就很容易辨认出当前是处于 Master 节点上进行操作,不会和 Slave 节点产生混淆。

再执行如下命令打开并修改 Master 节点中的/etc/hosts 文件:

```
$sudo vim /etc/hosts
```

可以在 hosts 文件中增加如下两条 IP 地址和主机名映射关系:

```
192.168.1.121    Master
192.168.1.122    Slave1
```

修改后的效果如图 3-10 所示。

需要注意的是,一般 hosts 文件中只能有一个 127.0.0.1,其对应主机名为 localhost,如果有多余 127.0.0.1 映射,应删除,特别是不能存在 127.0.0.1 Master 这样的映射记录。修改

图 3-10　修改 IP 地址和主机名映射关系后的效果

后需要重启 Linux 系统。

上面完成了 Master 节点的配置，接下来要继续完成对其他 Slave 节点的配置修改。本书只有一个 Slave 节点，主机名为 Slave1。参照上面的方法，把 Slave 节点上的/etc/hostname 文件中的主机名修改为 Slave1，同时，修改/etc/hosts 的内容，在 hosts 文件中增加如下两条 IP 地址和主机名映射关系：

```
192.168.1.121    Master
192.168.1.122    Slave1
```

修改完成以后，重新启动 Slave 节点的 Linux 系统。

这样就完成了 Master 节点和 Slave 节点的配置，需要在各个节点上都执行如下命令，测试是否可以相互 ping 通，如果 ping 不通，后面就无法顺利配置成功：

```
$ping Master -c 3        #只 ping 3 次就会停止,否则要按 Ctrl+C 键中断 ping 命令
$ping Slave1 -c 3
```

例如，在 Master 节点上 ping Slave1，如果 ping 通，会显示如图 3-11 所示的结果。

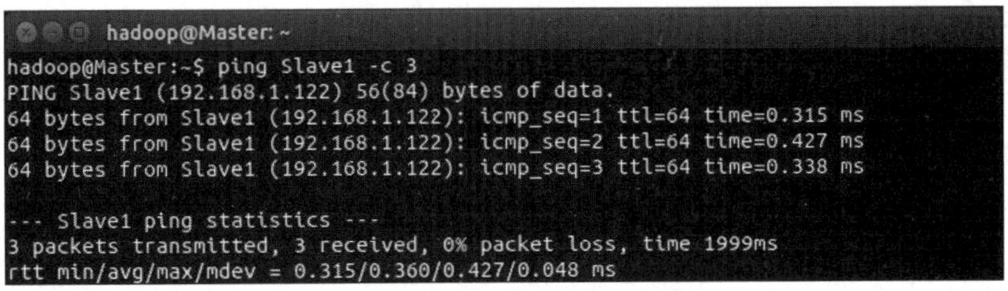

图 3-11　使用 ping 命令的效果

2. SSH 无密码登录节点

必须要让 Master 节点可以 SSH 无密码登录到各个 Slave 节点上。首先，生成 Master 节点的公匙，如果之前已经生成过公匙，必须要删除原来生成的公匙，重新生成一次，因为前面对主机名进行了修改。具体命令如下：

```
$cd ~/.ssh              #如果没有该目录,先执行一次 ssh localhost
$rm ./id_rsa*           #删除原来生成的公匙(如果已经存在)
$ssh-keygen -t rsa      #执行该命令后,遇到提示信息,一直按 Etner 键即可
```

为了让 Master 节点能够 SSH 无密码登录本机，需要在 Master 节点上执行如下命令：

```
$cat ./id_rsa.pub >>./authorized_keys
```

完成后可以执行命令 ssh Master 来验证一下，可能遇到提示信息，只要输入 yes 即可，测试成功后，执行 exit 命令返回原来的终端。

其次，在 Master 节点将 Master 公匙传输到 Slave1 节点：

```
$scp ~/.ssh/id_rsa.pub hadoop@Slave1:/home/hadoop/
```

上面的命令中，scp 是 secure copy 的简写，用于在 Linux 系统下进行远程复制文件，类似于 cp 命令，但是，cp 只能在本机中复制。执行 scp 命令时会要求输入 Slave1 上 hadoop 用户的密码，输入完成后会提示传输完毕，如图 3-12 所示。

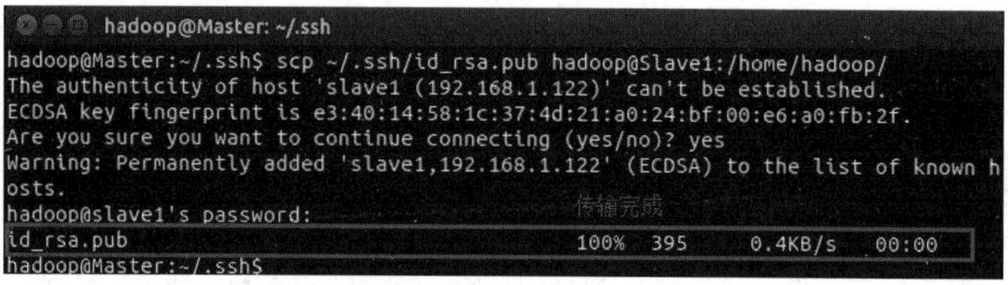

图 3-12 执行 scp 命令的效果

最后，在 Slave1 节点上将 SSH 公匙加入授权：

```
$mkdir ~/.ssh              #如果不存在该文件夹需先创建，若已存在，则忽略本命令
$cat ~/id_rsa.pub >>~/.ssh/authorized_keys
$rm ~/id_rsa.pub           #用完以后就可以删掉
```

如果有其他 Slave 节点，也要执行将 Master 公匙传输到 Slave 节点以及在 Slave 节点上加入授权这两步操作。

这样，在 Master 节点上就可以 SSH 无密码登录到各个 Slave 节点，可在 Master 节点上执行如下命令进行检验：

```
$ssh Slave1
```

执行该命令的效果如图 3-13 所示。

3. 配置 PATH 变量

在前面的伪分布式模式配置中，已经介绍过 PATH 变量的配置方法。可以按照同样的方法进行配置，这样就可以在任意目录中直接使用 hadoop、hdfs 等命令了。如果还没有配置 PATH 变量，那么需要在 Master 节点上进行配置。首先执行命令 vim ~/.bashrc，也就是使用 vim 编辑器打开 ~/.bashrc 文件；然后，在该文件最上面加入下面一行内容：

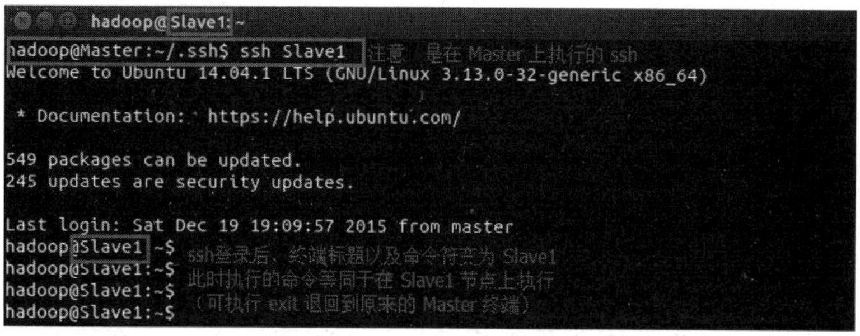

图 3-13　ssh 命令执行效果

```
export PATH=$PATH:/usr/local/hadoop/bin:/usr/local/hadoop/sbin
```

保存后执行命令 source ~/.bashrc，使配置生效。

4. 配置集群/分布式环境

在配置集群/分布式环境时，需要修改/usr/local/hadoop/etc/hadoop 目录下的配置文件，这里仅设置正常启动所必需的设置项，包括 workers、core-site.xml、hdfs-site.xml、mapred-site.xml、yarn-site.xml 共 5 个文件，更多设置项可查看官方说明。

1) 修改文件 workers

需要把所有数据节点的主机名写入该文件，每行一个，默认为 localhost（即把本机作为数据节点），所以，在伪分布式模式配置时，就采用了这种默认的配置，使得节点既作为名称节点也作为数据节点。在进行分布式模式配置时，可以保留 localhost，让 Master 节点同时充当名称节点和数据节点，也可以删掉 localhost 这行，让 Master 节点仅作为名称节点使用。

本书让 Master 节点仅作为名称节点使用，因此将 workers 文件中原来的 localhost 删除，只添加如下一行内容：

```
Slave1
```

2) 修改文件 core-site.xml

把 core-site.xml 文件修改为如下内容：

```
<configuration>
    <property>
        <name>fs.defaultFS</name>
        <value>hdfs://Master:9000</value>
    </property>
    <property>
        <name>hadoop.tmp.dir</name>
        <value>file:/usr/local/hadoop/tmp</value>
```

```xml
            <description>Abase for other temporary directories.</description>
    </property>
</configuration>
```

各个配置项的含义可以参考前面伪分布式模式时的介绍,这里不再赘述。

3) 修改文件 hdfs-site.xml

对于 HDFS 而言,一般都是采用冗余存储,冗余因子通常为 3,即一份数据保存 3 份副本。但是,本书只有一个 Slave 节点作为数据节点,即集群中只有一个数据节点,数据只能保存一份,所以,dfs.replication 的值还是设置为 1。hdfs-site.xml 的具体内容如下:

```xml
<configuration>
        <property>
                <name>dfs.namenode.secondary.http-address</name>
                <value>Master:50090</value>
        </property>
        <property>
                <name>dfs.replication</name>
                <value>1</value>
        </property>
        <property>
                <name>dfs.namenode.name.dir</name>
                <value>file:/usr/local/hadoop/tmp/dfs/name</value>
        </property>
        <property>
                <name>dfs.datanode.data.dir</name>
                <value>file:/usr/local/hadoop/tmp/dfs/data</value>
        </property>
</configuration>
```

4) 修改文件 mapred-site.xml

/usr/local/hadoop/etc/hadoop 目录下有一个 mapred-site.xml.template,需要修改文件名,把它重命名为 mapred-site.xml,然后把 mapred-site.xml 文件配置成如下内容:

```xml
<configuration>
        <property>
                <name>mapreduce.framework.name</name>
                <value>yarn</value>
        </property>
        <property>
                <name>mapreduce.jobhistory.address</name>
                <value>Master:10020</value>
```

```xml
        </property>
        <property>
                <name>mapreduce.jobhistory.webapp.address</name>
                <value>Master:19888</value>
        </property>
        <property>
                <name>yarn.app.mapreduce.am.env</name>
                <value>HADOOP_MAPRED_HOME=/usr/local/hadoop</value>
        </property>
        <property>
                <name>mapreduce.map.env</name>
                <value>HADOOP_MAPRED_HOME=/usr/local/hadoop</value>
        </property>
        <property>
                <name>mapreduce.reduce.env</name>
                <value>HADOOP_MAPRED_HOME=/usr/local/hadoop</value>
        </property>
</configuration>
```

5）修改文件 yarn-site.xml

把 yarn-site.xml 文件配置成如下内容：

```xml
<configuration>
        <property>
                <name>yarn.resourcemanager.hostname</name>
                <value>Master</value>
        </property>
        <property>
                <name>yarn.nodemanager.aux-services</name>
                <value>mapreduce_shuffle</value>
        </property>
</configuration>
```

上述 5 个文件全部配置完成以后，需要把 Master 节点上的/usr/local/hadoop 文件夹复制到各个节点上。如果之前已经运行过伪分布式模式，建议在切换到集群模式之前首先删除之前在伪分布式模式下生成的临时文件。具体来说，需要首先在 Master 节点上执行如下命令：

```
$cd /usr/local
$sudo rm -r ./hadoop/tmp           #删除 Hadoop 临时文件
$sudo rm -r ./hadoop/logs/*        #删除日志文件
$tar -zcf ~/hadoop.master.tar.gz ./hadoop    #先压缩再复制
$cd ~
$scp ./hadoop.master.tar.gz Slave1:/home/hadoop
```

然后在 Slave1 节点上执行如下命令：

```
$sudo rm -r /usr/local/hadoop        #删掉原有的 Hadoop 文件(如果存在)
$sudo tar -zxf ~/hadoop.master.tar.gz -C /usr/local
$sudo chown -R hadoop /usr/local/hadoop
```

同样，如果有其他 Slave 节点，也要执行将 hadoop.master.tar.gz 传输到 Slave 节点以及在 Slave 节点解压文件的操作。

首次启动 Hadoop 集群时，需要先在 Master 节点执行名称节点的格式化（只需要执行这一次，后面再启动 Hadoop 时，不要再次格式化名称节点），命令如下：

```
$hdfs namenode -format
```

现在就可以启动 Hadoop 了，启动需要在 Master 节点上进行，执行如下命令：

```
$start-dfs.sh
$start-yarn.sh
$mr-jobhistory-daemon.sh start historyserver
```

通过命令 jps 可以查看各节点所启动的进程。如果已经正确启动，则在 Master 节点上可以看到 NameNode、ResourceManager、SecondaryNameNode 和 JobHistoryServer 进程，如图 3-14 所示。

在 Slave 节点可以看到 DataNode 和 NodeManager 进程，如图 3-15 所示。

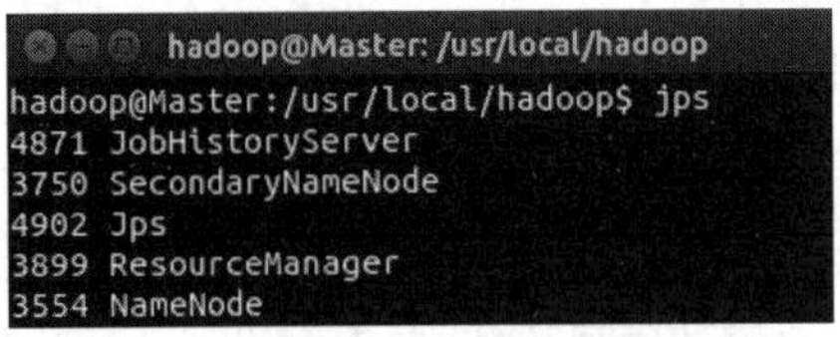

图 3-14 Master 节点上启动的进程    图 3-15 Slave 节点上启动的进程

缺少任一进程都表示出错。另外还需要在 Master 节点上通过命令 hdfs dfsadmin -report 查看数据节点是否正常启动，如果屏幕信息中的 Live datanodes 不为 0，则说明集群启动成功。由于本书只有一个 Slave 节点充当数据节点，因此，数据节点启动成功以后，会显示如图 3-16 所示的信息。

也可以在 Linux 系统的浏览器中输入地址 http://master:9870/，通过 Web 页面查看名称节点和数据节点的状态。如果不成功，可以通过启动日志排查原因。

这里再次强调，伪分布式模式和分布式模式切换时需要注意以下两点事项。

（1）从分布式模式切换到伪分布式模式时，不要忘记修改 workers 配置文件。

（2）在两者之间切换时，若遇到无法正常启动的情况，可以删除所涉及节点的临时文件夹，这样虽然之前的数据会被删掉，但能保证集群正确启动。所以，如果集群以前能启动，但后来启动不了，特别是数据节点无法启动，不妨试着删除所有节点（包括 Slave 节点）上的 /usr/local/hadoop/tmp 文件夹，再重新执行一次 hdfs namenode -format，再次启动即可。

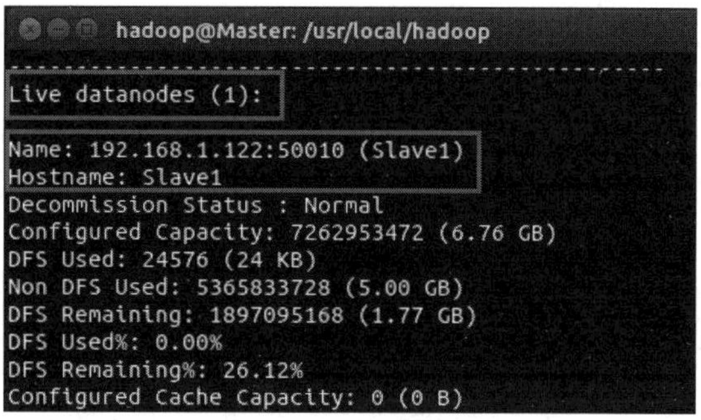

图 3-16　通过 dfsadmin 查看数据节点的状态

5. 执行分布式实例

执行分布式实例过程与伪分布式模式一样，首先创建 HDFS 上的用户目录，命令如下：

```
$hdfs dfs -mkdir -p /user/hadoop
```

其次，在 HDFS 中创建一个 input 目录，并把/usr/local/hadoop/etc/hadoop 目录中的配置文件作为输入文件复制到 input 目录中，命令如下：

```
$hdfs dfs -mkdir input
$hdfs dfs -put /usr/local/hadoop/etc/hadoop/*.xml input
```

再次，可以运行 MapReduce 作业，命令如下：

```
$hadoop jar /usr/local/hadoop/share/hadoop/mapreduce/hadoop-mapreduce-examples-3.1.3.jar grep input output 'dfs[a-z.]+'
```

运行时的输出信息与伪分布式模式类似，会显示 MapReduce 作业的进度，如图 3-17 所示。

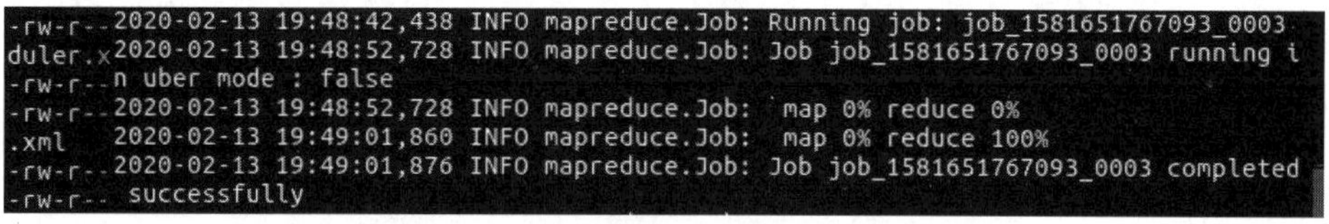

图 3-17　运行 MapReduce 作业时的输出信息

执行过程可能有点慢，但是，如果迟迟没有进度，例如 5 分钟都没看到进度变化，那么不妨重启 Hadoop 再次测试。若重启还不行，则很有可能是内存不足引起，建议增大虚拟机的内存，或者通过更改 YARN 的内存配置来解决。

在执行过程中，可以在 Linux 系统中打开浏览器，在地址栏输入 http://master:8088/cluster，通过 Web 界面查看任务进度，如图 3-18 所示，在 Web 界面中单击 Tracking UI 这一列的 History 链接，可以看到任务的运行信息。

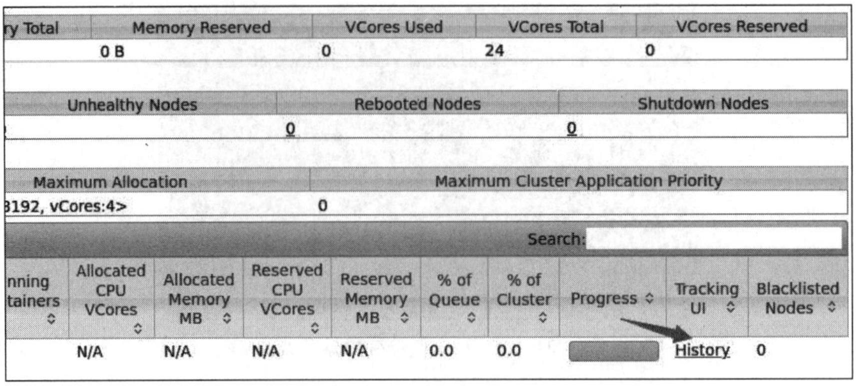

图 3-18 通过 Web 页面查看集群和 MapReduce 作业的信息

执行完毕的输出结果如图 3-19 所示。

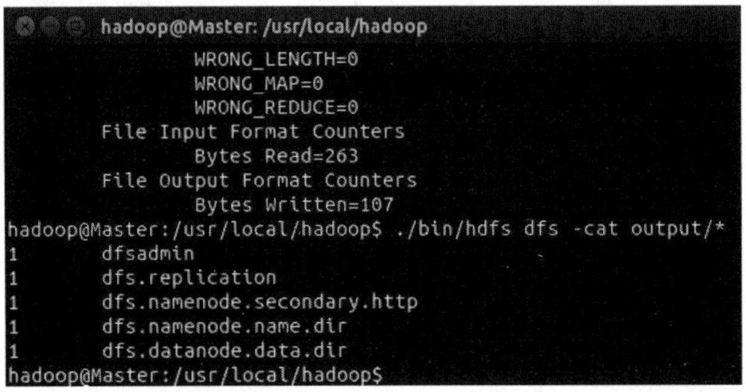

图 3-19 MapReduce 作业执行完毕后的输出结果

最后，关闭 Hadoop 集群，需要在 Master 节点执行如下命令：

```
$stop-yarn.sh
$stop-dfs.sh
$mr-jobhistory-daemon.sh stop historyserver
```

至此，就顺利完成了 Hadoop 集群搭建。

3.4 本章小结

Hadoop 是当前流行的分布式计算框架，在企业中得到了广泛的部署和应用。本章重点介绍如何安装 Hadoop，从而为后续章节开展 HDFS 和 MapReduce 编程实践奠定基础。

Hadoop 是基于 Java 开发的，需要运行在 JVM 中，因此，需要为 Hadoop 配置相应的 Java 环境。Hadoop 包含 3 种安装模式，即单机模式、伪分布式模式和分布式模式。本章分别介绍了 3 种不同模式的安装配置方法。在初学阶段，建议采用伪分布式模式配置，这样可以快速构建 Hadoop 实战环境，有效开展基础编程工作。

第 4 章

HDFS 操作方法和基础编程

Hadoop 分布式文件系统(Hadoop Distributed File System,HDFS)是 Hadoop 核心组件之一,它开源实现了谷歌文件系统(Google File System,GFS)的基本思想。HDFS 支持流数据读取和处理超大规模文件,并能够运行在由廉价的普通机器组成的集群上,这主要得益于 HDFS 在设计之初就充分考虑了实际应用环境的特点,即硬件出错在普通服务器集群中是一种常态,而不是异常,因此,HDFS 在设计上采取了多种机制保证在硬件出错的环境中实现数据的完整性。安装 Hadoop 以后,就已经包含了 HDFS 组件,不需要另外安装。

本章首先介绍 HDFS 操作常用的 Shell 命令;其次介绍利用 HDFS 提供的 Web 管理界面查看 HDFS 相关信息;最后,详细讲解编写和运行访问 HDFS 的 Java 应用程序。

4.1 HDFS 操作常用的 Shell 命令

Hadoop 支持很多 Shell 命令,例如 hadoop fs、hadoop dfs 和 hdfs dfs 都是 HDFS 最常用的 Shell 命令,分别用来查看 HDFS 的目录结构、上传和下载数据、创建文件等。这 3 个命令既有联系又有区别。

(1) hadoop fs:适用于任何不同的文件系统,例如本地文件系统和 HDFS。
(2) hadoop dfs:只能适用于 HDFS。
(3) hdfs dfs:与 hadoop dfs 命令的作用一样,也只能适用于 HDFS。

在本书中,统一使用 hdfs dfs 命令对 HDFS 进行操作。

4.1.1 查看命令的用法

登录 Linux 系统,打开一个终端,首先启动 Hadoop,命令如下:

```
$cd /usr/local/hadoop
$./sbin/start-dfs.sh
```

可以在终端输入如下命令,查看 hdfs dfs 支持的操作。

```
$cd /usr/local/hadoop
$./bin/hdfs dfs
```

上述命令执行后,会显示类似如下的结果(这里只列出部分命令):

```
[-appendToFile … ]
[-cat [-ignoreCrc] …]
[-checksum …]
[-chgrp [-R] GROUP PATH…]
[-chmod [-R]< MODE[,MODE]… | OCTALMODE> PATH…]
[-chown [-R] [OWNER][:[GROUP]] PATH…]
[-copyFromLocal [-f] [-p] [-l] … ]
[-copyToLocal [-p] [-ignoreCrc] [-crc] … ]
[-count [-q] [-h] …]
[-cp [-f] [-p | -p[topax]] … ]
[-createSnapshot []]
[-deleteSnapshot ]
[-df [-h] [ …]]
[-du [-s] [-h] …]
[-expunge]
[-find …]
[-get [-p] [-ignoreCrc] [-crc] … ]
[-getfacl [-R] ]
[-getfattr [-R] {-n name | -d} [-e en] ]
[-getmerge [-nl] ]
[-help [cmd …]]
[-ls [-d] [-h] [-R] [ …]]
[-mkdir [-p] …]
[-moveFromLocal … ]
[-moveToLocal ]
[-mv … ]
[-put [-f] [-p] [-l] … ]
```

可以看出,hdfs dfs 命令的统一格式是类似 hdfs dfs -ls 这种形式,即在"-"后面跟上具体的操作。

可以查看某个命令的作用,例如,当需要查询 put 命令的具体用法时,可以采用如下命令:

```
$./bin/hdfs dfs -help put
```

输出的结果如下:

```
-put [-f] [-p] [-l] … :
Copy files from the local file system into fs. Copying fails if the file already
exists, unless the -f flag is given.
Flags:
-p Preserves access and modification times, ownership and the mode.
```

```
-f Overwrites the destination if it already exists.
-l Allow DataNode to lazily persist the file to disk. Forces replication factor
of 1. This flag will result in reduced durability. Use with care.
```

4.1.2 HDFS 操作

1. 目录操作

需要注意的是,Hadoop 系统安装以后,第一次使用 HDFS 时,需要先在 HDFS 中创建用户目录。本书全部采用 hadoop 用户登录 Linux 系统,因此,需要在 HDFS 中为 hadoop 用户创建一个用户目录,命令如下:

```
$cd /usr/local/hadoop
$./bin/hdfs dfs -mkdir -p /user/hadoop
```

该命令表示在 HDFS 中创建一个/user/hadoop 目录,-mkdir 是创建目录的操作,-p 表示如果是多级目录,则父目录和子目录一起创建,这里/user/hadoop 就是一个多级目录,因此必须使用参数-p,否则会出错。

/user/hadoop 目录就成为 hadoop 用户对应的用户目录,可以使用如下命令显示 HDFS 中与当前用户 hadoop 对应的用户目录下的内容:

```
$./bin/hdfs dfs -ls .
```

该命令中,-ls 表示列出 HDFS 某个目录下的所有内容,"."表示 HDFS 中的当前用户目录,也就是/user/hadoop 目录,因此,上面的命令和下面的命令是等价的:

```
$./bin/hdfs dfs -ls /user/hadoop
```

如果要列出 HDFS 上的所有目录,可以使用如下命令:

```
$./bin/hdfs dfs -ls
```

可以使用如下命令创建一个 input 目录:

```
$./bin/hdfs dfs -mkdir input
```

在创建一个 input 目录时,采用了相对路径形式,实际上,这个 input 目录创建成功以后,它在 HDFS 中的完整路径是/user/hadoop/input。如果要在 HDFS 的根目录下创建一个名为 input 的目录,则需要使用如下命令:

```
$./bin/hdfs dfs -mkdir /input
```

可以使用 rm 命令删除一个目录,例如,可以使用如下命令删除刚才在 HDFS 中创建

的/input 目录(不是/user/hadoop/input 目录):

```
$./bin/hdfs dfs -rm -r /input
```

上面命令中,-r 表示删除/input 目录及其子目录下的所有内容,如果要删除的一个目录包含了子目录,则必须使用-r 参数,否则会执行失败。

2. 文件操作

在实际应用中,经常需要从本地文件系统向 HDFS 中上传文件,或者把 HDFS 中的文件下载到本地文件系统中。

首先使用 vim 编辑器,在本地 Linux 文件系统的/home/hadoop/目录下创建一个文件 myLocalFile.txt,里面可以随意输入一些单词,例如,输入如下 3 行:

```
Hadoop
Spark
XMU DBLAB
```

其次,可以使用如下命令把本地文件系统的/home/hadoop/myLocalFile.txt 上传到 HDFS 中的当前用户目录的 input 目录下,也就是上传到 HDFS 的/user/hadoop/input/目录下:

```
$./bin/hdfs dfs -put /home/hadoop/myLocalFile.txt  input
```

可以使用 ls 命令查看文件是否成功上传到 HDFS 中,具体如下:

```
$./bin/hdfs dfs -ls input
```

该命令执行后会显示类似如下的信息:

```
Found 1 items
-rw-r--r--   1 hadoop supergroup        36 2020-01-30-22:31 input/myLocalFile.txt
```

使用如下命令查看 HDFS 中的 myLocalFile.txt 这个文件的内容:

```
$./bin/hdfs dfs -cat input/myLocalFile.txt
```

下面把 HDFS 中的 myLocalFile.txt 文件下载到本地文件系统中的"/home/hadoop/下载/"这个目录下,命令如下:

```
$./bin/hdfs dfs -get input/myLocalFile.txt  /home/hadoop/下载/
```

可以使用如下命令,从本地文件系统查看下载的文件 myLocalFile.txt:

```
$cd ~
$cd 下载
$ls
$cat myLocalFile.txt
```

最后,了解一下如何把文件从 HDFS 中的一个目录复制到 HDFS 中的另一个目录。例如,如果要把 HDFS 的/user/hadoop/input/myLocalFile.txt 文件,复制到 HDFS 的另一个/input 目录中(注意:这个/input 目录位于 HDFS 根目录下),可以使用如下命令:

```
$./bin/hdfs dfs -cp input/myLocalFile.txt  /input
```

4.2 利用 HDFS 的 Web 管理界面

HDFS 提供了 Web 管理界面,可以很方便地查看 HDFS 相关信息。需要在 Linux 系统(不是 Windows 系统)中打开自带的 Firefox 浏览器,在浏览器地址栏中输入 http://localhost:9870,按 Enter 键就可以看到 HDFS 的 Web 管理界面(见图 3-7)。

在 HDFS 的 Web 管理界面中,包含了 Overview、Datanodes、Datanode Volume Failures、Snapshot、Startup Progress 和 Utilities 等菜单选项,单击每个菜单选项可以进入相应的管理界面,查询各种详细信息。

4.3 HDFS 编程实践

Hadoop 采用 Java 语言开发,提供了 Java API 与 HDFS 进行交互。前面介绍的 Shell 命令,在执行时实际上会被系统转换成 Java API 调用。Hadoop 官网(http://hadoop.apache.org/docs/stable/api/)提供了完整的 Hadoop API 文档,想要深入学习 Hadoop 编程,可以访问 Hadoop 官网查看各个 API 的功能和用法。本书只介绍基础的 HDFS 编程。

现在要执行的任务:假设在目录 hdfs://localhost:9000/user/hadoop 下有几个文件,分别是 file1.txt、file2.txt、file3.txt、file4.abc 和 file5.abc,这里需要从该目录中过滤出所有后缀不为.abc 的文件,对过滤之后的文件进行读取,并将这些文件的内容合并到文件 hdfs://localhost:9000/user/hadoop/merge.txt 中。

为了提高程序编写和调试效率,本书采用 Eclipse 工具编写 Java 程序。

4.3.1 在 Eclipse 中创建项目

首先,参照第 2 章的内容完成 Eclipse 的安装;然后启动 Eclipse。当 Eclipse 启动后,会弹出如图 4-1 所示界面,提示设置工作空间(workspace)。

可以直接采用默认的设置/home/hadoop/workspace,单击 Launch 按钮。可以看出,由于当前是采用 hadoop 用户登录了 Linux 系统,因此,默认的工作空间目录位于 hadoop 用户目录/home/hadoop 下。

Eclipse 启动后,会呈现如图 4-2 所示的界面。

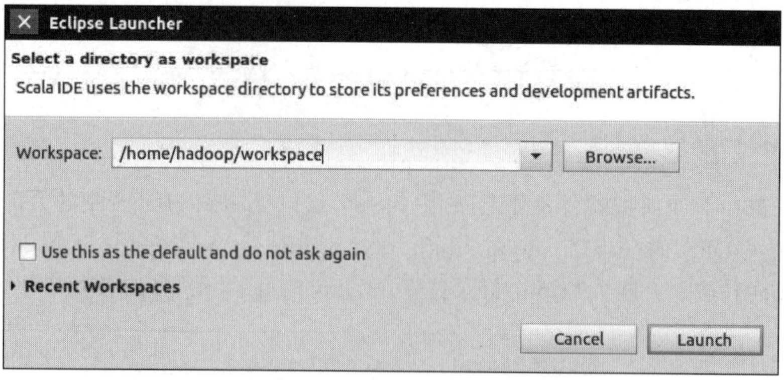

图 4-1　Eclipse 启动后的工作空间设置界面

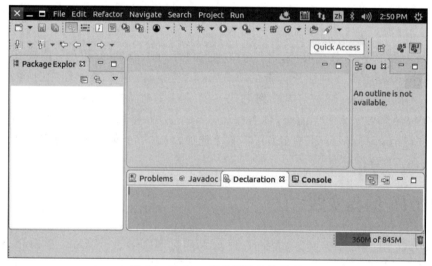

图 4-2　Eclipse 启动后进入的界面

选择 File→New→Java Project 菜单，开始创建一个 Java 工程，会弹出如图 4-3 所示界面。

在 Project name 后面输入工程名称 HDFSExample，选中 Use default location 复选框，让这个 Java 工程的所有文件都保存到/home/hadoop/workspace/HDFSExample 目录下。在 JRE 这个选项框中，可以选择当前的 Linux 系统中已经安装的 JDK，如 jdk1.8.0_162，再单击界面底部的 Next 按钮，进入下一步的设置。

4.3.2　为项目添加需要用到的 JAR 包

进入下一步的设置后，会弹出如图 4-4 所示的界面。

需要在这个界面中加载该 Java 工程所需要用到的 JAR 包，这些 JAR 包中包含了可以访问 HDFS 的 Java API。这些 JAR 包都位于 Linux 系统的 Hadoop 安装目录下，对于本书而言，就在/usr/local/hadoop/share/hadoop 目录下。单击界面中的 Libraries 选项卡，再单击界面右侧的 Add External JARs 按钮，会弹出如图 4-5 所示的界面。

在该界面中，上面的一排目录按钮（即 usr、local、hadoop、share、hadoop 和 common），当单击某个目录按钮时，就会在下面列出该目录的内容。

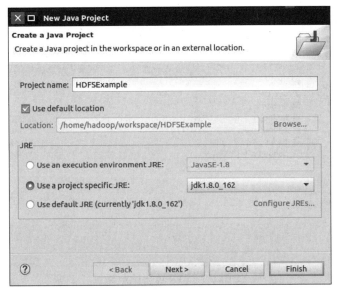

图 4-3　新建 Java 工程界面

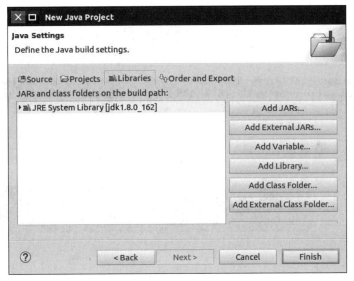

图 4-4　添加 JAR 包界面

为了编写一个能够与 HDFS 交互的 Java 应用程序，一般需要向 Java 工程中添加以下 JAR 包。

（1）/usr/local/hadoop/share/hadoop/common 目录下的所有 JAR 包，包括 hadoop-common-3.1.3.jar、hadoop-common-3.1.3-tests.jar、hadoop-kms-3.1.3.jar 和 hadoop-nfs-3.1.3.jar(注意：不包括目录 jdiff、lib、sources 和 webapps)。

（2）/usr/local/hadoop/share/hadoop/common/lib 目录下的所有 JAR 包。

（3）/usr/local/hadoop/share/hadoop/hdfs 目录下的所有 JAR 包(注意：不包括目录 jdiff、lib、sources 和 webapps)。

（4）/usr/local/hadoop/share/hadoop/hdfs/lib 目录下的所有 JAR 包。

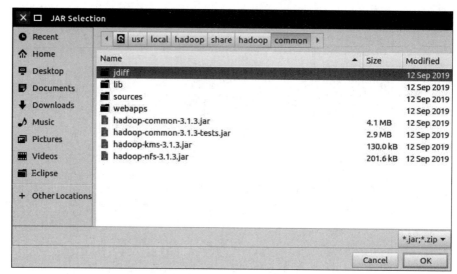

图 4-5　JAR 包选择界面

例如，如果要把/usr/local/hadoop/share/hadoop/common 目录下的 hadoop-common-3.1.3.jar、hadoop-common-3.1.3-tests.jar、hadoop-kms-3.1.3.jar 和 hadoop-nfs-3.1.3.jar 添加到当前的 Java 工程中，可以在界面中单击目录按钮，进入 common 目录，界面会显示 common 目录下的所有内容（见图 4-6）。

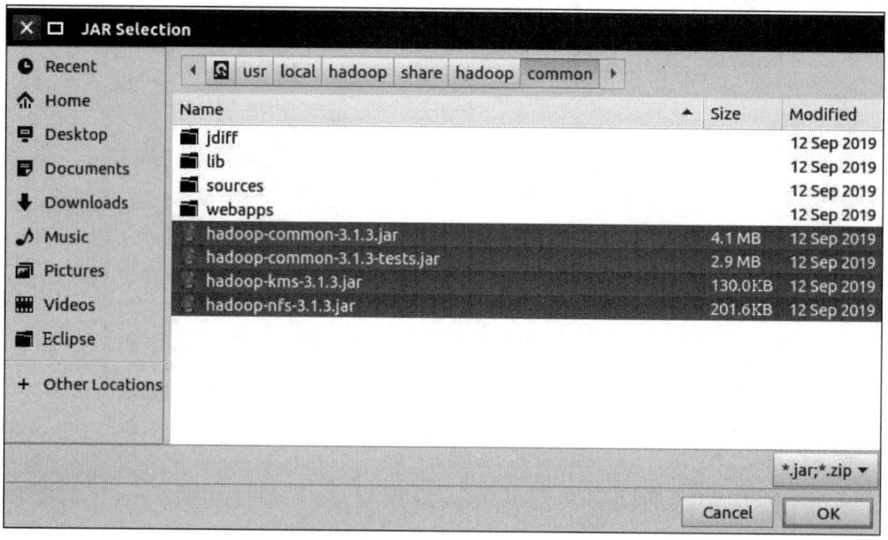

图 4-6　选择 common 目录下的 JAR 包

在界面中单击选中 hadoop-common-3.1.3.jar、hadoop-common-3.1.3-tests.jar、hadoop-kms-3.1.3.jar 和 hadoop-nfs-3.1.3.jar（不要选中目录 jdiff、lib、sources 和 webapps），然后单击界面右下角的 OK 按钮，就可以把这 4 个 JAR 包增加到当前 Java 工程中，出现的界面如图 4-7 所示。

从这个界面中可以看出，hadoop-common-3.1.3.jar、hadoop-common-3.1.3-tests.jar、hadoop-kms-3.1.3.jar 和 hadoop-nfs-3.1.3.jar 已经被添加到当前 Java 工程中；按照类似的

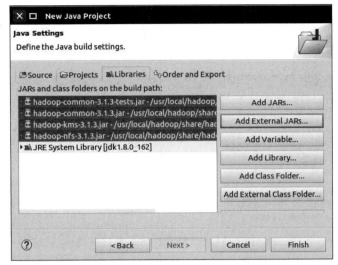

图 4-7　完成 common 目录下 JAR 包添加后的界面

操作方法,可以再次单击 Add External JARs 按钮,把剩余的其他 JAR 包都添加进来。需要注意的是,当需要选中某个目录下的所有 JAR 包时,可以按 Ctrl+A 键进行全选操作。全部添加完毕后,就可以单击界面右下角的 Finish 按钮,完成 Java 工程 HDFSExample 的创建。

4.3.3　编写 Java 应用程序

下面编写一个 Java 应用程序,用来检测 HDFS 中是否存在一个文件。

先在 Eclipse 工作界面左侧的 Package Explorer 面板中(见图 4-8),找到刚才创建的工程名称 HDFSExample;然后在该工程名称上右击,在弹出的菜单中选择 New→Class 命令,会出现如图 4-9 所示的界面。

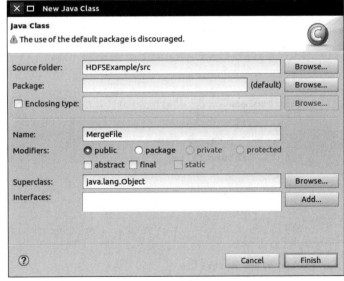

图 4-8　Package Explorer 面板　　　　图 4-9　新建 Java Class 界面

在该界面中,只需要在 Name 后面输入新建的 Java 类文件的名称,这里采用名称 MergeFile,其他都可以采用默认设置;再单击界面右下角 Finish 按钮,出现如图 4-10 所示的界面。

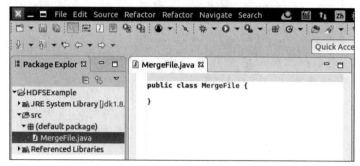

图 4-10　新建一个类文件后的 Eclipse 界面

可以看出,Eclipse 自动创建了一个名为 MergeFile.java 的源代码文件,在该文件中输入以下代码:

```java
import java.io.IOException;
import java.io.PrintStream;
import java.net.URI;

import org.apache.hadoop.conf.Configuration;
import org.apache.hadoop.fs.*;

/**
 * 过滤掉文件名满足特定条件的文件
 */
class MyPathFilter implements PathFilter {
    String reg = null;
    MyPathFilter(String reg) {
            this.reg = reg;
    }
    public boolean accept(Path path) {
            if (!(path.toString().matches(reg)))
                return true;
            return false;
    }
}
/**
 * 利用 FSDataOutputStream 和 FSDataInputStream 合并 HDFS 中的文件
 */
public class MergeFile {
```

```java
        Path inputPath = null;          //待合并的文件所在目录的路径
        Path outputPath = null;         //输出文件的路径
    public MergeFile(String input, String output) {
        this.inputPath = new Path(input);
        this.outputPath = new Path(output);
    }
    public void doMerge() throws IOException {
        Configuration conf = new Configuration();
        conf.set("fs.defaultFS","hdfs://localhost:9000");
conf.set("fs.hdfs.impl","org.apache.hadoop.hdfs.DistributedFileSystem");
        FileSystem fsSource = FileSystem.get(URI.create(inputPath.toString()),
        conf);
        FileSystem fsDst = FileSystem.get(URI.create(outputPath.toString()),
        conf);
        //下面过滤掉输入目录中后缀为.abc的文件
        FileStatus[] sourceStatus = fsSource.listStatus(inputPath,
            new MyPathFilter(".*\\.abc"));
        FSDataOutputStream fsdos = fsDst.create(outputPath);
        PrintStream ps = new PrintStream(System.out);
        //下面分别读取过滤之后的每个文件的内容,并输出到同一个文件中
        for (FileStatus sta : sourceStatus) {
            //下面输出后缀不为.abc的文件的路径、文件大小
            System.out.print("路径: " + sta.getPath() + " 文件大小: " + sta.getLen() +
                " 权限: " + sta.getPermission() + "内容: ");
            FSDataInputStream fsdis = fsSource.open(sta.getPath());
            byte[] data = new byte[1024];
            int read = -1;

            while ((read = fsdis.read(data)) > 0) {
                ps.write(data, 0, read);
                fsdos.write(data, 0, read);
            }
            fsdis.close();
        }
        ps.close();
        fsdos.close();
    }
    public static void main(String[] args) throws IOException {
        MergeFile merge = new MergeFile(
                "hdfs://localhost:9000/user/hadoop/",
                "hdfs://localhost:9000/user/hadoop/merge.txt");
        merge.doMerge();
    }
}
```

代码文件 MergeFile.java 可以到本书官网的"下载专区"下载,在"代码"目录下的"第4章"子目录中。

4.3.4 编译运行程序

在开始编译运行程序之前,一定确保 Hadoop 已经启动运行,如果还没有启动,需要打开一个 Linux 终端,输入以下命令启动 Hadoop:

```
$cd /usr/local/hadoop
$./sbin/start-dfs.sh
```

要确保 HDFS 的 /user/hadoop 目录下已经存在 file1.txt、file2.txt、file3.txt、file4.abc 和 file5.abc,且每个文件里面都有内容。这里,假设文件内容如表 4-1 所示。

表 4-1 HDFS 系统中的文件内容

文件名	文件内容	文件名	文件内容
file1.txt	this is file1.txt	file4.abc	this is file4.abc
file2.txt	this is file2.txt	file5.abc	this is file5.abc
file3.txt	this is file3.txt		

现在就可以编译运行上面编写的代码。可以直接单击 Eclipse 工作界面上部的运行程序的快捷按钮,当把鼠标移动到该按钮上时,在弹出的菜单中选择 Run As → Java Application,如图 4-11 所示。

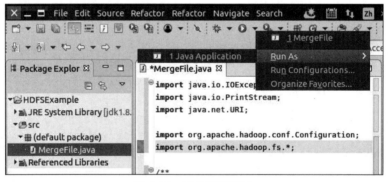

图 4-11 运行程序界面

然后会弹出图 4-12 所示的界面。

在该界面中,单击界面右下角的 OK 按钮,开始运行程序。程序运行结束后,会在底部的 Console 面板显示运行结果信息(见图 4-13)。同时,Console 面板还会显示一些类似 log4j:WARN…的警告信息,可以不用理会。

如果程序运行成功,这时,可以到 HDFS 中查看生成的 merge.txt 文件,例如,可以在

图 4-12　Save and Launch 界面

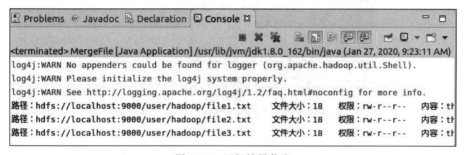

图 4-13　运行结果信息

Linux 终端执行如下命令：

```
$cd /usr/local/hadoop
$./bin/hdfs dfs -ls /user/hadoop
$./bin/hdfs dfs -cat /user/hadoop/merge.txt
```

可以看到如下结果：

```
this is file1.txt
this is file2.txt
this is file3.txt
```

4.3.5　应用程序的部署

下面介绍如何把 Java 应用程序生成 JAR 包，部署到 Hadoop 平台运行。首先，在 Hadoop 安装目录下新建一个名为 myapp 的目录，用来存放所编写的 Hadoop 应用程序，可以在 Linux 终端执行如下命令：

```
$cd /usr/local/hadoop
$mkdir myapp
```

其次,在 Eclipse 工作界面左侧的 Package Explorer 面板中,在工程名称 HDFSExample 上右击,在弹出的快捷菜单中选择 Export 命令,如图 4-14 所示。

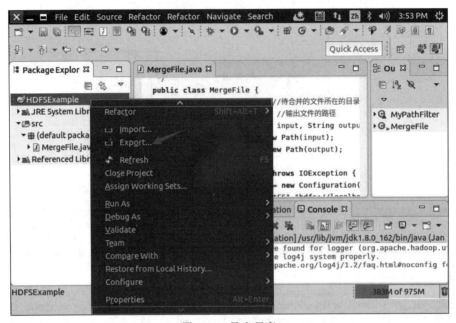

图 4-14 导出程序

最后,会弹出如图 4-15 所示界面。

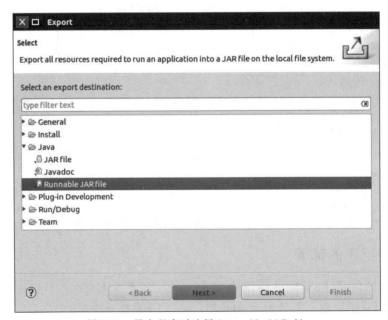

图 4-15 导出程序时选择 Runnable JAR file

在该界面中，选择 Runnable JAR file，单击 Next 按钮，弹出如图 4-16 所示界面。

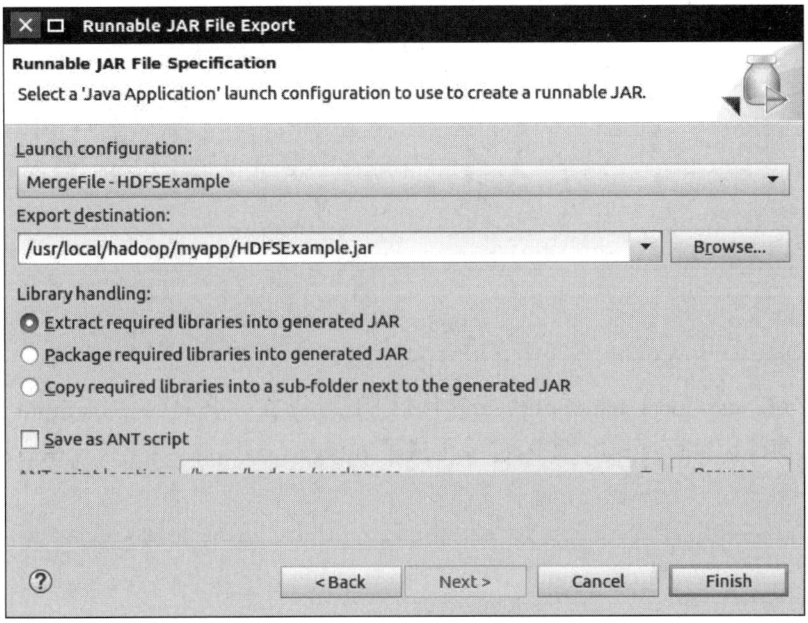

图 4-16　导出程序设置界面

在该界面中，Launch configuration 用于设置生成的 JAR 包被部署启动时运行的主类，需要在下拉列表框中选择刚才配置的类 MergeFile-HDFSExample。在 Export destination 中需要设置 JAR 包要输出保存到的目录，例如，这里设置为/usr/local/hadoop/myapp/HDFSExample.jar。在 Library handling 下面选中 Extract required libraries into generated JAR 单选按钮。单击 Finish 按钮，会出现如图 4-17 所示的界面。

图 4-17　提示信息

可以忽略该界面的信息，直接单击界面右下角的 OK 按钮，启动打包过程。打包过程结束后，会出现一个警告信息界面，如图 4-18 所示。

可以忽略该界面的信息，直接单击界面右下角的 OK 按钮。至此，已经顺利把 HDFSExample 工程打包生成了 HDFSExample.jar。可以到 Linux 系统中查看一下生成的 HDFSExample.jar 文件，在 Linux 终端执行如下命令：

图 4-18　警告信息

```
$cd /usr/local/hadoop/myapp
$ls
```

可以看到，/usr/local/hadoop/myapp 目录下已经存在一个 HDFSExample.jar 文件。

由于之前已经运行过一次程序，已经生成了 merge.txt，因此，需要首先执行如下命令删除该文件：

```
$cd /usr/local/hadoop
$./bin/hdfs dfs -rm /user/hadoop/merge.txt
```

现在，就可以在 Linux 系统中，使用 hadoop jar 命令运行程序，命令如下：

```
$cd /usr/local/hadoop
$./bin/hadoop jar ./myapp/HDFSExample.jar
```

命令结束以后，可以到 HDFS 中查看生成的 merge.txt 文件，例如，可以在 Linux 终端执行如下命令：

```
$cd /usr/local/hadoop
$./bin/hdfs dfs -ls /user/hadoop
$./bin/hdfs dfs -cat /user/hadoop/merge.txt
```

可以看到如下结果：

```
this is file1.txt
this is file2.txt
this is file3.txt
```

4.4　本章小结

大数据时代必须解决海量数据的高效存储问题，为此，谷歌开发了 GFS，通过网络实现文件在多台机器上的分布式存储，较好地满足了大规模数据存储的需求。HDFS 是针对 GFS 的开源实现，它是 Hadoop 两大核心组成部分之一。

在很多情形下，需要使用 Shell 命令来操作 HDFS，因此，本章介绍了 HDFS 操作常用的 Shell 命令，包括目录操作命令和文件操作命令等。同时，还介绍了如何利用 HDFS 的 Web 管理界面，以可视化的方式查看 HDFS 的相关信息。最后，本章详细介绍了如何使用 Eclipse 开发可以操作 HDFS 的 Java 应用程序。本章介绍的 Eclipse 开发方法，为后续章节的编程开发提供了很好的借鉴。

第 5 章

HBase 的安装和基础编程

HBase 是一个高可靠、高性能、面向列、可伸缩的分布式数据库,是谷歌 BigTable 的开源实现,主要用来存储非结构化和半结构化的松散数据。HBase 的目标是处理非常庞大的表,可以通过水平扩展的方式,利用廉价的计算机集群处理由超过 10 亿行数据和数百万列元素组成的数据表。Hadoop 安装以后,不包含 HBase 组件,需要另外安装。

本章首先介绍 HBase 的安装方法,并介绍 HBase 的两种不同模式的配置方法,包括单机模式和伪分布式模式;其次介绍一些操作 HBase 常用的 Shell 命令;最后,介绍如何使用 Eclipse 开发可以操作 HBase 数据库的 Java 应用程序。

5.1 安装 HBase

本节介绍 HBase 的安装方法,包括下载安装文件、配置环境变量、添加用户权限等。

5.1.1 下载安装文件

HBase 是 Hadoop 生态系统中的一个组件,但是,Hadoop 安装以后,本身并不包含 HBase,因此,需要单独安装 HBase。登录 Linux 系统,在 Linux 系统(不是 Windows 系统)中打开火狐浏览器,访问本书官网的"下载专区",在"软件"目录下下载 HBase 安装文件 hbase-2.2.2-bin.tar.gz。火狐浏览器会默认把下载文件都保存到当前用户的下载目录,由于本书全部采用 hadoop 用户登录 Linux 系统,所以,hbase-2.2.2-bin.tar.gz 文件会被保存到 /home/hadoop/下载/目录下。

需要注意的是,如果是在 Windows 系统下载安装文件 hbase-2.2.2-bin.tar.gz,则需要通过 FTP 软件上传到 Linux 系统的"/home/hadoop/下载/"目录下,这个目录是本书所有安装文件的中转站。

下载完安装文件后,需要对文件进行解压。按照 Linux 系统使用的默认规范,用户安装的软件一般都存放在/usr/local/目录下。使用 hadoop 用户登录 Linux 系统,打开一个终端,执行如下命令:

```
$sudo tar -zxf ~/下载/hbase-2.2.2-bin.tar.gz -C /usr/local
```

将解压的文件名 hbase-2.2.2 改为 hbase,以方便使用,命令如下:

```
$sudo  mv  /usr/local/hbase-2.2.2  /usr/local/hbase
```

5.1.2　配置环境变量

将 HBase 安装目录下的 bin 目录（即/usr/local/hbase/bin）添加到系统的 PATH 环境变量中，这样，每次启动 HBase 时就不需要到/usr/local/hbase 目录下执行启动命令，方便 HBase 的使用。使用 vim 编辑器打开～/.bashrc 文件，命令如下：

```
$vim ~/.bashrc
```

打开.bashrc 文件后，可以看到，已经存在如下 PATH 环境变量的配置信息，因为，之前在第 3 章安装 Hadoop 时，已经为 Hadoop 添加了 PATH 环境变量的配置信息：

```
$export PATH=$PATH:/usr/local/hadoop/sbin:/usr/local/hadoop/bin
```

这里需要把 HBase 的 bin 目录/usr/local/hbase/bin 追加到 PATH 中。当要在 PATH 中继续加入新的路径时，只要用英文冒号":"隔开，把新的路径加到后面即可，追加后的结果如下：

```
$export PATH=$PATH:/usr/local/hadoop/sbin:/usr/local/hadoop/bin:/usr/local/hbase/bin
```

添加后执行如下命令使设置生效：

```
$source ~/.bashrc
```

5.1.3　添加用户权限

需要为当前登录 Linux 系统的 hadoop 用户添加访问 HBase 目录的权限，将 HBase 安装目录下的所有文件的所有者改为 hadoop，命令如下：

```
$cd  /usr/local
$sudo  chown  -R  hadoop  ./hbase
```

5.1.4　查看 HBase 版本信息

可以通过如下命令查看 HBase 版本信息，以确认 HBase 已经安装成功：

```
$/usr/local/hbase/bin/hbase version
```

执行上述命令以后，如果出现如图 5-1 所示的信息，则说明安装成功。

```
SLF4J: Actual binding is of type [org.slf4j.impl.Log4jLo
ggerFactory]
HBase 2.2.2
Source code repository git://6ad68c41b902/opt/hbase-rm/o
utput/hbase revision=e6513a76c91cceda95dad7af246ac81d46f
a2589
Compiled by hbase-rm on Sat Oct 19 10:10:12 UTC 2019
From source with checksum 4d23f97701e395c5d34db1882ac502
1b
```

图 5-1　查看 HBase 版本信息

5.2　HBase 的配置

HBase 有 3 种运行模式，即单机模式、伪分布式模式和分布式模式。

（1）单机模式：采用本地文件系统存储数据。

（2）伪分布式模式：采用伪分布式模式的 HDFS 存储数据。

（3）分布式模式：采用分布式模式的 HDFS 存储数据。

本书仅介绍单机模式和伪分布式模式。

在进行 HBase 配置之前，需要确认已经安装了 3 个组件：JDK、Hadoop、SSH。HBase 单机模式不需要安装 Hadoop，伪分布式模式和分布式模式需要安装 Hadoop。JDK、Hadoop 和 SSH 的安装方法，已经在第 3 章做了详细介绍，如果已经按照第 3 章的方法安装了 Hadoop，则这里不需要另外安装 JDK、Hadoop 和 SSH。

5.2.1　单机模式配置

1. 配置 hbase-env.sh 文件

使用 vim 编辑器打开/usr/local/hbase/conf/hbase-env.sh，命令如下：

```
$vim /usr/local/hbase/conf/hbase-env.sh
```

打开 hbase-env.sh 文件后，需要在 hbase-env.sh 文件中配置 JAVA 环境变量，在第 3 章已经配置了 JAVA_HOME=/usr/lib/jvm/jdk1.8.0_162，这里可以直接复制该配置信息到 hbase-env.sh 文件中。此外，还需要添加 Zookeeper 配置信息，配置 HBASE_MANAGES_ZK 为 true，表示由 HBase 自己管理 Zookeeper，不需要单独的 Zookeeper，由于 hbase-env.sh 文件中本来就存在这些变量的配置，因此，只需要删除前面的注释符号 # 并修改配置内容即可，修改后的 hbase-env.sh 文件应该包含如下两行信息：

```
export JAVA_HOME=/usr/lib/jvm/jdk1.8.0_162
export HBASE_MANAGES_ZK=true
```

修改完成以后，保存 hbase-env.sh 文件并退出 vim 编辑器。

2. 配置 hbase-site.xml 文件

使用 vim 编辑器打开并编辑/usr/local/hbase/conf/hbase-site.xml 文件，命令如下：

```
$vim /usr/local/hbase/conf/hbase-site.xml
```

在 hbase-site.xml 文件中，需要设置属性 hbase.rootdir，用于指定 HBase 数据的存储位置，如果没有设置，则 hbase.rootdir 默认为/tmp/hbase-${user.name}，这意味着每次重启系统都会丢失数据。这里把 hbase.rootdir 设置为 HBase 安装目录下的 hbase-tmp 文件夹，即/usr/local/hbase/hbase-tmp，修改后的 hbase-site.xml 文件中的配置信息如下：

```
<configuration>
        <property>
                <name>hbase.rootdir</name>
                <value>file:///usr/local/hbase/hbase-tmp</value>
        </property>
</configuration>
```

保存 hbase-site.xml 文件，并退出 vim 编辑器。

3. 启动并运行 HBase

现在就可以测试运行 HBase，命令如下：

```
$cd /usr/local/hbase
$bin/start-hbase.sh          #启动 HBase
$bin/hbase shell             #进入 HBase Shell 命令行模式
```

进入 HBase Shell 命令行模式以后，用户可以通过输入 Shell 命令操作 HBase 数据库。成功启动 HBase 后会出现图 5-2 所示的界面。

图 5-2　进入 HBase Shell 模式

可以使用如下命令停止 HBase 运行：

```
$bin/stop-hbase.sh
```

需要说明的是，如果在操作 HBase 的过程中发生错误，可以查看{HBASE_HOME}目录(即/usr/local/hbase)下的 logs 子目录中的日志文件，寻找可能的错误原因，然后搜索网络资料寻找相关解决方案。

5.2.2 伪分布式模式配置

1. 配置 hbase-env.sh 文件

使用 vim 编辑器打开/usr/local/hbase/conf/hbase-env.sh，命令如下：

```
$vim /usr/local/hbase/conf/hbase-env.sh
```

打开 hbase-env.sh 文件后，需要在 hbase-env.sh 文件中配置 JAVA_HOME、HBASE_CLASSPATH 和 HBASE_MANAGES_ZK。其中，HBASE_CLASSPATH 设置为本机 hbase 安装目录下的 conf 目录（即/usr/local/hbase/conf）。JAVA_HOME 和 HBASE_MANAGES_ZK 的配置方法和上面单机模式配置方法相同。修改后的 hbase-env.sh 文件应该包含如下 3 行信息：

```
export JAVA_HOME=/usr/lib/jvm/jdk1.8.0_162
export HBASE_CLASSPATH=/usr/local/hbase/conf
export HBASE_MANAGES_ZK=true
```

修改完成以后，保存 hbase-env.sh 文件并退出 vim 编辑器。

2. 配置 hbase-site.xml 文件

使用 vim 编辑器打开并编辑/usr/local/hbase/conf/hbase-site.xml 文件，命令如下：

```
$vim /usr/local/hbase/conf/hbase-site.xml
```

在 hbase-site.xml 文件中，需要设置属性 hbase.rootdir，用于指定 HBase 数据的存储位置。在 HBase 伪分布式模式中，使用伪分布式模式的 HDFS 存储数据，因此，需要把 hbase.rootdir 设置为 HBase 在 HDFS 上的存储路径。根据第 3 章 Hadoop 伪分布式模式配置可以知道，HDFS 的访问路径为 hdfs://localhost:9000/，因为，这里设置 hbase.rootdir 为 hdfs://localhost:9000/hbase。此外，由于采用了伪分布式模式，因此，还需要将属性 hbase.cluster.distributed 设置为 true。修改后的 hbase-site.xml 文件中的配置信息如下：

```
<configuration>
    <property>
        <name>hbase.rootdir</name>
        <value>hdfs://localhost:9000/hbase</value>
    </property>
    <property>
        <name>hbase.cluster.distributed</name>
        <value>true</value>
    </property>
```

```
        <property>
                <name>hbase.unsafe.stream.capability.enforce</name>
                <value>false</value>
        </property>
</configuration>
```

保存 hbase-site.xml 文件,并退出 vim 编辑器。

3. 启动运行 HBase

首先登录 SSH,由于之前在第 3 章已经设置了无密码登录,因此这里不需要密码;然后切换至/usr/local/hadoop,启动 Hadoop,让 HDFS 进入运行状态,从而可以为 HBase 存储数据,具体命令如下:

```
$ssh localhost
$cd /usr/local/hadoop
$./sbin/start-dfs.sh
```

输入命令 jps,如果能够看到 NameNode、DataNode 和 SecondaryNameNode 这 3 个进程,则表示已经成功启动 Hadoop。

然后启动 HBase,命令如下:

```
$cd /usr/local/hbase
$bin/start-hbase.sh
```

输入命令 jps,如果出现以下进程,则说明 HBase 启动成功:

```
Jps
HMaster
HQuorumPeer
NameNode
HRegionServer
SecondaryNameNode
DataNode
```

现在可以进入 HBase Shell 模式,命令如下:

```
$bin/hbase shell        #进入 HBase Shell 命令行模式
```

进入 HBase Shell 命令行模式以后,用户可以通过输入 Shell 命令操作 HBase 数据库。

4. 停止运行 HBase

最后可以使用如下命令停止运行 HBase:

```
$bin/stop-hbase.sh
```

如果在操作 HBase 的过程中发生错误,可以查看{HBASE_HOME}目录(即/usr/local/hbase)下的 logs 子目录中的日志文件,寻找可能的错误原因。

关闭 HBase 以后,如果不再使用 Hadoop,就可以运行如下命令关闭 Hadoop:

```
$cd /usr/local/hadoop
$./sbin/stop-dfs.sh
```

需要注意的是,启动、关闭 Hadoop 和 HBase 时,一定要按照启动 Hadoop→启动 HBase→关闭 HBase→关闭 Hadoop 的顺序。

5.3 HBase 常用的 Shell 命令

在使用具体的 Shell 命令操作 HBase 数据之前,需要先启动 Hadoop,再启动 HBase 和 HBase Shell,进入 Shell 命令提示符状态,具体命令如下:

```
$cd /usr/local/hadoop
$./sbin/start-dfs.sh
$cd /usr/local/hbase
$./bin/start-hbase.sh
$./bin/hbase shell
```

5.3.1 在 HBase 中创建表

假设这里要创建一个表 student,该表包含 Sname、Ssex、Sage、Sdept、course 5 个字段。需要注意的是,在关系数据库(如 MySQL)中,需要先创建数据库,再创建表,但是,在 HBase 数据库中,不需要创建数据库,只要直接创建表就可以。在 HBase 中创建 student 表的 Shell 命令如下:

```
hbase> create 'student','Sname','Ssex','Sage','Sdept','course'
```

对于 HBase 而言,在创建 HBase 表时,不需要自行创建行键,系统会默认一个属性作为行键,通常是把 put 命令操作中跟在表名后的第一个数据作为行键。

创建完 student 表后,可通过 describe 命令查看 student 表的基本信息。describe 命令及其执行结果如图 5-3 所示。

可以使用 list 命令查看当前 HBase 数据库中已经创建的表,命令如下:

```
hbase> list
```

5.3.2 添加数据

HBase 使用 put 命令添加数据,一次只能为一个表的一行数据的一个列(也就是一个单

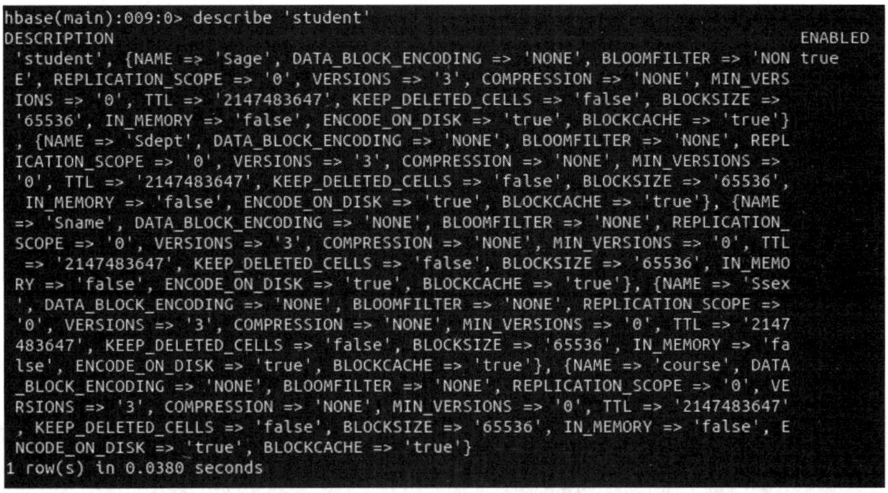

图 5-3 describe 命令执行结果

元格,单元格是 HBase 中的概念)添加一个数据,所以,直接用 Shell 命令插入数据效率很低,在实际应用中,一般都是利用编程操作数据。因为这里只要插入一条学生记录,所以,可以用 Shell 命令手工插入数据,命令如下:

```
hbase>put 'student','95001','Sname','LiYing'
```

上面的 put 命令会为 student 表添加学号为'95001'、名字为'LiYing'的一个单元格数据,其行键为 95001,也就是说,系统默认把跟在表名 student 后面的第一个数据作为行键。

下面继续添加 4 个单元格的数据,用来记录 LiYing 同学的相关信息,命令如下:

```
hbase>put 'student','95001','Ssex','male'
hbase>put 'student','95001','Sage','22'
hbase>put 'student','95001','Sdept','CS'
hbase>put 'student','95001','course:math','80'
```

5.3.3 查看数据

HBase 中有两个用于查看数据的命令。
(1) get 命令:用于查看表的某个单元格数据。
(2) scan 命令:用于查看某个表的全部数据。
例如,可以使用如下命令返回 student 表中 95001 行的数据:

```
hbase>get 'student','95001'
```

get 命令的执行结果如图 5-4 所示。
下面使用 scan 命令查询 student 表的全部数据:

```
hbase(main):024:0> get 'student','95001'
COLUMN                      CELL
 Sage:                      timestamp=1442912525676, value=20
 Sdept:                     timestamp=1442912586483, value=CS
 Sname:                     timestamp=1442912495442, value=LiYing
 Ssex:                      timestamp=1442912510852, value=male
 course:math                timestamp=1442912802499, value=80
5 row(s) in 0.0080 seconds
```

图 5-4 get 命令的执行结果

```
hbase>scan 'student'
```

scan 命令的执行结果如图 5-5 所示。

```
hbase(main):025:0> scan 'student'
ROW                         COLUMN+CELL
 95001                      column=Sage:, timestamp=1442912525676, value=20
 95001                      column=Sdept:, timestamp=1442912586483, value=CS
 95001                      column=Sname:, timestamp=1442912495442, value=LiYing
 95001                      column=Ssex:, timestamp=1442912510852, value=male
 95001                      column=course:math, timestamp=1442912802499, value=80
1 row(s) in 0.0120 seconds
```

图 5-5 scan 命令的执行结果

5.3.4 删除数据

在 HBase 中用 delete 以及 deleteall 命令进行删除数据操作，两者的区别：delete 命令用于删除一个单元格数据，是 put 的反向操作；而 deleteall 命令用于删除一行数据。

首先使用 delete 命令删除 student 表中 95001 这行中的 Ssex 列的所有数据，命令如下：

```
hbase>delete 'student','95001','Ssex'
```

delete 命令的执行结果如图 5-6 所示。

```
hbase(main):026:0> delete 'student','95001','Ssex'
0 row(s) in 0.0020 seconds

hbase(main):027:0> get 'student','95001'
COLUMN                      CELL
 Sage:                      timestamp=1442912525676, value=20
 Sdept:                     timestamp=1442912586483, value=CS
 Sname:                     timestamp=1442912495442, value=LiYing
 course:math                timestamp=1442912802499, value=80
4 row(s) in 0.0120 seconds
```

图 5-6 delete 命令的执行结果

从中可以看出，95001 这行中的 Ssex 列的所有数据已经被删除。

然后使用 deleteall 命令删除 student 表中的 95001 行的全部数据，命令如下：

```
hbase>deleteall 'student','95001'
```

5.3.5 删除表

删除表需要分两步操作：第一步让该表不可用；第二步删除表。例如，要删除 student 表，可以使用如下命令：

```
hbase>disable 'student'
hbase>drop 'student'
```

5.3.6 查询历史数据

在添加数据时，HBase 会自动为添加的数据添加一个时间戳。在修改数据时，HBase 会为修改后的数据生成一个新的版本（时间戳），从而完成"改"操作，旧的版本依旧保留，系统会定时回收垃圾数据，只留下最新的几个版本，保存的版本数可以在创建表时指定。

为了查询历史数据，这里创建一个 teacher 表，在创建表时，需要指定保存的版本数（假设指定为 5），命令如下：

```
hbase>create 'teacher',{NAME=>'username',VERSIONS=>5}
```

插入数据，并更新数据，使其产生历史版本数据，需要注意的是，这里插入数据和更新数据都是使用 put 命令，具体如下：

```
hbase>put 'teacher','91001','username','Mary'
hbase>put 'teacher','91001','username','Mary1'
hbase>put 'teacher','91001','username','Mary2'
hbase>put 'teacher','91001','username','Mary3'
hbase>put 'teacher','91001','username','Mary4'
hbase>put 'teacher','91001','username','Mary5'
```

查询时默认情况下会显示当前最新版本的数据，如果要查询历史数据，需要指定查询的历史版本数，由于上面设置了保存版本数为 5，所以，在查询时指定的历史版本数的有效取值为 1~5，具体命令如下：

```
hbase>get 'teacher','91001',{COLUMN=>'username',VERSIONS=>5}
hbase>get 'teacher','91001',{COLUMN=>'username',VERSIONS=>3}
```

上述 get 命令执行后的结果如图 5-7 所示。

5.3.7 退出 HBase 数据库

退出数据库操作，输入 exit 命令即可，命令如下：

```
hbase>exit
```

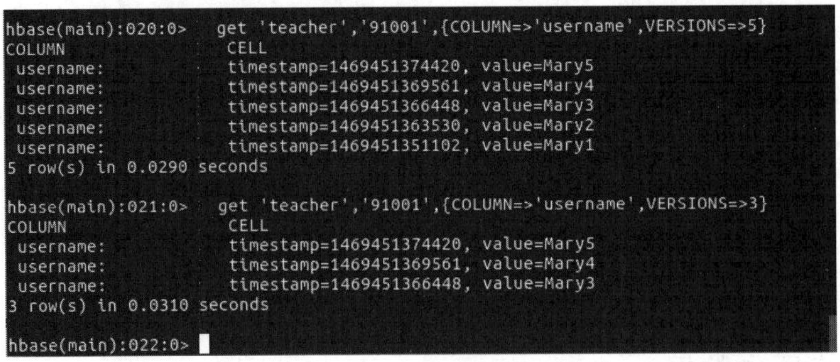

图 5-7　get 命令的执行结果

注意：这里退出 HBase 数据库是退出 HBase Shell，而不是停止 HBase 数据库后台运行，执行 exit 后，HBase 仍然在后台运行，如果要停止 HBase 运行，需要使用如下命令：

```
$bin/stop-hbase.sh
```

5.4　HBase 编程实践

HBase 提供了 Java API 对 HBase 数据库进行操作。本书采用 Eclipse 进行程序开发，第 4 章已经详细介绍了 Eclipse 软件的安装方法，这里不再赘述。在进行 HBase 编程之前，如果还没有启动 Hadoop 和 HBase，需要先启动 Hadoop 和 HBase，但是，不需要启动 HBase Shell，具体命令如下：

```
$cd /usr/local/hadoop
$./sbin/start-dfs.sh
$cd /usr/local/hbase
$./bin/start-hbase.sh
```

5.4.1　在 Eclipse 中创建项目

Eclipse 启动以后，会弹出如图 5-8 所示的界面，提示设置工作空间（workspace）。

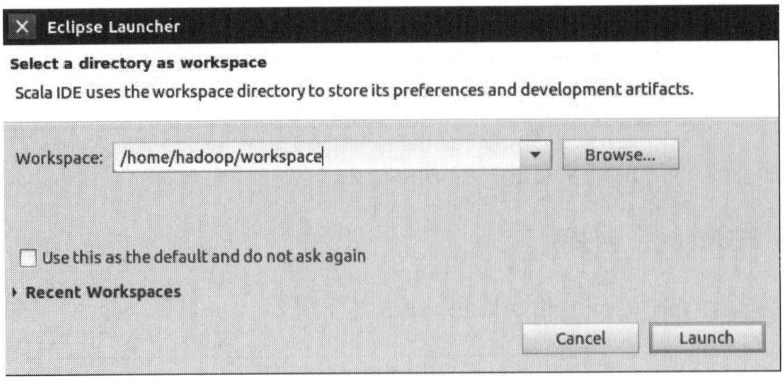

图 5-8　Eclipse 启动以后的工作空间设置界面

可以直接采用默认的设置/home/hadoop/workspace，单击 Launch 按钮。可以看出，由于当前采用 hadoop 用户登录 Linux 系统，因此，默认的工作空间目录位于 hadoop 用户目录/home/hadoop 下。

Eclipse 启动以后，呈现的界面如图 5-9 所示。

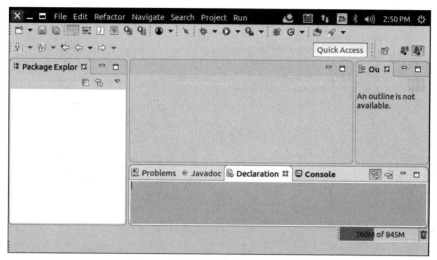

图 5-9　Eclipse 启动以后进入的界面

选择 File→New→Java Project 命令，开始创建一个 Java 工程，弹出如图 5-10 所示的界面。

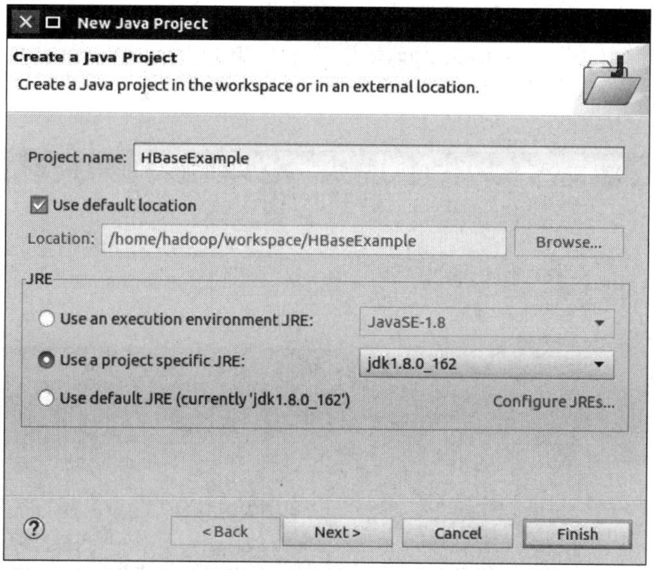

图 5-10　为 HBase 应用程序新建一个 Java 工程

在 Project name 后面文本框中输入工程名称 HBaseExample，选中 Use default location 复选框，让这个 Java 工程的所有文件都保存到/home/hadoop/workspace/HBaseExample 目录下。在 JRE 选项框中，可以选择当前的 Linux 系统中已经安装的 JDK，如 jdk1.8.0_

162。再单击界面底部的 Next 按钮,进入下一步的设置。

5.4.2 为项目添加需要用到的 JAR 包

进入下一步的设置以后,会弹出图 5-11 所示的界面。

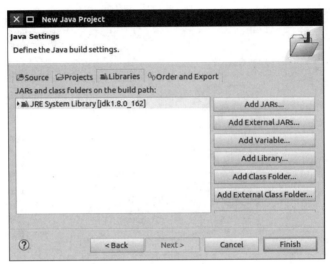

图 5-11 添加 JAR 包界面

为了编写一个能够与 HBase 交互的 Java 应用程序,需要在这个界面中加载该 Java 工程所需要用到的 JAR 包,这些 JAR 包中包含了可以访问 HBase 的 Java API。这些 JAR 包都位于 Linux 系统的 HBase 安装目录的 lib 目录下,也就是位于 /usr/local/hbase/lib 目录下。单击界面中的 Libraries 选项卡,再单击界面右侧的 Add External JARs 按钮,弹出如图 5-12 所示的界面。

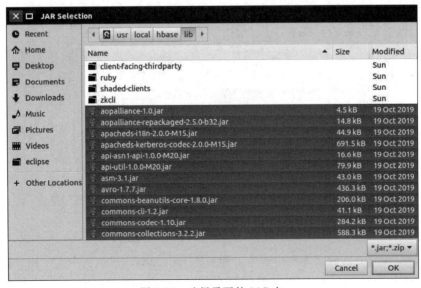

图 5-12 选择需要的 JAR 包

选中/usr/local/hbase/lib 目录下的所有 JAR 包（注意，不要选中 client-facing-thirdparty、ruby、shaded-clients 和 zkcli 这 4 个目录），再单击界面右下角的 OK 按钮。

再次单击界面（见图 5-11）右侧的 Add External JARs 按钮，继续添加 JAR 包。在 JAR 包选择界面中（见图 5-13），单击 client-facing-thirdparty 进入该目录。

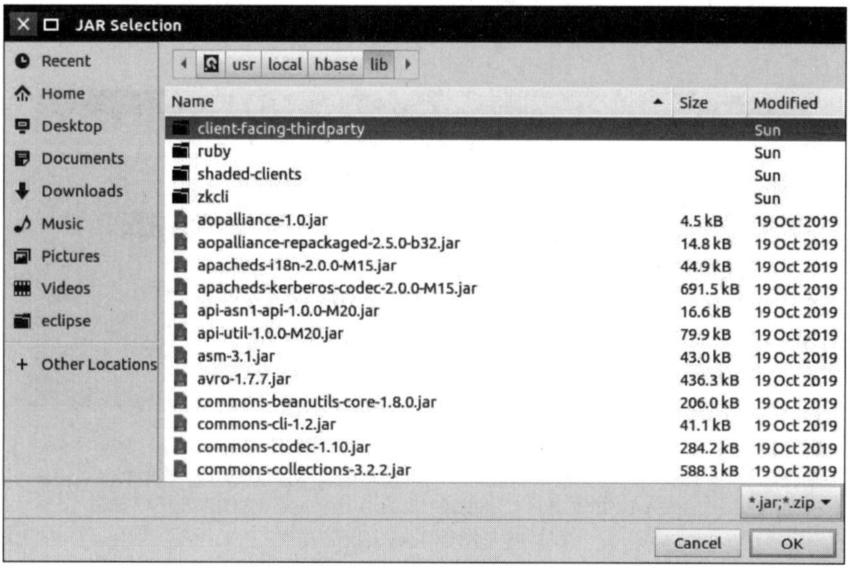

图 5-13　JAR 包选择界面

在 client-facing-thirdparty 目录（见图 5-14）选中所有 JAR 文件，再单击界面底部的 OK 按钮。

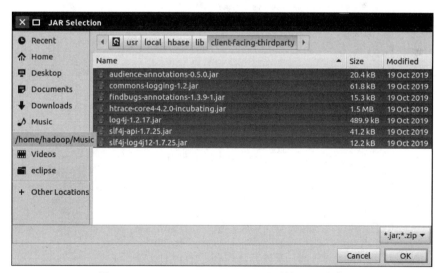

图 5-14　client-facing-thirdparty 目录的 JAR 文件

添加完毕后，就可以单击界面（见图 5-11）右下角的 Finish 按钮，完成 Java 工程 HBaseExample 的创建。

5.4.3 编写 Java 应用程序

下面编写一个 Java 应用程序，对 HBase 数据库进行操作。

在 Eclipse 工作界面左侧的 Package Explorer 面板中（见图 5-15）先找到刚才创建的工程名称 HBaseExample，再在该工程名称上右击，在弹出的菜单中选择 New→Class 命令。

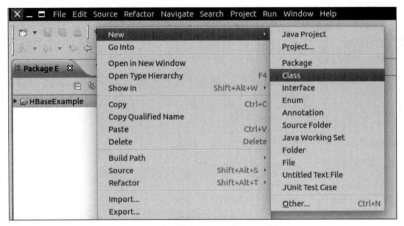

图 5-15　新建 Java Class 文件

选择 New→Class 命令以后会出现如图 5-16 所示的界面。

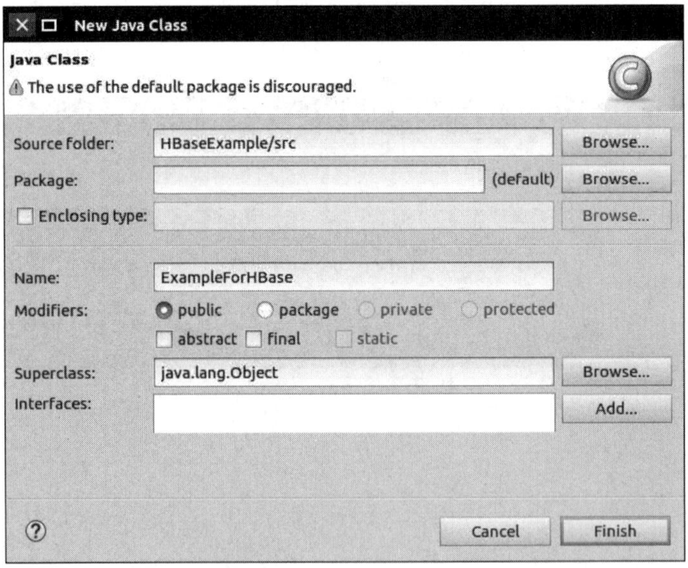

图 5-16　新建 Java Class 文件时的设置界面

在该界面中，只需要在 Name 后面的文本框中输入新建的 Java 类文件的名称，这里采用名称 ExampleForHBase，其他都可以采用默认设置，再单击界面右下角的 Finish 按钮，出现如图 5-17 所示的界面。

可以看出，Eclipse 自动创建了一个名为 ExampleForHBase.java 的源代码文件，在该文

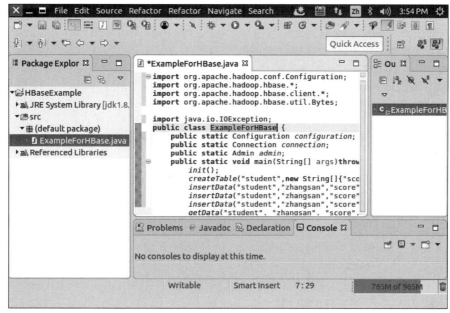

图 5-17 新建一个类文件以后的 Eclipse 界面

件中输入以下代码：

```
import org.apache.hadoop.conf.Configuration;
import org.apache.hadoop.hbase.*;
import org.apache.hadoop.hbase.client.*;
import org.apache.hadoop.hbase.util.Bytes;

import java.io.IOException;
public class ExampleForHBase {
    public static Configuration configuration;
    public static Connection connection;
    public static Admin admin;
    public static void main(String[] args)throws IOException{
        init();
        createTable("student",new String[]{"score"});
        insertData("student","zhangsan","score","English","69");
        insertData("student","zhangsan","score","Math","86");
        insertData("student","zhangsan","score","Computer","77");
        getData("student", "zhangsan", "score","English");
        close();
    }

    public static void init(){
        configuration=HBaseConfiguration.create();
        configuration.set("hbase.rootdir","hdfs://localhost:9000/hbase");
```

```java
        try{
            connection = ConnectionFactory.createConnection(configuration);
            admin = connection.getAdmin();
        }catch (IOException e){
            e.printStackTrace();
        }
    }

    public static void close(){
        try{
            if(admin != null){
                admin.close();
            }
            if(null != connection){
                connection.close();
            }
        }catch (IOException e){
            e.printStackTrace();
        }
    }

    public static void createTable(String myTableName, String[] colFamily)
    throws IOException {
        TableName tableName = TableName.valueOf(myTableName);
        if(admin.tableExists(tableName)){
            System.out.println("talbe is exists!");
        }
        else {
            TableDescriptorBuilder tableDescriptor = TableDescriptorBuilder.
            newBuilder(tableName);
            for(String str:colFamily){
                ColumnFamilyDescriptor family =
ColumnFamilyDescriptorBuilder.newBuilder(Bytes.toBytes(str)).build();
                tableDescriptor.setColumnFamily(family);
            }
            admin.createTable(tableDescriptor.build());
        }
    }

    public static void insertData(String tableName, String rowKey, String
    colFamily,String col,String val) throws IOException {
        Table table = connection.getTable(TableName.valueOf(tableName));
        Put put = new Put(rowKey.getBytes());
        put.addColumn(colFamily.getBytes(),col.getBytes(), val.getBytes());
        table.put(put);
```

```
        table.close();
    }

    public static void getData(String tableName, String rowKey, String
colFamily, String col)throws IOException{
        Table table =connection.getTable(TableName.valueOf(tableName));
        Get get =new Get(rowKey.getBytes());
        get.addColumn(colFamily.getBytes(),col.getBytes());
        Result result =table.get(get);
        System.out.println(new String(result.getValue(colFamily.getBytes(),
col==null?null:col.getBytes())));
        table.close();
    }
}
```

上述代码可以从本书官网的"下载专区"中下载，单击进入"下载专区"后，在"代码"目录中，找到"第 5 章"目录下的 ExampleForHBase.java 文件下载到本地。

5.4.4 编译运行程序

再次强调，在开始编译运行程序之前，一定确保 Hadoop 和 HBase 已经启动运行。现在就可以编译运行上面编写的代码。可以直接单击 Eclipse 工作界面上部的运行程序的快捷按钮，当把鼠标移动到该按钮上时，在弹出的菜单中选择 Run as→Java Application 命令，如图 5-18 所示。

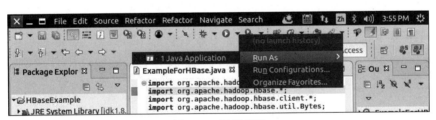

图 5-18 运行程序

程序运行成功以后，结果如图 5-19 所示，会在运行结果中出现 69。

现在可以在 Linux 系统终端启动 HBase Shell，查看生成的表，启动 HBase Shell 的命令如下：

```
$cd /usr/local/hbase
$./bin/hbase shell
```

进入 HBase Shell 以后，可以使用 list 命令查看 HBase 数据库中是否存在名为 student 的表。

```
hbase>list
```

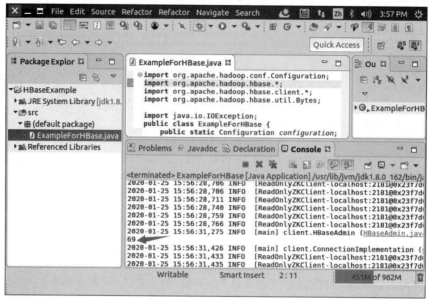

图 5-19 控制台中输出的程序运行结果信息

list 命令执行结果如图 5-20 所示。

```
hbase(main):010:0> list
TABLE
student
1 row(s)
Took 0.0126 seconds
=> ["student"]
```

图 5-20 list 命令执行结果

再在 HBase Shell 交互式环境中，使用如下命令查看 student 表中的数据：

```
hbase>scan 'student'
```

该命令执行结果如图 5-21 所示。

```
hbase(main):011:0> scan 'student'
ROW                COLUMN+CELL
 zhangsan          column=score:Computer, timestamp=1579938
                   991418, value=77
 zhangsan          column=score:English, timestamp=15799389
                   91405, value=69
 zhangsan          column=score:Math, timestamp=15799389914
                   14, value=86
1 row(s)
Took 0.0382 seconds
```

图 5-21 查看 student 表的数据

5.5 本章小结

HBase 属于列族数据库，是 NoSQL 数据库的一种，它是 Hadoop 生态系统中的重要一员，借助于 Hadoop 的力量，HBase 获得很好的发展空间，得到了大量的应用。

本章首先介绍了 HBase 的安装方法，包括下载安装文件、配置环境变量和添加用户权限等。其次详细介绍了 HBase 的两种不同模式的配置方法，包括单机模式配置和伪分布式模式配置。在实际应用中，需要经常使用 Shell 命令操作 HBase 数据库，因此，本章详细介绍了一些常用的 HBase Shell 命令的使用方法，包括创建表、添加数据、查看数据、删除数据等。最后详细介绍了 HBase 的 Java 应用程序开发方法。

第 6 章

典型 NoSQL 数据库的安装和使用

NoSQL 数据库是一大类非关系数据库的统称，较好地满足了大数据时代不同类型数据的存储需求，开始得到越来越广泛的应用。NoSQL 数据库主要包括键值数据库、列族数据库、文档数据库和图数据库 4 种类型，不同产品都有各自的应用场合。

本章重点介绍键值数据库 Redis 和文档数据库 MongoDB 的安装和使用方法，并给出简单的编程实例。

6.1 Redis 的安装和使用

本节内容包括 Redis 简介、安装 Redis 和 Redis 实例演示。

6.1.1 Redis 简介

Redis 是一个键值(key-value)存储系统，即键值对非关系数据库，与 memcached 类似，目前正在被越来越多的互联网公司采用。Redis 作为一个高性能的键值数据库，不仅在很大程度上弥补了 memcached 这类键值存储的不足，而且在部分场合下可以对关系数据库起到很好的补充作用。Redis 提供了 Python、Ruby、Erlang、PHP 客户端，使用很方便。

Redis 支持存储的值(value)类型包括 string(字符串)、list(链表)、set(集合)和 zset(有序集合)。这些数据类型都支持 push/pop、add/remove，以及取交集、并集和差集等丰富的操作，而且这些操作都是原子性的。在此基础上，Redis 支持各种不同方式的排序。与 memcached 一样，为了保证效率，Redis 中的数据都是缓存在内存中的，它会周期性地把更新的数据写入磁盘，或者把修改操作写入追加的记录文件；此外，Redis 还实现了主从(master-slave)同步。

6.1.2 安装 Redis

首先登录 Linux 系统(本书全部统一使用 hadoop 用户登录)，打开浏览器，访问 Redis 官网(http://www.redis.cn/)下载安装包 redis-5.0.5.tar.gz，或者访问本书官网的"下载专区"，下载"软件"目录 redis-5.0.5.tar.gz 文件到本地。下载后的 redis-5.0.5.tar.gz 文件，保存在"/home/hadoop/下载/"目录下。打开一个终端，执行以下命令将 Redis 解压至/usr/local/目录下并重命名：

```
$cd ~
$sudo tar -zxvf ./下载/redis-5.0.5.tar.gz -C /usr/local
$cd /usr/local
$sudo mv ./redis-5.0.5 ./redis
```

执行如下命令把 redis 目录的权限赋予 hadoop 用户：

```
$sudo chown -R hadoop:hadoop ./redis
```

进入/usr/local/redis 目录，输入以下命令编译和安装 Redis：

```
$sudo make
$sudo make install
```

至此，Redis 安装完成，现在可以执行如下命令开启 Redis 服务器：

```
$cd /usr/local/redis
$./src/redis-server
```

如果有如图 6-1 所示的输出，则表示安装成功。

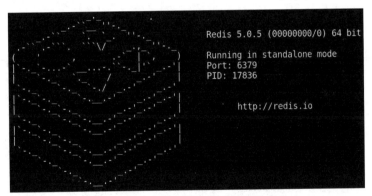

图 6-1　Redis 服务器启动后的屏幕信息

再新建一个终端，输入如下命令启动 Redis 客户端：

```
$cd /usr/local/redis
$./src/redis-cli
```

如图 6-2 所示，客户端连上服务器之后，会显示"127.0.0.1:6379＞"的命令提示符信息，表示服务器的 IP 地址为 127.0.0.1，端口号为 6379。现在可以执行简单的操作，例如，设置键为"hello"，值为"world"，并且取出键为"hello"时对应的值，图 6-2 给出了具体的操作效果。

至此，Redis 安装和运行成功，接下来，即可操作 Redis 数据库。

```
hadoop@ubuntu:/usr/local/redis$  ./src/redis-cli
127.0.0.1:6379> set hello world
OK
127.0.0.1:6379> get hello
"world"
```

图 6-2　客户端连接上服务器后的简单操作

6.1.3　Redis 实例演示

假设有 3 个表，即 Student、Course 和 SC，3 个表的字段（列）和数据如图 6-3 所示。

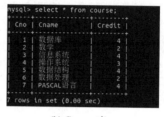

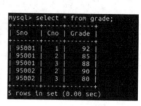

```
mysql> select * from student;
+-------+-------+------+------+-------+
| Sno   | Sname | Ssex | Sage | Sdept |
+-------+-------+------+------+-------+
| 95001 | 李勇  | 男   |   22 | CS    |
| 95002 | 刘晨  | 女   |   19 | IS    |
| 95003 | 王敏  | 女   |   18 | MA    |
| 95004 | 张立  | 男   |   19 | IS    |
+-------+-------+------+------+-------+
4 rows in set (0.00 sec)
```

(a) Student 表

```
mysql> select * from course;
+-----+-------------+--------+
| Cno | Cname       | Credit |
+-----+-------------+--------+
|   1 | 数据库      |      4 |
|   2 | 数学        |      2 |
|   3 | 信息系统    |      4 |
|   4 | 操作系统    |      3 |
|   5 | 数据结构    |      4 |
|   6 | 数据处理    |      2 |
|   7 | PASCAL语言  |      4 |
+-----+-------------+--------+
7 rows in set (0.00 sec)
```

(b) Course 表

```
mysql> select * from grade;
+-------+-----+-------+
| Sno   | Cno | Grade |
+-------+-----+-------+
| 95001 |   1 |    92 |
| 95001 |   2 |    85 |
| 95001 |   3 |    88 |
| 95002 |   2 |    90 |
| 95002 |   3 |    80 |
+-------+-----+-------+
5 rows in set (0.00 sec)
```

(c) SC 表

图 6-3　3 个表的字段和数据

Redis 数据库是以<key,value>的形式存储数据，把 3 个表的数据存入 Redis 数据库时，key 和 value 的确定方法如下：

key=表名:主键值:列名

value=列值

例如，把每个表的第一行记录保存到 Redis 数据中，需要执行的命令和执行结果如图 6-4 所示。

```
127.0.0.1:6379> set Student:95001:Sname 李勇
OK
127.0.0.1:6379> set Course:1:Cname 数据库
OK
127.0.0.1:6379> set SC:95001:1:Grade 92
OK
```

图 6-4　向 Redis 中插入数据

可以执行类似的命令，把 3 个表中的所有数据都插入 Redis 数据库。针对这些已经录入的数据，下面简单演示如何进行增、改、删、查操作。Redis 支持 5 种数据类型，不同数据类型，增、改、删、查可能不同，这里用最简单的数据类型字符串作为演示。

1. 插入数据

向 Redis 插入一条数据，只需要先设计好 key 和 value，然后用 set 命令插入数据即可。例如，在 Course 表中插入一门新的课程“算法”“4 学分”，操作命令和结果如图 6-5 所示。

2. 修改数据

Redis 并没有修改数据的命令，所以，如果在 Redis 中修改一条数据，只能采用一种变通的方式，即在使用 set 命令时，使用同样的 key，然后用新的 value 值来覆盖旧的数据。例

```
127.0.0.1:6379> set Course:8:Cname 算法
OK
127.0.0.1:6379> set Course:8:Ccredit 4
OK
127.0.0.1:6379>
```

图 6-5　插入数据

如，把刚才新添加的“算法”课程名称修改为“编译原理”，操作命令和结果如图 6-6 所示。

```
127.0.0.1:6379> get Course:8:Cname
算法
127.0.0.1:6379> set Course:8:Cname 编译原理
OK
127.0.0.1:6379> get Course:8:Cname
编译原理
127.0.0.1:6379>
```

图 6-6　修改数据

3. 删除数据

Redis 有专门删除数据的命令——del，命令格式为“del 键”。所以，如果要删除之前新增的课程“编译原理”，只需输入命令“del Course:8:Cname”，如图 6-7 所示。当输入“del Course:8:Cname”时，返回 1，说明成功删除一条数据；当再次输入 get 命令时，输出为空，说明删除成功。

```
127.0.0.1:6379> get Course:8:Cname
编译原理
127.0.0.1:6379> del Course:8:Cname
1
127.0.0.1:6379> get Course:8:Cname

127.0.0.1:6379>
```

图 6-7　删除数据

4. 查询数据

Redis 最简单的查询方式是使用 get 命令，上面几个操作都已经使用过 get 命令，这里不再赘述。

6.2　MongoDB 的安装和使用

本节介绍 MongoDB 的安装和使用方法，包括安装 MongoDB、使用 Shell 命令操作 MongoDB 和 Java API 编程实例等。

6.2.1　MongDB 简介

MongoDB 是一个基于分布式文件存储的文档数据库，介于关系数据库和非关系数据库之间，是非关系数据库当中功能最丰富、最像关系数据库的一种 NoSQL 数据库。MongoDB 支持的数据结构非常松散，是类似 json 的 bson 格式，因此可以存储比较复杂的数据类型。MongoDB 最大的特点是支持的查询语言非常强大，语法有点类似于面向对象的查询语言,几乎可以实现类似关系数据库单表查询的绝大部分功能,而且还支持对数据建立索引。

6.2.2 安装 MongoDB

MongoDB 既可以安装在 Windows 系统下使用,也可以安装在 Linux 系统下使用,这里采用 Linux 系统。MongoDB 安装很简单,无须下载源文件,可以直接用 apt-get 命令进行安装。

但是,需要说明的是,如果直接使用 sudo apt-get install mongodb 命令进行安装,默认安装的版本是 MongoDB 2.6.10。由于目前 MongoDB 已经升级到 4.0.16,这里将通过添加软件源的方式来安装 4.0.16 版本。

首先,在 Linux 系统中打开一个终端,执行如下命令导入公共秘钥到包管理器中:

```
$sudo apt-key adv --keyserver hkp://keyserver.ubuntu.com:80 --recv9DA31620334BD75D9DCB49F368818C72E52529D4
```

其次,创建 MongoDB 的文件列表,命令如下:

```
#对于Ubuntu18.04,使用如下命令
$echo "deb [ arch=amd64 ] https://repo.mongodb.org/apt/ubuntu bionic/mongodb-org/4.0 multiverse" | sudo tee /etc/apt/sources.list.d/mongodb.list
#对于Ubuntu16.04,使用如下命令
$echo "deb [ arch=amd64, arm64 ] https://repo.mongodb.org/apt/ubuntu xenial/mongodb-org/4.0 multiverse" | sudo tee /etc/apt/sources.list.d/mongodb.list
```

执行如下命令更新包管理器:

```
$sudo apt-get update
```

最后,执行如下命令安装 MongoDB:

```
$sudo apt install mongodb-org
```

安装完成后,在终端输入以下命令查看 MongoDB 版本:

```
$mongo -version
```

若能输出版本信息(见图 6-8),则表明安装成功。

安装成功以后,启动 MongoDB 的命令如下:

```
$sudo service mongod start
```

默认设置下,MongoDB 是随 Ubuntu 启动而自动启动的。可以输入以下命令查看是否启动成功:

```
cjx@ubuntu18:~$ mongo -version
MongoDB shell version v4.0.16
git version: 2a5433168a53044cb6b4fa8083e4cfd7ba142221
OpenSSL version: OpenSSL 1.1.1  11 Sep 2018
allocator: tcmalloc
modules: none
build environment:
    distmod: ubuntu1804
    distarch: x86_64
    target_arch: x86_64
```

图 6-8　查询 MongoDB 版本信息

```
$pgrep mongod -l    #注意：-l 是英文字母 l，不是阿拉伯数字 1
```

如果能够出现如图 6-9 所示信息，则表明启动成功。

```
cjx@ubuntu18:~$ pgrep mongod -l
2988 mongod
```

图 6-9　查询 MongoDB 是否启动成功

使用 MongoDB 结束后，关闭 MongoDB 的命令如下：

```
$sudo service mongod stop
```

6.2.3　使用 Shell 命令操作 MongoDB

1. 进入 MongoDB Shell 模式

在 Linux 系统打开一个终端，输入如下命令启动 MongoDB：

```
$sudo service mongod start
```

再输入如下命令进入 MongoDB Shell 模式：

```
$mongo
```

执行该命令后，屏幕截图如图 6-10 所示。

```
2020-02-20T10:32:00.172+0800 I STORAGE  [initandlisten] **    See http://dochub.mongodb.org/core/prodn
otes-filesystem
2020-02-20T10:32:01.188+0800 I CONTROL  [initandlisten]
2020-02-20T10:32:01.188+0800 I CONTROL  [initandlisten] ** WARNING: Access control is not enabled for the da
tabase.
2020-02-20T10:32:01.188+0800 I CONTROL  [initandlisten] **          Read and write access to data and config
uration is unrestricted.
2020-02-20T10:32:01.188+0800 I CONTROL  [initandlisten]
---
Enable MongoDB's free cloud-based monitoring service, which will then receive and display
metrics about your deployment (disk utilization, CPU, operation statistics, etc).

The monitoring data will be available on a MongoDB website with a unique URL accessible to you
and anyone you share the URL with. MongoDB may use this information to make product
improvements and to suggest MongoDB products and deployment options to you.

To enable free monitoring, run the following command: db.enableFreeMonitoring()
To permanently disable this reminder, run the following command: db.disableFreeMonitoring()
---

>
```

图 6-10　MongoDB Shell 模式

进入 MongoDB Shell 模式以后,默认连接的数据库是 test 数据库,可以在命令提示符"＞"后面输入各种 Shell 命令来操作 MongoDB 数据库。

2. 常用操作命令

常用的操作 MongoDB 数据库的相关命令如下。
(1) show dbs:显示数据库列表。
(2) show collections:显示当前数据库中的集合(类似于关系数据库中的表)。
(3) show users:显示所有用户。
(4) use yourDB:切换当前数据库至 yourDB。
(5) db.help():显示数据库操作命令。
(6) db.yourCollection.help():显示集合操作命令,yourCollection 是集合名。

MongoDB 没有创建数据库的命令,如果要创建一个名为 School 的数据库,需要先运行 use School 命令,然后做一些操作,例如,使用命令 db.createCollection('teacher') 创建集合,这样就可以创建一个名为 School 的数据库,执行上述命令过程的屏幕截图如图 6-11 所示。

图 6-11　创建数据库和集合

3. 简单操作演示

下面以一个 School 数据库为例进行操作演示,在 School 数据库中创建 teacher 和 student 两个集合,并对 student 集合中的数据进行增、改、删、查等基本操作。需要说明的是,文档数据库中的集合(collection)相当于关系数据库中的表(table)。

1) 切换到 School 数据库
命令如下:

```
>use School
```

注意:MongoDB 无须预创建 School 数据库,在使用时会自动创建。

2) 创建集合
创建集合的命令如下:

```
>db.createCollection('teacher')
```

执行上述命令的屏幕截图如图 6-12 所示。

```
> use School
switched to db School
> show collections
> db.createCollection('teacher')
{ "ok" : 1 }
> show collections
teacher
```

图 6-12 创建集合

实际上，MongoDB 在插入数据时，也会自动创建对应的集合，无须预定义集合。

3）插入数据

与创建数据库类似，插入数据时也会自动创建集合。插入数据有两种方式：insert 和 save，具体命令如下：

```
>db.student.insert({_id:1, sname: 'zhangsan', sage: 20})    #_id 可选
>db.student.save({_id:1, sname: 'zhangsan', sage: 22})      #_id 可选
```

这两种方式，其插入的数据中_id 字段均可不写，系统会自动生成一个唯一的_id 来标识本条数据。insert 和 save 两者的区别：在手动插入_id 字段时，如果_id 已经存在，insert 不做操作，而 save 会做更新操作；如果不加_id 字段，两者作用相同，都是插入数据。执行上述命令的屏幕截图如图 6-13 所示。

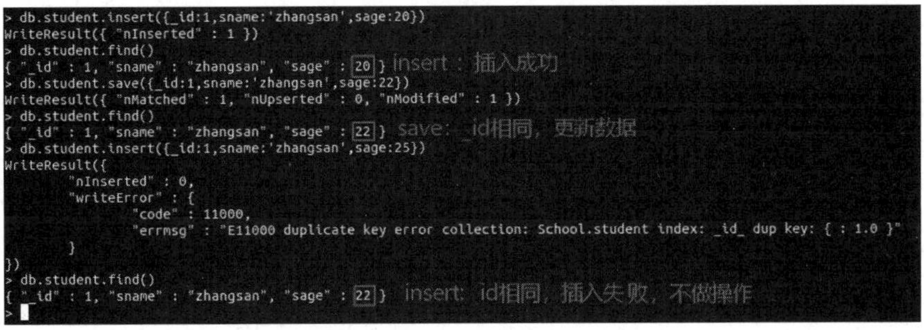

```
> db.student.insert({_id:1,sname:'zhangsan',sage:20})
WriteResult({ "nInserted" : 1 })
> db.student.find()
{ "_id" : 1, "sname" : "zhangsan", "sage" : 20 }   insert：插入成功
> db.student.save({_id:1,sname:'zhangsan',sage:22})
WriteResult({ "nMatched" : 1, "nUpserted" : 0, "nModified" : 1 })
> db.student.find()
{ "_id" : 1, "sname" : "zhangsan", "sage" : 22 }   save：_id 相同，更新数据
> db.student.insert({_id:1,sname:'zhangsan',sage:25})
WriteResult({
        "nInserted" : 0,
        "writeError" : {
                "code" : 11000,
                "errmsg" : "E11000 duplicate key error collection: School.student index: _id_ dup key: { : 1.0 }"
        }
})
> db.student.find()
{ "_id" : 1, "sname" : "zhangsan", "sage" : 22 }   insert：id 相同，插入失败，不做操作
>
```

图 6-13 插入数据

添加的数据结构是松散的，只要是 bson 格式均可，列属性均不固定，以实际添加的数据为准。可以先定义数据再插入，这样就可以一次性插入多条数据，如图 6-14 所示。

运行完以上例子，student 已自动创建，这也说明 MongoDB 不需要预先定义集合，在第一次插入数据后，集合会被自动创建。此时，可以使用 show collections 命令查询数据库中当前已经存在的集合，如图 6-15 所示。

4）查找数据

查找数据所使用的基本命令格式如下：

```
>db.yourCollection.find(criteria, filterDisplay)
```

其中，criteria 表示查询条件，是一个可选的参数；filterDisplay 表示筛选显示部分数据，如显示指定某些列的数据，这也是一个可选的参数，但需要注意的是，当存在该参数时，第一个参

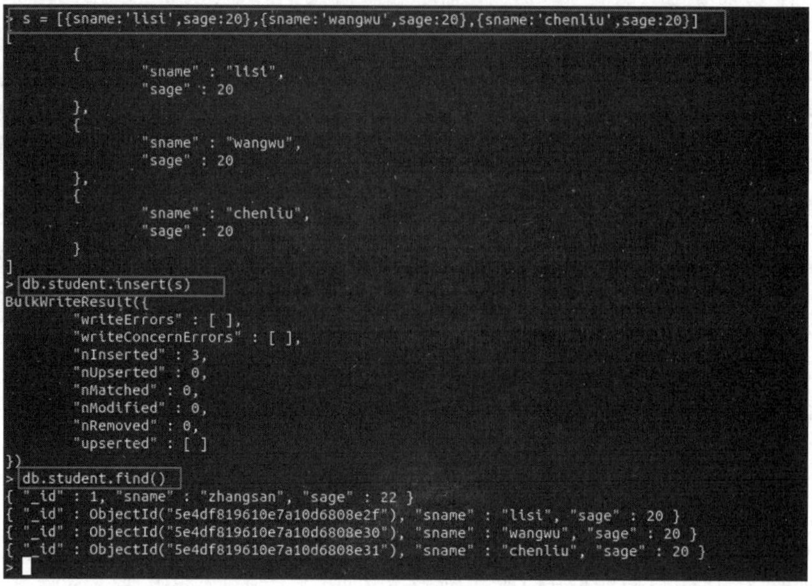

图 6-14 一次性插入多条数据

图 6-15 show collections 命令的执行结果

数不可省略,若查询条件为空,可用{}作为占位符。

(1) 查询所有记录。

```
>db.student.find()
```

该命令相当于关系数据库的 SQL 语句 select * from student。

(2) 查询 sname='lisi'的记录。

```
>db.student.find({sname: 'lisi'})
```

该命令相当于关系数据库的 SQL 语句 select * from student where sname='lisi'。

(3) 查询指定列 sname、sage 数据。

```
>db.student.find({},{sname:1, sage:1})
```

该命令相当于关系数据库的 SQL 语句 select sname,sage from student。其中,sname:1 表示返回 sname 列,默认_id 字段也是返回的,可以添加_id:0(意为不返回_id),写成{sname:1, sage:1,_id:0},就不会返回默认的_id 字段了。

(4) and 条件查询。

```
>db.student.find({sname:'zhangsan', sage: 22})
```

该命令相当于关系数据库的 SQL 语句 select * from student where sname='zhangsan' and sage=22。

（5）or 条件查询。

> db.student.find({$or:[{sage: 22}, {sage: 25}]})

该命令相当于关系数据库的 SQL 语句 select * from student where sage=22 or sage=25。

（6）格式化输出。

对于查询结果，也可以采用 pretty( ) 进行格式化输出，命令执行结果如图 6-16 所示。

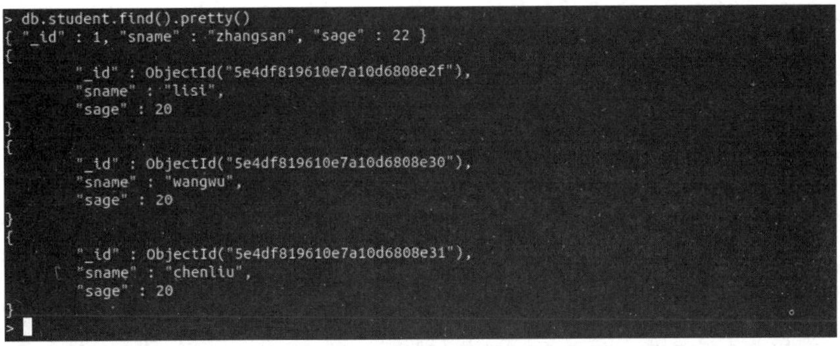

图 6-16　格式化输出

5）修改数据

修改数据的基本命令格式如下：

> db.yourCollection.update(criteria, objNew, upsert, multi)

对于该命令做如下说明。

（1）criteria：表示 update 的查询条件，类似 sql update 查询内 where 后面的条件。

（2）objNew：update 的对象和一些更新的操作符（如 $ set）等，也可以理解为 SQL 语句中的 update 语句中 set 后面的内容。

（3）upsert：如果不存在 update 的记录，是否插入 objNew，true 表示插入；默认是 false，表示不插入。

（4）multi：MongoDB 默认是 false，只更新找到的第一条记录，如果这个参数为 true，就会把按条件查出来的多条记录全部更新。默认是 false，只修改匹配到的第一条数据。

上面各个参数中，criteria 和 objNew 是必选参数，upsert 和 multi 是可选参数。

这里给出一个实例，语句如下：

> db.student.update({sname: 'lisi'}, {$set: {sage: 30}}, false, true)

该命令相当于关系数据库的 SQL 语句"update student set sage=30 where sname='lisi';"。执行该命令的屏幕截图如图 6-17 所示。

```
> db.student.update({sname:'lisi'},{$set:{sage:30}},false,true)
WriteResult({ "nMatched" : 1, "nUpserted" : 0, "nModified" : 1 })
> db.student.find({sname:'lisi'})
{ "_id" : ObjectId("5e4df819610e7a10d6808e2f"), "sname" : "lisi", "sage" : 30 }
>
```

图 6-17 修改数据

6）删除数据

```
>db.student.remove({sname: 'chenliu'})
```

该命令相当于关系数据库的 SQL 语句 delete from student where sname='chenliu'。执行该命令的屏幕截图如图 6-18 所示。

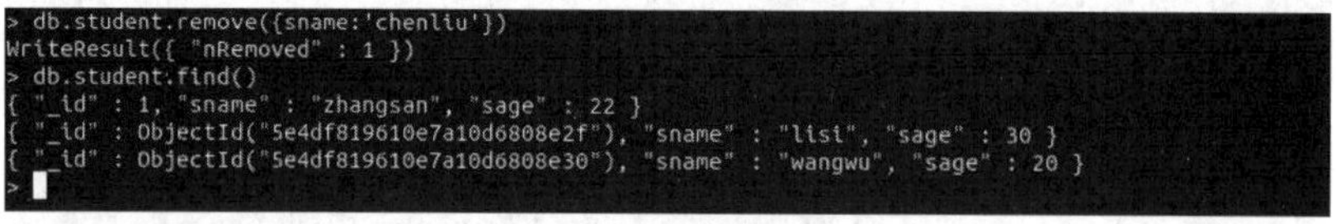

```
> db.student.remove({sname:'chenliu'})
WriteResult({ "nRemoved" : 1 })
> db.student.find()
{ "_id" : 1, "sname" : "zhangsan", "sage" : 22 }
{ "_id" : ObjectId("5e4df819610e7a10d6808e2f"), "sname" : "lisi", "sage" : 30 }
{ "_id" : ObjectId("5e4df819610e7a10d6808e30"), "sname" : "wangwu", "sage" : 20 }
>
```

图 6-18 删除数据

7）删除集合

```
>db.student.drop()
```

执行该命令的屏幕截图如图 6-19 所示。

```
> show collections
student
teacher
> db.student.drop()
true
> show collections
teacher
>
```

图 6-19 删除集合

4. 退出 MongoDB Shell 模式

可以输入如下命令退出 MongoDB Shell 模式：

```
>exit
```

也可以直接按 Ctrl+C 键，退出 Shell 命令模式。

6.2.4 Java API 编程实例

编写 Java 程序访问 MongoDB 数据库时，首先需要下载 Java MongoDB Driver 驱动 JAR 包，Java MongoDB Driver 下载地址如下：

```
https://repo1.maven.org/maven2/org/mongodb/mongo-java-driver/3.12.1/mongo-
java-driver-3.12.1.jar
```

可以在 Linux 系统中，打开浏览器，访问该网址下载 Java MongoDB Driver，也可以直接访问本书官网的"下载专区"，到"软件"目录中，把名为 mongo-java-driver-3.12.1.jar 的文件下载到 Linux 本地文件系统中，默认的下载文件保存目录是"～/下载"或者 ～/Downloads。

然后就可以打开 Eclipse，参照第 4 章介绍的 Eclipse 编程方法，新建一个 Java 工程，在工程中导入刚刚下载的 JAR 包，并在工程中新建一个 MongoDBExample.java 文件，输入如下代码，直接在 Eclipse 中编译运行即可。

```java
import java.util.ArrayList;
import java.util.List;
import org.bson.Document;
import com.mongodb.MongoClient;
import com.mongodb.client.MongoCollection;
import com.mongodb.client.MongoCursor;
import com.mongodb.client.MongoDatabase;
import com.mongodb.client.model.Filters;
public class TestMongoDBExample {
    /**
     * @param args
     */
    public static void main(String[] args) {
//      insert();        //插入数据。执行插入时,可将其他 3 句函数调用语句注释,下同
        find();          //查找数据
//      update();        //更新数据
//      delete();        //删除数据
    }
    /**
     * 返回指定数据库中的指定集合
     * @param dbname 数据库名
     * @param collectionname 集合名
     * @return
     */
//MongoDB 无须预定义数据库和集合,在使用时会自动创建
    public static MongoCollection < Document > getCollection (String dbname,
    String collectionname){
        //实例化一个 mongo 客户端,服务器地址:localhost(本地),端口号:27017
        MongoClient mongoClient=new MongoClient("localhost",27017);
        //实例化一个 mongo 数据库
```

```java
            MongoDatabase mongoDatabase=mongoClient.getDatabase(dbname);
            //获取数据库中某个集合
            MongoCollection<Document>collection=mongoDatabase.getCollection
            (collectionname);
            return collection;
    }
    /**
     * 插入数据
     */
    public static void insert(){
        try{
            //连接MongoDB,指定连接数据库名,指定连接表名
            MongoCollection<Document>collection=getCollection("School",
            "student");           //数据库名:School,集合名:student
            //实例化一个文档,文档内容为{sname:'Mary',sage:25},如果还有其他字段,可
            //以继续追加append
            Document doc1=new Document("sname","Mary").append("sage", 25);
            //实例化一个文档,文档内容为{sname:'Bob',sage:20}
            Document doc2=new Document("sname","Bob").append("sage", 20);
            List<Document>documents=new ArrayList<Document>();
            //将doc1、doc2加入documents列表中
            documents.add(doc1);
            documents.add(doc2);
            //将documents插入集合
            collection.insertMany(documents);
            System.out.println("插入成功");
        }catch(Exception e){
            System.err.println(e.getClass().getName()+": "+e.getMessage());
        }
    }
    /**
     * 查询数据
     */
    public static void find(){
        try{
            MongoCollection<Document>collection=getCollection("School",
            "student");           //数据库名:School,集合名:student
            //通过游标遍历检索出的文档集合
//          MongoCursor<Document> cursor=collection.find(new Document("sname",
            "Mary")).projection(new Document("sname",1).append("sage",1).
            append("_id", 0)).iterator();
            //find查询条件:sname='Mary'projection筛选:显示sname和sage,不显示_id
            //(_id默认会显示)
            //查询所有数据
```

```java
            MongoCursor<Document>cursor=collection.find().iterator();
            while(cursor.hasNext()){
                System.out.println(cursor.next().toJson());
            }
        }catch(Exception e){
            System.err.println(e.getClass().getName()+": "+e.getMessage());
        }
    }
    /**
     * 更新数据
     */
    public static void update(){
        try{
            MongoCollection<Document>collection=getCollection("School",
            "student");          //数据库名:School,集合名:student
            //更新文档,将文档中 sname='Mary'的文档修改为 sage=22
            collection.updateMany(Filters.eq("sname", "Mary"), new Document
            ("$ set",new Document("sage",22)));
            System.out.println("更新成功!");
        }catch(Exception e){
            System.err.println(e.getClass().getName()+": "+e.getMessage());
        }
    }
    /**
     * 删除数据
     */
    public static void delete(){
        try{
            MongoCollection<Document > collection = getCollection ( " School",
            "student");          //数据库名:School,集合名:student
            //删除符合条件的第一个文档
            collection.deleteOne(Filters.eq("sname", "Bob"));
            //删除所有符合条件的文档
            //collection.deleteMany (Filters.eq("sname", "Bob"));
            System.out.println("删除成功!");
        }catch(Exception e){
            System.err.println(e.getClass().getName()+": "+e.getMessage());
        }
    }
}
```

上述代码也可以直接从本书官网的"下载专区"下载,位于"代码"目录的"第 6 章"子目录,文件名是 MongoDBExample.java。

每次在 Eclipse 中执行完该程序,都可以在 Linux 系统的 MongoDB Shell 模式下查看结果。例如，在 Eclipse 执行完更新操作后，在 MongoDB Shell 模式下输入命令 db.student.find()，就可以查看 student 集合的所有数据（见图 6-20）。

```
> db.student.find()
{ "_id" : ObjectId("5e4f4890960832424634ed69"), "sname" : "Mary", "sage"
{ "_id" : ObjectId("5e4f4890960832424634ed6a"), "sname" : "Bob", "sage"
> db.student.find()
{ "_id" : ObjectId("5e4f4890960832424634ed69"), "sname" : "Mary", "sage"
{ "_id" : ObjectId("5e4f4890960832424634ed6a"), "sname" : "Bob", "sage"
>
```

图 6-20　查看 student 集合的所有数据

6.3　本章小结

传统的关系数据库可以较好地支持结构化数据存储和管理，但是，随着 Web 2.0 的迅猛发展以及大数据时代的到来，使关系数据库的发展越来越力不从心。在大数据时代，数据类型繁多，包括结构化数据和各种非结构化数据，其中，非结构化数据的比例更是高达 90%以上。因此，在新的应用需求驱动下，各种新型的 NoSQL 数据库不断涌现，并逐渐获得市场的青睐。NoSQL 数据库主要包括键值数据库、列族数据库、文档数据库和图数据库 4 种类型，前面在第 5 章介绍的 HBase 就属于列族数据库。

键值数据库和文档数据库是两种应用比较广泛的 NoSQL 数据库，因此，本章选取了两个具有代表性的产品进行介绍，包括键值数据库 Redis 和文档数据库 MongoDB，详细介绍了这两种数据库的安装和使用方法，并给出了编程实例。

第 7 章

MapReduce 基础编程

MapReduce 是谷歌公司的核心计算模型，Hadoop 开源实现了 MapReduce。MapReduce 将复杂的、运行于大规模集群上的并行计算过程高度抽象到了两个函数：Map 和 Reduce，并极大地方便了分布式编程工作，编程人员在不会分布式并行编程的情况下，也可以很容易将自己的程序运行在分布式系统上，完成海量数据的计算。

本章以一个词频统计任务为主线，详细介绍 MapReduce 基础编程方法。首先，阐述词频统计任务要求；其次，介绍 MapReduce 程序的具体编写方法；最后，阐述如何编译、运行程序。

7.1 词频统计任务要求

首先在 Linux 系统本地创建两个文件，即文件 wordfile1.txt 和 wordfile2.txt。在实际应用中，这两个文件可能非常大，会被分布存储到多个节点上。但是，为了简化任务，这里的两个文件只包含几行简单的内容。需要说明的是，针对这两个小数据集样本编写的 MapReduce 词频统计程序，不做任何修改就可以用来处理大规模数据集的词频统计。

文件 wordfile1.txt 的内容如下：

```
I love Spark
I love Hadoop
```

文件 wordfile2.txt 的内容如下：

```
Hadoop is good
Spark is fast
```

假设 HDFS 中有一个 input 文件夹，并且文件夹为空，把文件 wordfile1.txt 和 wordfile2.txt 上传到 HDFS 中的 input 文件夹下。现在需要设计一个词频统计程序，统计 input 文件夹下所有文件中每个单词的出现次数，也就是说，程序应该输出如下形式的结果：

```
fast    1
good    1
Hadoop  2
```

```
    I      2
    is     2
    love   2
    Spark  2
```

7.2 MapReduce 程序编写方法

编写 MapReduce 程序实现词频统计功能,主要包括以下 3 个步骤:
(1) 编写 Map 处理逻辑。
(2) 编写 Reduce 处理逻辑。
(3) 编写 main 方法。

7.2.1 编写 Map 处理逻辑

MapReduce 程序包括 Map 阶段和 Reduce 阶段。在 Map 阶段,文件 wordfile1.txt 和文件 wordfile2.txt 中的文本数据被读入,以<key,value>的形式提交给 Map 函数进行处理,其中,key 是当前读取到的行的地址偏移量,value 是当前读取到的行的内容。<key,value>提交给 Map 函数以后,就可以运行自定义的 Map 处理逻辑,对 value 进行处理,然后以特定的键值对的形式进行输出,这个输出将作为中间结果,继续提供给 Reduce 阶段作为输入数据。以下是 Map 处理逻辑的具体代码:

```
public static class TokenizerMapper extends Mapper < Object, Text, Text, 
IntWritable>{
    private static final IntWritable one=new IntWritable(1);
    private Text word=new Text();
    public TokenizerMapper() {
    }
    public void map(Object key, Text value, Mapper<Object, Text, Text, 
    IntWritable>.Context context) throws IOException, InterruptedException {
        StringTokenizer itr=new StringTokenizer(value.toString());
        while(itr.hasMoreTokens()) {
            this.word.set(itr.nextToken());
            context.write(this.word, one);
        }
    }
}
```

7.2.2 编写 Reduce 处理逻辑

Map 阶段得到的中间结果,经过 Shuffle 阶段(分区、排序、合并)以后,分发给对应的 Reduce 任务去处理。对于 Reduce 阶段而言,输入是<key,value-list>形式,例如,<'Hadoop',<1,1>>。Reduce 函数就是对输入中的 value-list 进行求和,得到词频统计结果。下面给出 Reduce 处理逻辑的具体代码：

```java
public static class IntSumReducer extends Reducer<Text, IntWritable, Text, IntWritable>{
    private IntWritable result=new IntWritable();
    public IntSumReducer() {
    }
    public void reduce(Text key, Iterable<IntWritable>values, Reducer<Text, IntWritable, Text, IntWritable>.Context context) throws IOException, InterruptedException {
        int sum=0;
        IntWritable val;
        for(Iterator i$=values.iterator(); i$.hasNext(); sum+=val.get()) {
            val=(IntWritable)i$.next();
        }
        this.result.set(sum);
        context.write(key, this.result);
    }
}
```

7.2.3 编写 main 方法

为了让 TokenizerMapper 类和 IntSumReducer 类能够协同工作，完成最终的词频统计任务，需要在主函数中通过 Job 类设置 Hadoop 程序运行时的环境变量，具体代码如下：

```java
public static void main(String[] args) throws Exception {
    Configuration conf=new Configuration();
    String[]otherArgs=(new GenericOptionsParser(conf, args)).getRemainingArgs();
    if(otherArgs.length<2) {
        System.err.println("Usage: wordcount<in>[<in>…]<out>");
        System.exit(2);
    }
    Job job=Job.getInstance(conf, "word count");        //设置环境参数
    job.setJarByClass(WordCount.class);                 //设置整个程序的类名
    job.setMapperClass(WordCount.TokenizerMapper.class);//添加 Mapper 类
    job.setReducerClass(WordCount.IntSumReducer.class); //添加 Reducer 类
    job.setOutputKeyClass(Text.class);                  //设置输出类型
    job.setOutputValueClass(IntWritable.class);         //设置输出类型
    for(int i=0; i<otherArgs.length-1;++i) {
        FileInputFormat.addInputPath(job, new Path(otherArgs[i]));
                                                        //设置输入文件
    }
```

```
            FileOutputFormat.setOutputPath(job, new Path(otherArgs[otherArgs.length
            -1]));                                                    //设置输出文件
            System.exit(job.waitForCompletion(true)?0:1);
    }
```

7.2.4 完整的词频统计程序

在编写词频统计 Java 程序时,需要新建一个名为 WordCount.java 的文件,该文件包含了完整的词频统计程序代码,具体如下:

```
import java.io.IOException;
import java.util.Iterator;
import java.util.StringTokenizer;
import org.apache.hadoop.conf.Configuration;
import org.apache.hadoop.fs.Path;
import org.apache.hadoop.io.IntWritable;
import org.apache.hadoop.io.Text;
import org.apache.hadoop.mapreduce.Job;
import org.apache.hadoop.mapreduce.Mapper;
import org.apache.hadoop.mapreduce.Reducer;
import org.apache.hadoop.mapreduce.lib.input.FileInputFormat;
import org.apache.hadoop.mapreduce.lib.output.FileOutputFormat;
import org.apache.hadoop.util.GenericOptionsParser;
public class WordCount {
    public WordCount() {
    }
     public static void main(String[] args) throws Exception {
        Configuration conf=new Configuration();
        String[] otherArgs=(new GenericOptionsParser(conf, args)).
        getRemainingArgs();
        if(otherArgs.length<2) {
            System.err.println("Usage: wordcount<in>[<in>…]<out>");
            System.exit(2);
        }
        Job job=Job.getInstance(conf, "word count");
        job.setJarByClass(WordCount.class);
        job.setMapperClass(WordCount.TokenizerMapper.class);
        job.setCombinerClass(WordCount.IntSumReducer.class);
        job.setReducerClass(WordCount.IntSumReducer.class);
        job.setOutputKeyClass(Text.class);
        job.setOutputValueClass(IntWritable.class);
        for(int i=0; i<otherArgs.length-1;++i) {
            FileInputFormat.addInputPath(job, new Path(otherArgs[i]));
        }
```

```java
            FileOutputFormat.setOutputPath(job, new Path(otherArgs[otherArgs.
            length-1]));
            System.exit(job.waitForCompletion(true)?0:1);
    }
    public static class TokenizerMapper extends Mapper<Object, Text, Text,
    IntWritable>{
        private static final IntWritable one=new IntWritable(1);
        private Text word=new Text();
        public TokenizerMapper() {
        }
        public void map(Object key, Text value, Mapper<Object, Text, Text,
        IntWritable>.Context context) throws IOException, InterruptedException {
            StringTokenizer itr=new StringTokenizer(value.toString());
            while(itr.hasMoreTokens()) {
                this.word.set(itr.nextToken());
                context.write(this.word, one);
            }
        }
    }
    public static class IntSumReducer extends Reducer<Text, IntWritable, Text,
    IntWritable>{
        private IntWritable result=new IntWritable();
        public IntSumReducer() {
        }
        public void reduce(Text key, Iterable<IntWritable>values, Reducer
        <Text, IntWritable, Text, IntWritable>.Context context) throws
        IOException, InterruptedException {
            int sum=0;
            IntWritable val;
            for(Iterator i$=values.iterator(); i$.hasNext(); sum+=val.get()) {
                val=(IntWritable)i$.next();
            }
            this.result.set(sum);
            context.write(key, this.result);
        }
    }
}
```

上述代码可以从本书官网的"下载专区"下载，进入"下载专区"后，下载"代码"目录的"第7章"子目录中的 WordCount.java 文件到本地。

7.3 编译打包程序

可以采用两种方式对上面编写的 WordCount 代码进行编译打包。
（1）使用命令行编译打包词频统计程序。

(2) 使用 Eclipse 编译打包词频统计程序。

7.3.1 使用命令行编译打包词频统计程序

在第 3 章已经安装了 Java 程序(JDK),因此,这里可以直接用 JDK 包中的工具对代码进行编译。

首先,在 Linux 系统中打开一个终端,把 Hadoop 的安装目录设置为当前工作目录,命令如下:

```
$cd /usr/local/hadoop
```

其次,执行如下命令,让 javac 编译程序可以找到 Hadoop 相关的 JAR 包:

```
$export CLASSPATH="/usr/local/hadoop/share/hadoop/common/hadoop-common-3.1.3.jar:/usr/local/hadoop/share/hadoop/mapreduce/hadoop-mapreduce-client-core-3.1.3.jar:/usr/local/hadoop/share/hadoop/common/lib/commons-cli-1.2.jar:$CLASSPATH"
```

再次,执行 javac 命令编译程序(这里假设 WordCount.java 文件被放在/usr/local/hadoop 目录下):

```
$javac WordCount.java
```

如果系统环境找不到 javac 程序的位置,那么使用 JDK 中的绝对路径。

编译后,在文件夹下可以发现有 3 个.class 文件,这是 Java 的可执行文件。此时,需要将它们打包并命名为 WordCount.jar,命令如下:

```
$jar -cvf WordCount.jar *.class
```

至此,得到像 Hadoop 自带实例一样的 JAR 包,可以运行得到结果。在运行程序前,需要使用命令 start-dfs.sh 启动 Hadoop。启动 Hadoop 后,可以运行程序,命令如下:

```
$./bin/hadoop jar WordCount.jar WordCount input output
```

最后,可以运行下面命令查看结果:

```
$./bin/hadoop fs -cat output/*
```

7.3.2 使用 Eclipse 编译打包词频统计程序

上面介绍了如何使用命令行编译打包词频统计程序,实际上,也可以使用另一种方式,即使用 Eclipse 编译打包词频统计程序。

1. 在 Eclipse 中创建项目

启动 Eclipse 后会弹出如图 7-1 所示的界面，提示设置工作空间(workspace)。

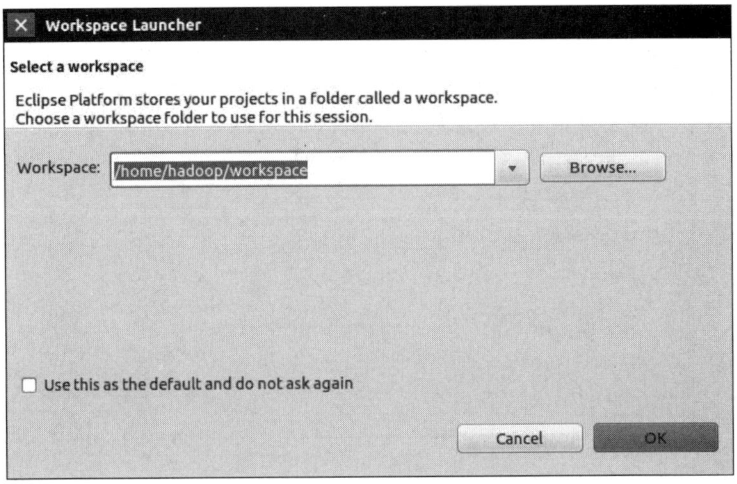

图 7-1　Eclipse 工作空间设置界面

可以直接采用默认的设置/home/hadoop/workspace，单击 OK 按钮。可以看出，由于当前是采用 hadoop 用户登录了 Linux 系统，因此，默认的工作空间目录位于 hadoop 用户目录/home/hadoop 下。

Eclipse 启动后，呈现的界面如图 7-2 所示。

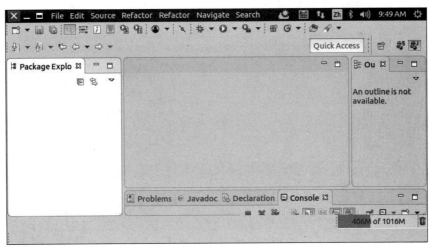

图 7-2　Eclipse 启动后进入的界面

选择 File→New→Java Project 命令，开始创建一个 Java 工程，弹出图 7-3 所示的界面。

在 Project name 后面的文本框中输入工程名称 WordCount，选中 Use default location 复选框，让这个 Java 工程的所有文件都保存到/home/hadoop/workspace/WordCount 目录下。在 JRE 选项框中，可以选择当前的 Linux 系统中已经安装的 JDK，如 jdk1.8.0_162；再单击界面底部的 Next 按钮，进入下一步的设置。

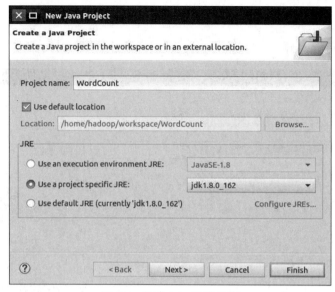

图 7-3　新建 Java 工程界面

2. 为项目添加需要用到的 JAR 包

进入下一步的设置以后，会弹出如图 7-4 所示的界面。

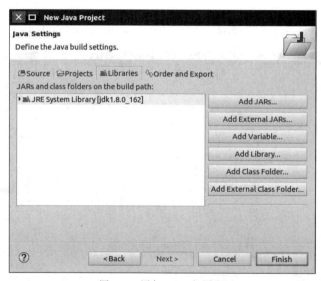

图 7-4　添加 JAR 包界面

需要在这个界面中加载该 Java 工程所需要用到的 JAR 包，这些 JAR 包中包含了可以访问 HDFS 的 Java API。这些 JAR 包都位于 Linux 系统的 Hadoop 安装目录下，对于本书而言，就是在 /usr/local/hadoop/share/hadoop 目录下。单击界面中的 Libraries 选项卡，然后单击界面右侧的 Add External JARs 按钮，弹出如图 7-5 所示的界面。

在该界面中，上面有一排目录按钮（即 usr、local、hadoop、share、hadoop、mapreduce 和

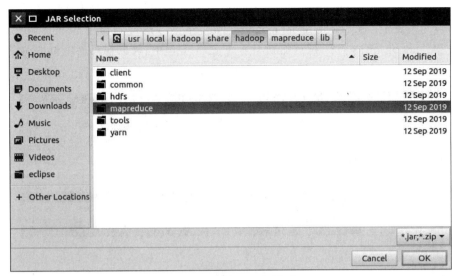

图 7-5　选择 JAR 包界面

lib），当单击某个目录按钮时，就会在下面列出该目录的内容。

为了编写一个 MapReduce 程序，一般需要向 Java 工程中添加以下 JAR 包。

（1）/usr/local/hadoop/share/hadoop/common 目录下的 hadoop-common-3.1.3.jar 和 hadoop-nfs-3.1.3.jar。

（2）/usr/local/hadoop/share/hadoop/common/lib 目录下的所有 JAR 包。

（3）/usr/local/hadoop/share/hadoop/mapreduce 目录下的所有 JAR 包，但是，不包括 jdiff、lib、lib-examples 和 sources 目录，具体如图 7-6 所示。

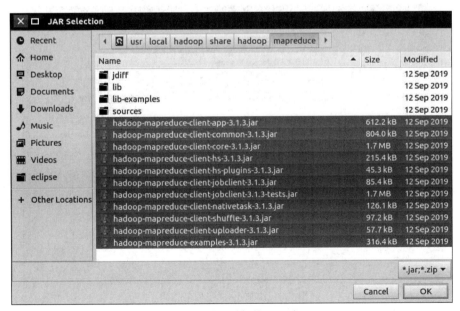

图 7-6　需要添加的 JAR 包

（4）/usr/local/hadoop/share/hadoop/mapreduce/lib 目录下的所有 JAR 包。

例如，如果要把 /usr/local/hadoop/share/hadoop/common 目录下的 hadoop-common-3.1.3.jar 和 hadoop-nfs-3.1.3.jar 添加到当前的 Java 工程中，可以在界面中单击相应的目录按钮，进入 common 目录，然后，界面会显示 common 目录下的所有内容（见图 7-7）。

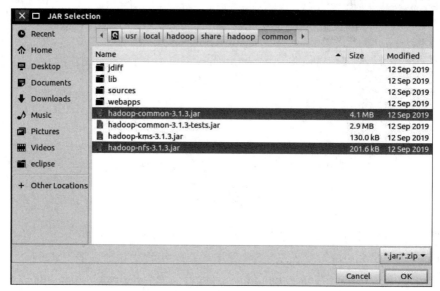

图 7-7　添加 common 目录下的 JAR 包

在界面中选中 hadoop-common-3.1.3.jar 和 hadoop-nfs-3.1.3.jar，然后单击界面右下角的 OK 按钮，就可以把这两个 JAR 包增加到当前 Java 工程中，出现的界面如图 7-8 所示。

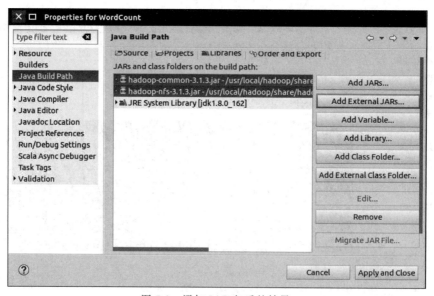

图 7-8　添加 JAR 包后的结果

从这个界面可以看出，hadoop-common-3.1.3.jar 和 hadoop-nfs-3.1.3.jar 已经被添加到当前 Java 工程中；按照类似的操作方法，可以再次单击 Add External JARs 按钮，把剩余的其他 JAR 包都添加进来。需要注意的是,当需要选中某个目录下的所有 JAR 包时,可以按 Ctrl+A 键进行全选操作。全部添加完毕后,即可单击界面右下角的 Finish 按钮,完成 Java 工程 WordCount 的创建。

3. 编写 Java 应用程序

下面编写一个 Java 应用程序,即 WordCount.java。在 Eclipse 工作界面左侧的 Package Explorer 面板中(见图 7-9)找到刚才创建的工程名称 WordCount,然后在该工程名称上右击,在弹出的菜单中选择 New→Class 命令。

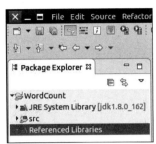

图 7-9　Package Explorer 面板

选择 New→Class 命令后会出现如图 7-10 所示的界面。

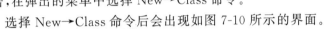

图 7-10　新建 Java Class 界面

在该界面中,只需要在 Name 后面的文本框中输入新建的 Java 类文件的名称,这里采用名称 WordCount,其他都可以采用默认设置;再单击界面右下角的 Finish 按钮,出现如图 7-11 所示的界面。

可以看出,Eclipse 自动创建了一个名为 WordCount.java 的源代码文件,并且包含了代码 public class WordCount{},清空该文件里面的代码,然后在该文件中输入 7.2.4 节中已经给出的完整的词频统计程序代码。

4. 编译打包程序

现在就可以编译上面编写的代码。直接单击 Eclipse 工作界面上部的运行程序的快捷按钮,当把鼠标移动到该按钮上时,在弹出的菜单中选择 Run as→Java Application 命令,如图 7-12 所示。

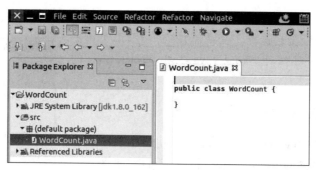

图 7-11　WordCount.java 文件编辑

选择后,会弹出如图 7-13 所示界面。

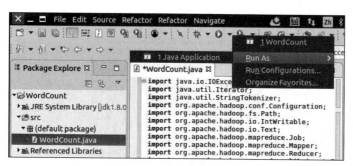

图 7-12　编译运行程序

图 7-13　Save and Launch 界面

单击界面右下角的 OK 按钮,开始运行程序。程序运行结束后,会在底部的 Console 面板中显示运行结果信息(见图 7-14)。

图 7-14　程序运行结果信息

下面就可以把 Java 应用程序打包生成 JAR 包,部署到 Hadoop 平台上运行。在第 4 章中,已经在 Hadoop 安装目录下新建了一个名为 myapp 的目录,用来存放我们自己编写的 Hadoop 应用程序,现在可以把词频统计程序放在 myapp 目录下。

首先,在 Eclipse 工作界面左侧的 Package Explorer 面板中,在工程名称 WordCount 上右击,在弹出的快捷菜单中选择 Export 命令,如图 7-15 所示。

选择后,会弹出如图 7-16 所示的界面。

在图 7-16 所示的界面中,选择 Runnable JAR file,再单击 Next 按钮,弹出如图 7-17 所示的界面。

在图 7-17 所示的界面中,Launch configuration 用于设置生成的 JAR 包被部署启动时运行的主类,需要在下拉列表框中选择刚才配置的类 WordCount-WordCount。在 Export

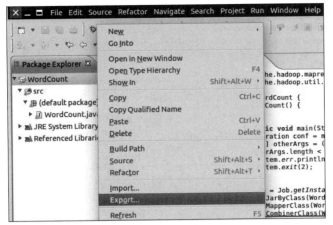

图 7-15　导出程序

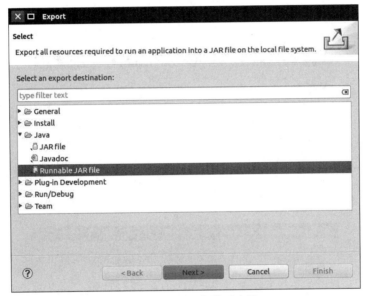

图 7-16　导出程序类型选择

destination 中需要设置 JAR 包要输出保存到哪个目录，例如，这里设置为/usr/local/hadoop/myapp/WordCount.jar。在 Library handling 下面选中 Extract required libraries into generated JAR 单选按钮。单击 Finish 按钮，会出现如图 7-18 所示界面。

可以忽略该界面的信息，直接单击界面右下角的 OK 按钮，启动打包过程。打包过程结束后，会出现一个警告信息界面，如图 7-19 所示。

可以忽略该界面的信息，直接单击界面右下角的 OK 按钮。至此，已经顺利把 WordCount 工程打包生成了 WordCount.jar。可以到 Linux 系统中查看生成的 WordCount.jar 文件，在 Linux 的终端执行如下命令：

```
$cd /usr/local/hadoop/myapp
$ls
```

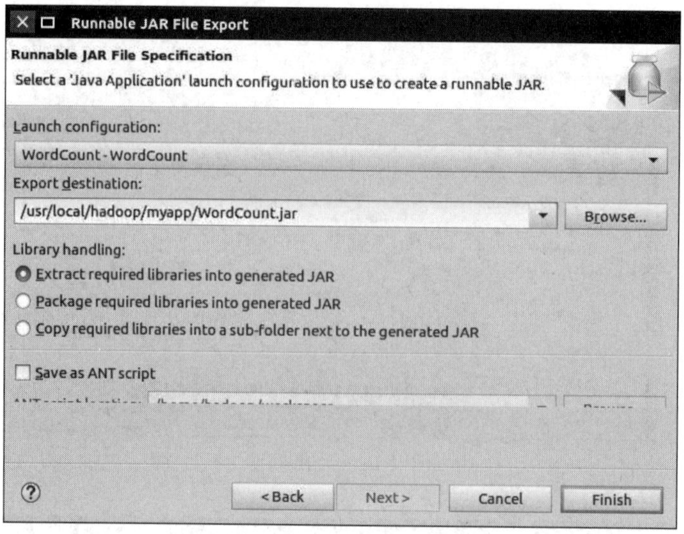

图 7-17 导出程序选项设置

图 7-18 导出程序时的提示信息

图 7-19 导出程序时的警告信息界面

可以看到，/usr/local/hadoop/myapp 目录下已经存在一个 WordCount.jar 文件。

7.4 运行程序

运行程序之前，需要启动 Hadoop，命令如下：

```
$cd /usr/local/hadoop
$./sbin/start-dfs.sh
```

启动 Hadoop 之后，首先需要删除 HDFS 中与当前 Linux 系统 hadoop 用户对应的 input 和 output 目录（即 HDFS 中的 /user/hadoop/input 和 /user/hadoop/output 目录），这

样确保后面程序运行不会出现问题,具体命令如下:

```
$cd /usr/local/hadoop
$./bin/hdfs dfs -rm -r input
$./bin/hdfs dfs -rm -r output
```

再在 HDFS 中新建与当前 Linux 系统 hadoop 用户对应的 input 目录,即/user/hadoop/input 目录,具体命令如下:

```
$cd /usr/local/hadoop
$./bin/hdfs dfs -mkdir input
```

再把 7.1 节中在 Linux 本地文件系统中新建的两个文件 wordfile1.txt 和 wordfile2.txt (假设这两个文件位于/usr/local/hadoop 目录下),上传到 HDFS 中的/user/hadoop/input 目录下,命令如下:

```
$cd /usr/local/hadoop
$./bin/hdfs dfs -put ./wordfile1.txt input
$./bin/hdfs dfs -put ./wordfile2.txt input
```

现在可以在 Linux 系统中使用 hadoop jar 命令运行程序,命令如下:

```
$cd /usr/local/hadoop
$./bin/hadoop jar ./myapp/WordCount.jar input output
```

上面命令执行以后,当运行顺利结束时,屏幕上会显示类似如下的信息:

```
…//这里省略若干屏幕信息
2020-01-27 10:10:55,157 INFO mapreduce.Job:map 100% reduce 100%
2020-01-27 10:10:55,159 INFO mapreduce.Job:Job job_local457272252_0001 completed successfully
2020-01-27 10:10:55,174 INFO mapreduce.Job:Counters:35
    File System Counters
        FILE: Number of bytes read=115463648
        FILE: Number of bytes written=117867638
        FILE: Number of read operations=0
        FILE: Number of large read operations=0
        FILE: Number of write operations=0
        HDFS: Number of bytes read=283
        HDFS: Number of bytes written=40
        HDFS: Number of read operations=24
        HDFS: Number of large read operations=0
```

```
                HDFS: Number of write operations=5
        Map-Reduce Framework
                Map input records=9
                Map output records=24
                Map output bytes=208
                Map output materialized bytes=140
                Input split bytes=236
                Combine input records=24
                Combine output records=12
                Reduce input groups=6
                Reduce shuffle bytes=140
                Reduce input records=12
                Reduce output records=6
                Spilled Records=24
                Shuffled Maps =2
                Failed Shuffles=0
                Merged Map outputs=2
                GC time elapsed (ms)=0
                Total committed heap usage (bytes)=1291321344
        Shuffle Errors
                BAD_ID=0
                CONNECTION=0
                IO_ERROR=0
                WRONG_LENGTH=0
                WRONG_MAP=0
                WRONG_REDUCE=0
        File Input Format Counters
                Bytes Read=113
        File Output Format Counters
                Bytes Written=40
```

词频统计结果已经被写入 HDFS 的 /user/hadoop/output 目录中，可以执行如下命令查看词频统计结果：

```
$cd /usr/local/hadoop
$./bin/hdfs dfs -cat output/*
```

上面命令执行后，会在屏幕上显示如下词频统计结果：

```
Hadoop  2
I       2
Spark   2
fast    1
```

```
good    1
is      2
love    2
```

至此,词频统计程序顺利运行结束。需要注意的是,如果要再次运行 WordCount.jar,需要先删除 HDFS 中的 output 目录,否则会报错。

7.5 本章小结

本章详细演示如何编写 MapReduce 程序实现词频统计功能。在编写 MapReduce 程序之前,需要先判断目标任务是否可以采用 MapReduce 编程。MapReduce 会把一个大的文件切分成很多小片段进行分布式并行处理,最终对不同片段的处理结果进行汇总。很显然,词频统计任务是符合这个要求的,因此,可以采用 MapReduce 编写程序。

本章详细介绍 MapReduce 程序的具体编写方法,包括编写 Map 处理逻辑、Reduce 处理逻辑、main 方法等。最后,介绍了如何使用 Eclipse 编译运行 Java 应用程序。通过本章的学习,可以形成对 MapReduce 编程方法的基本认识。如果要深入了解如何把各种任务转换成 MapReduce 程序,建议继续学习相关的进阶书籍。

第 8 章

数据仓库 Hive 的安装和使用

　　Hive 是一个基于 Hadoop 的数据仓库工具,可以用于对存储在 Hadoop 文件中的数据集进行数据整理、特殊查询和分析处理。Hive 的学习门槛比较低,因为它提供了类似于关系数据库 SQL 的查询语言——HiveQL,可以通过 HiveQL 语句快速实现简单的 MapReduce 统计,Hive 自身可以将 HiveQL 语句快速转换成 MapReduce 任务进行运行,而不必开发专门的 MapReduce 应用程序,因而十分适合数据仓库的统计分析。

　　本章首先介绍 Hive 的安装方法;其次介绍 Hive 的数据类型和基本操作;最后给出一个 WordCount 应用实例,展示 Hive 编程的优势。

8.1　Hive 的安装

　　本节介绍 Hive 的具体安装方法,包括下载安装文件、配置环境变量、修改配置文件,以及安装并配置 MySQL。

8.1.1　下载安装文件

　　登录 Linux 系统(本书统一采用 hadoop 用户登录),打开浏览器,访问 Hive 官网(http://www.apache.org/dyn/closer.cgi/hive/)下载安装文件 apache-hive-3.1.2-bin.tar.gz,把安装文件保存到"~/下载/"目录下;也可以直接到本书官网的"下载专区"中下载 Hive 安装文件,单击进入"下载专区"后,在"软件"目录下找到文件 apache-hive-3.1.2-bin.tar.gz,下载到本地,保存到 Linux 系统的"~/下载"目录下(也就是"/home/hadoop/下载"目录)。

　　下载完安装文件后,需要对文件进行解压。按照 Linux 系统使用的默认规范,用户安装的软件一般都是存放在/usr/local/目录下。在 Linux 系统中打开一个终端,执行如下命令:

```
$sudo tar -zxvf ./apache-hive-3.1.2-bin.tar.gz -C /usr/local    #解压到/usr/
                                                                #local 中
$cd /usr/local/
$sudo mv apache-hive-3.1.2-bin hive                             #将文件夹名改为 hive
$sudo chown -R hadoop:hadoop hive                               #修改文件权限
```

8.1.2 配置环境变量

为了方便使用,可以把 hive 命令加入环境变量 PATH 中,从而可以在任意目录下直接使用 hive 命令启动,使用 vim 编辑器打开~/.bashrc 文件进行编辑,命令如下:

```
$vim ~/.bashrc
```

在该文件的最前面一行添加如下内容:

```
export HIVE_HOME=/usr/local/hive
export PATH=$PATH:$HIVE_HOME/bin
```

保存该文件并退出 vim 编辑器,然后运行如下命令使得配置立即生效:

```
$source ~/.bashrc
```

8.1.3 修改配置文件

将/usr/local/hive/conf 目录下的 hive-default.xml.template 文件重命名为 hive-default.xml,命令如下:

```
$cd /usr/local/hive/conf
$sudo mv hive-default.xml.template hive-default.xml
```

同时,使用 vim 编辑器新建一个文件 hive-site.xml,命令如下:

```
$cd /usr/local/hive/conf
$vim hive-site.xml
```

在 hive-site.xml 中输入如下配置信息:

```xml
<?xml version="1.0" encoding="UTF-8" standalone="no"?>
<?xml-stylesheet type="text/xsl" href="configuration.xsl"?>
<configuration>
  <property>
    <name>javax.jdo.option.ConnectionURL</name>
    <value>jdbc:mysql://localhost:3306/hive?createDatabaseIfNotExist=true
    </value>
    <description>JDBC connect string for a JDBC metastore</description>
  </property>
  <property>
    <name>javax.jdo.option.ConnectionDriverName</name>
```

```
        <value>com.mysql.jdbc.Driver</value>
        <description>Driver class name for a JDBC metastore</description>
    </property>
    <property>
        <name>javax.jdo.option.ConnectionUserName</name>
        <value>hive</value>
        <description>username to use against metastore database</description>
    </property>
    <property>
        <name>javax.jdo.option.ConnectionPassword</name>
        <value>hive</value>
        <description>password to use against metastore database</description>
    </property>
</configuration>
```

该配置文件可以直接从本书官网"下载专区"的"代码"目录的"第 8 章"子目录下载,文件名是 hive-site.xml。

8.1.4 安装并配置 MySQL

1. 安装 MySQL

这里采用 MySQL 数据库保存 Hive 的元数据,而不是采用 Hive 自带的 derby 来存储元数据,因此,需要安装 MySQL 数据库。可以参照附录 B,完成 MySQL 数据库的安装,这里不再赘述。

2. 下载 MySQL JDBC 驱动程序

为了让 Hive 能够连接到 MySQL 数据库,需要下载 MySQL JDBC 驱动程序。可以到 MySQL 官网(http://www.mysql.com/downloads/connector/j/)下载 mysql-connector-java-5.1.40.tar.gz;也可以直接到本书官网的"下载专区"中下载,单击进入"下载专区"后,在"软件"目录下找到文件 mysql-connector-java-5.1.40.tar.gz,下载到本地,保存到 Linux 系统的"~/下载"目录下(也就是"/home/hadoop/下载"目录)。

然后在 Linux 系统中打开一个终端,在终端中执行如下命令解压缩文件:

```
$cd ~
$tar -zxvf mysql-connector-java-5.1.40.tar.gz    #解压
$#下面将 mysql-connector-java-5.1.40-bin.jar 复制到/usr/local/hive/lib 目录下
$cp mysql-connector-java-5.1.40/mysql-connector-java-5.1.40-bin.jar   /usr/local/hive/lib
```

3. 启动 MySQL

执行如下命令启动 MySQL,并进入"mysql>"命令提示符状态:

```
$service mysql start          #启动 MySQL 服务
$mysql -u root -p             #登录 MySQL 数据库
```

系统会提示输入 root 用户的密码,本书在安装 MySQL 数据库时,把 MySQL 的 root 用户密码设置为 hadoop,因此,这里可以输入 hadoop。

4. 在 MySQL 中为 Hive 新建数据库

现在需要在 MySQL 数据库中新建一个名为 hive 的数据库,用来保存 Hive 的元数据。MySQL 中的这个 hive 数据库,是与 Hive 的配置文件 hive-site.xml 中的 mysql://localhost:3306/hive 对应起来的,用来保存 Hive 元数据。在 MySQL 数据库中新建 hive 数据库的命令,需要在"mysql>"命令提示符下执行,具体如下:

```
mysql>create database hive;
```

5. 配置 MySQL 允许 Hive 接入

需要对 MySQL 进行权限配置,允许 Hive 连接到 MySQL。

```
mysql>grant all on *.* to hive@localhost identified by 'hive';
mysql>flush privileges;
```

上面的第一行命令,将 MySQL 所有数据库的所有表的所有权限赋给 hive 用户,后面的 hive 是在配置文件 hive-site.xml 中事先设置的连接密码。第二行命令,用来刷新 MySQL 系统权限关系表。

6. 启动 Hive

Hive 是基于 Hadoop 的数据仓库,会把用户输入的查询语句自动转换成为 MapReduce 任务来执行,并把结果返回给用户。因此,启动 Hive 之前,需要先启动 Hadoop 集群,命令如下:

```
$cd /usr/local/hadoop
$./sbin/start-dfs.sh
```

再执行如下命令启动 Hive:

```
$cd /usr/local/hive
$./bin/hive
```

实际上,由于之前已经配置了环境变量 PATH,因此,也可以直接使用如下命令启动 Hive:

```
$hive
```

在启动 Hive 时,有可能出现 Hive metastore database is not initialized 的错误。出现这个错误的原因是,以前曾经安装了 Hive 或 MySQL,重新安装 Hive 和 MySQL 以后,导致版本、配置不一致。解决方法是,使用 schematool 工具。Hive 现在包含一个用于 Hive Metastore 架构操控的脱机工具——schematool。此工具可用于初始化当前 Hive 版本的 Metastore 架构。此外,它还可处理从较旧版本到新版本的架构升级。所以,为了解决上述错误,可以在终端执行如下命令(注意,不是在"mysql>"命令提示下执行):

```
$schematool -dbType mysql -initSchema
```

执行该命令后,再启动 Hive,就可以正常启动了。

在启动 Hive 时,如果出现"java.lang.NoSuchMethodError:com.google.common.base.Preconditions.checkArgument"这种错误,则是因为 Hive 内依赖的 guava.jar 和 Hadoop 内的版本不一致造成的。解决方法是,查看 Hadoop 安装目录下的 share/hadoop/common/lib 目录内 guava.jar 的版本,再查看 Hive 安装目录下的 lib 目录内 guava.jar 的版本,如果两者不一致,删除低版本的,并复制高版本的。

再启动 Hive 时,如果遇到如下错误:

```
org.datanucleus.store.rdbms.exceptions.MissingTableException: Required table missing : "VERSION" in Catalog "" Schema "". DataNucleus requires this table to perform its persistence operations.
```

解决该错误的方法是执行如下命令:

```
$cd /usr/local/hive
$./bin/schematool -dbType mysql -initSchema
```

8.2 Hive 的数据类型

Hive 支持关系数据库中的大多数基本数据类型,同时 Hive 还支持关系数据库中不常出现的 3 种集合数据类型。表 8-1 列举了 Hive 所支持的基本数据类型,包括多种不同长度的整型和浮点型数据类型、布尔类型以及无长度限制的字符串类型。另外,新版本(Hive v0.8.0 以上)还支持时间戳数据类型和二进制数组数据类型。表 8-2 列举了 Hive 中的列所支持的 3 种集合数据类型:ARRAY、MAP、STRUCT。这里需要注意的是,表 8-2 的示例实际上调用的是内置函数。

表 8-1 Hive 的基本数据类型

类 型	描 述	示 例
TINYINT	1B(8b)有符号整数	1
SMALLINT	2B(16b)有符号整数	1
INT	4B(32b)有符号整数	1

续表

类 型	描 述	示 例
BIGINT	8B(64b)有符号整数	1
FLOAT	4B(32b)单精度浮点数	1.0
DOUBLE	8B(64b)双精度浮点数	1.0
BOOLEAN	布尔类型,true/false	true
STRING	字符串,可以指定字符集	"xmu"
TIMESTAMP	整数、浮点数或者字符串	1327882394(UNIX新纪元秒)
BINARY	字节数组	[0,1,0,1,0,1,0,1]

表 8-2 Hive 的集合数据类型

类 型	描 述	示 例
ARRAY	一组有序字段,字段的类型必须相同	Array(1,2)
MAP	一组无序的键值对,键的类型必须是原子的,值可以是任何数据类型,同一个映射的键和值的类型必须相同	Map('a',1,'b',2)
STRUCT	一组命名的字段,字段类型可以不同	Struct('a',1,1,0)

8.3　Hive 基本操作

HiveQL 是 Hive 的查询语言,与 SQL 类似,对 Hive 的操作都是通过编写 HiveQL 语句来实现的。接下来介绍 Hive 中常用的几个基本操作。

8.3.1　创建数据库、表、视图

1. 创建数据库

(1) 创建数据库 hive。

```
hive>create database hive;
```

(2) 创建数据库 hive,因为 hive 已经存在,所以会抛出异常,加上 if not exists 关键字,则不会抛出异常。

```
hive>create database if not exists hive;
```

2. 创建表

(1) 在 hive 数据库中创建表 usr,含 3 个属性: id、name、age。

```
hive>use hive;
hive>create table if not exists usr(id bigint,name string,age int);
```

(2) 在 hive 数据库中创建表 usr,含 3 个属性:id、name、age。存储路径为/usr/local/hive/warehouse/hive/usr。

```
hive>create table if not exists hive.usr(id bigint,name string,age int)
    >location'/usr/local/hive/warehouse/hive/usr';
```

(3) 在 hive 数据库中创建外部表 usr,含 3 个属性:id、name、age。可以读取路径/usr/local/data 下以","分隔的数据。

```
hive>create external table if not exists hive.usr(id bigint,name string,age int)
>row format delimited fields terminated by ','
>location'/usr/local/data';
```

(4) 在 hive 数据库中创建分区表 usr,含 3 个属性:id、name、age。还存在分区字段 sex。

```
hive>create table hive.usr(id bigint,name string,age int) partitioned by(sex boolean);
```

(5) 在 hive 数据库中创建分区表 usr1,它通过复制表 usr 得到。

```
hive>use hive;
hive>create table if not exists usr1 like usr;
```

3. 创建视图

创建视图 little_usr,只包含 usr 表中的 id、age 属性。

```
hive>create view little_usr as select id,age from usr;
```

8.3.2 删除数据库、表、视图

1. 删除数据库

(1) 删除数据库 hive,如果不存在会出现警告。

```
hive>drop database hive;
```

(2) 删除数据库 hive,因为有 if exists 关键字,即使不存在也不会抛出异常。

```
hive>drop database if exists hive;
```

(3) 删除数据库 hive,加上 cascade 关键字,可以删除当前数据库和该数据库中的表。

```
hive>drop database if exists hive cascade;
```

2. 删除表

删除表 usr，如果是内部表，元数据和实际数据都会被删除；如果是外部表，只删除元数据，不删除实际数据。

```
hive>drop table if exists usr;
```

3. 删除视图

删除视图 little_usr。

```
hive>drop view if exists little_usr;
```

8.3.3 修改数据库、表、视图

1. 修改数据库

为 hive 数据库设置 dbproperties 键值对属性值来描述数据库属性信息。

```
hive>alter database hive set dbproperties('edited-by'='lily');
```

2. 修改表

(1) 重命名表 usr 为 user。

```
hive>alter table usr rename to user;
```

(2) 为表 usr 增加新分区。

```
hive>alter table usr add if not exists partition(sex=true);
hive>alter table usr add if not exists partition(sex=false);
```

(3) 删除表 usr 中的分区。

```
hive>alter table usr drop if exists partition(age=10);
```

(4) 把表 usr 中列名 name 修改为 username，并把该列置于 age 列后。

```
hive>alter table usr change name username string after age;
```

(5) 在对表 usr 分区字段前，增加一个新列 sex。

```
hive>alter table usr add columns(sex boolean);
```

（6）删除表 usr 中所有字段并重新指定新字段 newid、newname、newage。

```
hive>alter table usr replace columns(newid bigint,newname string,newage int);
```

（7）为 usr 表设置 tblproperties 键值对属性值来描述表的属性信息。

```
hive>alter table usr set tblproperties('notes'='the columns in usr may be null except id');
```

3. 修改视图

修改 little_usr 视图元数据中的 tblproperties 属性信息。

```
hive>alter view little_usr set tblproperties('create_at'='refer to timestamp');
```

8.3.4 查看数据库、表、视图

1. 查看数据库

（1）查看 Hive 中包含的所有数据库。

```
hive>show databases;
```

（2）查看 Hive 中以 h 开头的所有数据库。

```
hive>show databases like'h.*';
```

2. 查看表和视图

（1）查看数据库 hive 中的所有表和视图。

```
hive>use hive;
hive>show tables;
```

（2）查看数据库 hive 中以 u 开头的所有表和视图。

```
hive>show tables in hive like'u.*';
```

8.3.5 描述数据库、表、视图

1. 描述数据库

（1）查看数据库 hive 的基本信息，包括数据库中文件的位置信息等。

```
hive>describe database hive;
```

（2）查看数据库 hive 的详细信息，包括数据库的基本信息及属性信息等。

```
hive>describe database extended hive;
```

2. 描述表和视图

（1）查看表 usr 和视图 little_usr 的基本信息，包括列信息等。

```
hive>describe hive.usr;
hive>describe hive.little_usr;
```

（2）查看表 usr 和视图 little_usr 的详细信息，包括列信息、位置信息、属性信息等。

```
hive>describe extended hive.usr;
hive>describe extended hive.little_usr;
```

（3）查看表 usr 中列 id 的信息。

```
hive>describe extended hive.usr.id;
```

8.3.6 向表中装载数据

（1）把目录'/usr/local/data'下的数据文件中的数据装载进 usr 表并覆盖原有数据。

```
hive>load data local inpath '/usr/local/data' overwrite into table usr;
```

（2）把目录'/usr/local/data'下的数据文件中的数据装载进 usr 表不覆盖原有数据。

```
hive>load data local inpath '/usr/local/data' into table usr;
```

（3）把 HDFS 目录'hdfs://master_server/usr/local/data'下的数据文件数据装载进 usr 表并覆盖原有数据。

```
hive> load data inpath 'hdfs://master_server/usr/local/data' overwrite into table usr;
```

8.3.7 查询表中数据

该命令和 SQL 语句完全相同，这里不再赘述。

8.3.8 向表中插入数据或从表中导出数据

（1）向表 usr1 中插入来自 usr 表的数据并覆盖原有数据。

```
hive>insert overwrite table usr1
    >select * from usr where age=10;
```

(2) 向表 usr1 中插入来自 usr 表的数据并追加到原有数据后。

```
hive>insert into table usr1
    >select * from usr where age=10;
```

8.4　Hive 应用实例：WordCount

现在通过一个实例——词频统计，来深入学习 Hive 的具体使用。首先，需要创建一个需要分析的输入数据文件；其次，编写 HiveQL 语句实现 WordCount 算法，在 Linux 系统实现步骤如下。

（1）创建 input 目录，其中 input 为输入目录，命令如下：

```
$cd /usr/local/hadoop
$mkdir input
```

（2）在 input 文件夹中创建两个测试文件 file1.txt 和 file2.txt，命令如下：

```
$cd  /usr/local/hadoop/input
$echo "hello world">file1.txt
$echo "hello hadoop">file2.txt
```

（3）进入 hive 命令行界面，编写 HiveQL 语句实现 WordCount 算法，命令如下：

```
$hive
hive>create table docs(line string);
hive> load data inpath 'file:///usr/local/hadoop/input' overwrite into table docs;
hive>create table word_count as
    >select word, count(1) as count from
    >(select explode(split(line,' ')) as word from docs) w
    >group by word
    >order by word;
```

执行完成后，用 select 语句查看运行结果，如图 8-1 所示。

```
OK
Time taken: 2.662 seconds
hive> select * from word_count;
OK
hadoop  1
hello   2
world   1
Time taken: 0.043 seconds, Fetched: 3 row(s)
```

图 8-1　WordCount 算法统计结果查询

8.5　Hive 编程的优势

词频统计算法是最能体现 MapReduce 思想的算法之一，因此，这里以 WordCount 应用为例，简单比较其在 MapReduce 中的编程实现和在 Hive 中编程实现的不同点。首先，采用 Hive 实现 WordCount 算法需要编写较少的代码量。在 MapReduce 中，WordCount 类由 63 行 Java 代码编写而成（该代码可以通过下载 Hadoop 源码后，在以下目录：$HADOOP_HOME/share/hadoop/mapreduce/hadoop-mapreduce-examples-3.1.3.jar 包中找到），而在 Hive 中只需要编写 7 行代码；其次，在 MapReduce 的实现中，需要进行编译生成 JAR 文件来执行算法，而在 Hive 中则不需要，虽然 HiveQL 语句的最终实现需要转换为 MapReduce 任务来执行，但是这些都是由 Hive 框架自动完成的，用户不需要了解具体实现细节。

由上可知，采用 Hive 实现最大的优势是，对于非程序员，不用学习编写复杂的 Java MapReduce 代码，只需要用户学习使用简单的 HiveQL 即可，而这对于有 SQL 基础的用户而言是非常容易的。

8.6　本章小结

Hive 是一个构建于 Hadoop 顶层的数据仓库工具，主要用于对存储在 Hadoop 文件中的数据集进行数据整理、特殊查询和分析处理。Hive 在某种程度上可以看作是用户编程接口，本身不存储和处理数据，依赖 HDFS 存储数据，依赖 MapReduce 处理数据。

本章介绍了 Hive 的安装方法，包括下载安装文件、配置环境变量、修改配置文件、安装并配置 MySQL 等。Hive 支持关系数据库中的大多数基本数据类型，同时 Hive 还支持关系数据库中不常出现的 3 种集合数据类型。Hive 提供了类似 SQL 的语句——HiveQL，可以很方便地对 Hive 进行操作，包括创建、修改、删除数据库、表、视图等。Hive 的一大突出优点是，可以把查询语句自动转化成相应的 MapReduce 任务去执行得到结果，这样就可以大大节省用户的编程工作量。本章最后通过一个 WordCount 应用实例，充分展示了 Hive 的这一优点。

第 9 章

Spark 的安装和基础编程

Spark 最初诞生于美国加州大学伯克利分校的 AMP 实验室,是一个可应用于大规模数据处理的分布式计算框架,如今是 Apache 软件基金会下的顶级开源项目之一。Spark 可以独立安装使用,也可以和 Hadoop 一起安装使用。本书采用和 Hadoop 一起安装使用,这样,就可以让 Spark 使用 HDFS 存取数据。

本章首先介绍 Spark 的安装方法;其次介绍如何使用 Spark Shell 编写运行代码;最后介绍如何使用 Scala 语言和 Java 语言编写 Spark 独立应用程序。

9.1 基础环境

本书采用如下环境配置。
(1) Linux 系统:Ubuntu 16.04(或 Ubuntu 18.04)。
(2) Hadoop:3.1.3 版本。
(3) JDK:1.8 版本。
(4) Spark:2.4.0 版本。
参照第 2 章完成 Linux 系统的安装,参照第 3 章完成 Hadoop 和 JDK 的安装。

9.2 安装 Spark

Spark 的部署模式主要有 4 种:Local 模式(单机模式)、Standalone 模式(使用 Spark 自带的简单集群管理器)、YARN 模式(使用 YARN 作为集群管理器)和 Mesos 模式(使用 Mesos 作为集群管理器)。这里介绍 Local 模式(单机模式)的 Spark 安装。

9.2.1 下载安装文件

登录 Linux 系统(本书统一采用 hadoop 用户登录),打开浏览器,访问 Spark 官网 (https://archive.apache.org/dist/spark/spark-2.4.0/,见图 9-1),在页面中选择下载 spark-2.4.0-bin-without-hadoop.tgz。假设下载后的文件被保存在 ~/Downloads 目录下。

除了到 Spark 官网下载安装文件外,也可以直接到本书官网的"下载专区"下载 Spark 安装文件,单击进入下载专区后,在"软件"目录下找到文件 spark-2.4.0-bin-without-hadoop.tgz,下载到本地,保存到 Linux 系统的~/Downloads 目录下。

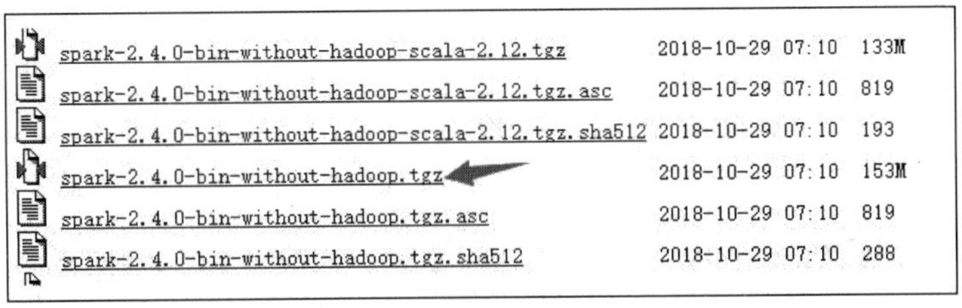

```
               spark-2.4.0-bin-without-hadoop-scala-2.12.tgz         2018-10-29 07:10   133M
               spark-2.4.0-bin-without-hadoop-scala-2.12.tgz.asc     2018-10-29 07:10   819
               spark-2.4.0-bin-without-hadoop-scala-2.12.tgz.sha512  2018-10-29 07:10   193
               spark-2.4.0-bin-without-hadoop.tgz                    2018-10-29 07:10   153M
               spark-2.4.0-bin-without-hadoop.tgz.asc                2018-10-29 07:10   819
               spark-2.4.0-bin-without-hadoop.tgz.sha512             2018-10-29 07:10   288
```

图 9-1　Spark 官网下载页面

下载完安装文件后,需要对文件进行解压。按照 Linux 系统使用的默认规范,用户安装的软件一般都是存放在/usr/local/目录下。使用 hadoop 用户登录 Linux 系统,打开一个终端,执行如下命令:

```
$cd ~
$sudo tar -zxvf ~/Downloads/spark-2.4.0-bin-without-hadoop.tgz -C /usr/local/
$cd /usr/local
$sudo mv ./spark-2.4.0-bin-without-hadoop/ ./spark
$sudo chown -R hadoop:hadoop ./spark          #hadoop 是当前登录 Linux 系统的用户名
```

9.2.2　配置相关文件

安装文件解压缩以后,还需要修改 Spark 的配置文件 spark-env.sh。首先可以复制一份由 Spark 安装文件自带的配置文件模板,命令如下:

```
$cd /usr/local/spark
$cp ./conf/spark-env.sh.template ./conf/spark-env.sh
```

然后使用 vim 编辑器打开 spark-env.sh 文件进行编辑,在该文件的第一行添加以下配置信息:

```
export SPARK_DIST_CLASSPATH=$(/usr/local/hadoop/bin/hadoop classpath)
```

有了上面的配置信息以后,Spark 就可以把数据存储到 HDFS 中,也可以从 HDFS 中读取数据。如果没有配置上面的信息,Spark 就只能读写本地数据,无法读写 HDFS 中的数据。

配置完成后就可以直接使用 Spark,不需要像 Hadoop 那样运行启动命令。通过运行 Spark 自带的实例,可以验证 Spark 是否安装成功,命令如下:

```
$cd /usr/local/spark
$bin/run-example SparkPi
```

执行时会输出很多屏幕信息,不容易找到最终的输出结果,为了从大量的输出信息中快速找到想要的执行结果,可以通过 grep 命令进行过滤:

```
$bin/run-example SparkPi 2>&1 | grep "Pi is roughly"
```

上面命令涉及 Linux Shell 中关于管道的知识,可以查看网络资料学习管道命令的用法,这里不再赘述。过滤后的运行结果如图 9-2 所示,可以得到 π 的 5 位小数近似值。

图 9-2　SparkPi 程序运行结果

9.3　使用 Spark Shell 编写代码

学习 Spark 程序开发,建议先通过 Spark Shell 进行交互式编程,加深对 Spark 程序开发的理解。Spark Shell 提供了简单的方式来学习 API,并且提供交互的方式分析数据。可以输入一条语句,Spark Shell 会立即执行语句并返回结果,这就是人们所说的交互式解释器(Read-Eval-Print Loop,REPL),它提供了交互式执行环境,表达式计算完成就会输出结果,而不必等到整个程序运行完毕,因此可即时查看中间结果,并对程序进行修改,这样可以在很大程度上提升开发效率。Spark Shell 支持 Scala 和 Python,这里使用 Scala 进行介绍。Scala 是一门现代的多范式编程语言,旨在以简练、优雅及类型安全的方式表达常用编程模式,它平滑地集成了面向对象和函数语言的特性,运行在 JVM(Java 虚拟机)上,并兼容现有的 Java 程序。

9.3.1　启动 Spark Shell

可以通过下面命令启动 Spark Shell 环境:

```
$cd /usr/local/spark
$./bin/spark-shell
```

启动 spark-shell 后,就会进入 scala＞命令提示符状态,如图 9-3 所示。

图 9-3　Spark Shell 模式

现在就可以在里面输入 Scala 代码进行调试了。例如,先在 Scala 命令提示符 scala＞后面

输入一个表达式 8＊2+5,然后按 Enter 键,就会立即得到结果:

```
scala>8 * 2+5
res0: Int=21
```

最后可以使用命令":quit"退出 Spark Shell:

```
scala>:quit
```

也可以直接按 Ctrl+D 键,退出 Spark Shell。

9.3.2 读取文件

1. 读取本地文件

打开一个 Linux 终端,在终端中输入以下命令启动 Spark Shell:

```
$cd /usr/local/spark
$./bin/spark-shell
```

启动成功后,就进入了 scala>命令提示符状态,这个窗口称被为"Spark Shell 窗口"。现在开始读取 Linux 本地文件系统中的文件/usr/local/spark/README.md,并显示第一行的内容,命令如下:

```
scala>val textFile=sc.textFile("file:///usr/local/spark/README.md")
scala>textFile.first()
```

执行上面语句后,就可以看到 Linux 本地文件系统的 README.md 的第一行内容了,即♯Apache Spark。

2. 读取 HDFS 文件

前面已经安装了 Hadoop 和 Spark,如果 Spark 不使用 HDFS,那么就不用启动 Hadoop 也可以正常使用 Spark。如果在使用 Spark 的过程中需要用到 HDFS,就要先启动 Hadoop。因此,在 Spark 读取 HDFS 文件之前,需要先启动 Hadoop,新建一个 Linux 终端,执行如下命令:

```
$cd /usr/local/hadoop
$./sbin/start-dfs.sh
```

现在可以把本地文件/usr/local/spark/README.md 上传到 HDFS 的/user/hadoop 目录下,命令如下:

```
$cd /usr/local/hadoop
$./bin/hdfs dfs -put /usr/local/spark/README.md
```

上传成功后,可以使用 cat 命令输出 HDFS 中的 README.md 中的内容,命令如下:

```
$./bin/hdfs dfs -cat README.md
```

可以看到,该命令执行后,屏幕上会显示整个 README.md 的内容。

现在切换到之前已经打开的 Spark Shell 窗口,编写语句从 HDFS 中加载 README.md 文件,并显示第一行文本内容:

```
scala>val textFile=sc.textFile("hdfs://localhost:9000/user/hadoop/README.md")
scala>textFile.first()
```

执行上面语句后,就可以看到 HDFS(不是本地文件系统)中的 README.md 的第一行内容,即♯ Apache Spark。

需要注意的是,sc.textFile("hdfs://localhost:9000/user/hadoop/README.md")中,hdfs://localhost:9000/是前面第 3 章介绍 Hadoop 安装内容时确定下来的端口地址 9000。实际上,也可以省略不写,如下 3 条语句都是等价的:

```
scala>val textFile=sc.textFile("hdfs://localhost:9000/user/hadoop/ README.md")
scala>val textFile=sc.textFile("/user/hadoop/ README.md")
scala>val textFile=sc.textFile("README.md")
```

9.3.3 编写词频统计程序

在第 7 章介绍过使用 MapReduce 编写词频统计程序的方法,实际上,Spark 可以更加快捷、高效地完成词频统计功能。这里介绍如何对本地文件/usr/local/spark/ README.md 进行词频统计。针对 HDFS 文件的词频统计也是类似的。

前面已经打开了多个 Linux 终端,现在切换回 Spark Shell 窗口,在 scala>命令提示符后面输入以下代码:

```
scala>val textFile=sc.textFile("file:///usr/local/spark/ README.md")
scala>val wordCount=textFile.flatMap(line=>line.split("")).map(word=>(word,1)).reduceByKey((a,b)=>a+b)
scala>wordCount.collect()
```

下面简单解释上面的语句。textFile 包含多行文本内容,textFile.flatMap(line=>line.split(""))会遍历 textFile 中的每行文本内容,当遍历到其中一行文本内容时,会把文本内容赋值给变量 line,并执行 Lamda 表达式 line=>line.split("")。line=>line.split("")是一个 Lamda 表达式,左边表示输入参数,右边表示函数里面执行的处理逻辑,这里执行 line.split(""),也就是针对 line 中的一行文本内容,采用空格作为分隔符进行单词切分,从一行文本切分得到很多个单词构成的单词集合。这样,对于 textFile 中的每行文本,都会使用 Lamda 表达式得到一个单词集合,最终,对多行文本使用 Lamda 表达式,就得到多个单词集合。textFile.flatMap()操作就是把这多个单词集合"拍扁"得到一个大的单词集合。

然后针对大的单词集合,执行 map()操作,也就是 map(word=>(word,1))。map 操作会遍历这个集合中的每个单词,当遍历到其中一个单词时,就把当前这个单词赋值给变量 word,并执行 Lamda 表达式 word=>(word,1)。这个 Lamda 表达式的含义是,word 作为函数的输入参数,然后执行函数处理逻辑,这里会执行(word,1),也就是针对输入的 word,构建得到一个映射(即 Map,是一种数据结构),这个映射的 key 是 word,value 是 1(表示该单词出现一次)。

程序执行到这里,已经得到一个映射(Map),这个映射中包含了很多个(key,value)。最后,针对这个映射,执行 reduceByKey((a, b)=>a+b)操作,这个操作会把映射中的所有(key,value)按照 key 进行分组,再使用给定的函数(这里就是 Lamda 表达式:(a,b)=>a+b),对具有相同的 key 的多个 value 进行聚合操作,返回聚合后的(key,value)。例如("hadoop",1)和("hadoop",1),具有相同的 key,进行聚合以后就得到("hadoop",2),这样就计算得到了这个单词的词频。

9.4 编写 Spark 独立应用程序

这里通过一个简单的应用程序 SimpleApp 来演示如何通过 Spark API 编写一个独立应用程序。使用 Scala 语言编写的 Spark 程序需要使用 sbt 进行编译打包;相应地,使用 Java 语言编写的 Spark 程序需要使用 Maven 进行编译打包;而使用 Python 语言编写的 Spark 程序则可以通过 spark-submit 直接提交。

9.4.1 用 Scala 语言编写 Spark 独立应用程序

1. 安装 sbt

使用 Scala 语言编写的 Spark 程序,需要使用 sbt 进行编译打包。Spark 中没有自带 sbt,需要单独安装。可以到 http://www.scala-sbt.org 下载 sbt 安装文件 sbt-1.3.8.tgz。也可以到本书官网的"下载专区"下载 sbt 安装文件,单击进入"下载专区"后,在"软件"目录下找到文件 sbt-1.3.8.tgz,下载到本地,保存到 Linux 系统的/home/hadoop/Downloads 目录下。

把 sbt 安装到/usr/local/sbt 目录下,使用 hadoop 用户登录 Linux 系统,新建一个终端,在终端中执行如下命令:

```
$sudo mkdir /usr/local/sbt                    #创建安装目录
$cd ~/Downloads
$sudo tar -zxvf ./sbt-1.3.8.tgz -C /usr/local
$cd /usr/local/sbt
$sudo chown -R hadoop /usr/local/sbt          #此处的 hadoop 为系统当前用户名
$cp ./bin/sbt-launch.jar ./   #把 bin 目录下的 sbt-launch.jar 复制到 sbt 安装目录下
```

接着在安装目录中使用下面命令创建一个 Shell 脚本文件,用于启动 sbt:

```
$vim /usr/local/sbt/sbt
```

在 Shell 脚本文件中的代码如下:

```
#!/bin/bash
SBT_OPTS="-Xms512M -Xmx1536M -Xss1M -XX:+CMSClassUnloadingEnabled -XX:
MaxPermSize=256M"
java $SBT_OPTS -jar 'dirname $0'/sbt-launch.jar "$@"
```

保存 Shell 脚本文件后,还需要为该脚本文件增加可执行权限:

```
$chmod u+x /usr/local/sbt/sbt
```

可以使用如下命令查看 sbt 版本信息:

```
$cd /usr/local/sbt
$./sbt sbtVersion
Java HotSpot(TM) 64-Bit Server VM warning: ignoring option MaxPermSize=256M;
support was removed in 8.0
[warn] No sbt.version set in project/build.properties, base directory: /usr/
local/sbt
[info] Set current project to sbt (in build file:/usr/local/sbt/)
[info] 1.3.8
```

上述查看版本信息的命令,可能需要执行几分钟,执行成功以后就可以看到版本为 1.3.8。

2. 编写 Scala 应用程序代码

在终端中执行如下命令创建一个文件夹 sparkapp 作为应用程序根目录:

```
$cd ~                                    #进入用户主文件夹
$mkdir ./sparkapp                        #创建应用程序根目录
$mkdir -p ./sparkapp/src/main/scala      #创建所需的文件夹结构
```

需要注意的是,为了能够使用 sbt 对 Scala 应用程序进行编译打包,需要把应用程序代码存放在应用程序根目录下的 src/main/scala 目录下。下面使用 vim 编辑器先在 ~/sparkapp/src/main/scala 下建立一个名为 SimpleApp.scala 的 Scala 代码文件,命令如下:

```
$cd ~
$vim ./sparkapp/src/main/scala/SimpleApp.scala
```

然后在 SimpleApp.scala 代码文件中输入以下代码:

```
/* SimpleApp.scala */
import org.apache.spark.SparkContext
import org.apache.spark.SparkContext._
import org.apache.spark.SparkConf
```

```
object SimpleApp {
    def main(args: Array[String]) {
        val logFile="file:///usr/local/spark/README.md"
        //Should be some file in your system
        val conf=new SparkConf().setAppName("Simple Application")
        val sc=new SparkContext(conf)
        val logData=sc.textFile(logFile, 2).cache()
        valnumAs=logData.filter(line=>line.contains("a")).count()
        val numBs=logData.filter(line=>line.contains("b")).count()
        println("Lines with a: %s, Lines with b: %s".format(numAs, numBs))
    }
}
```

上述代码也可以直接到本书官网"下载专区"下载,位于"代码"目录的"第9章"子目录下,文件名是 SimpleApp.scala。这段代码的功能是,计算 /usr/local/spark/README 文件中包含"a"的行数和包含"b"的行数。不同于 Spark Shell,独立应用程序需要通过 val sc=new SparkContext(conf) 初始化 SparkContext。

3. 用 sbt 打包 Scala 应用程序

SimpleApp.scala 程序依赖于 Spark API,因此,需要通过 sbt 进行编译打包。首先需要使用 vim 编辑器在~/sparkapp 目录下新建文件 simple.sbt,命令如下:

```
$cd ~
$vim ./sparkapp/simple.sbt
```

simple.sbt 文件用于声明该独立应用程序的信息以及与 Spark 的依赖关系,需要在 simple.sbt 文件中输入以下内容:

```
name :="Simple Project"
version :="1.0"
scalaVersion :="2.11.12"
libraryDependencies +="org.apache.spark" %% "spark-core" % "2.4.0"
```

上述代码也可以直接到本书官网"下载专区"下载,位于"代码"目录的"第9章"子目录下,文件名是 simple.sbt。

为了保证 sbt 能够正常运行,先执行如下命令检查整个应用程序的文件结构:

```
$cd ~/sparkapp
$find .
```

文件结构应该是类似如下的内容:

```
.
./src
./src/main
./src/main/scala
./src/main/scala/SimpleApp.scala
./simple.sbt
```

接下来可以通过如下代码将整个应用程序打包成 JAR(首次运行时,sbt 会自动下载相关的依赖包):

```
$cd ~/sparkapp          #一定把这个目录设置为当前目录
$/usr/local/sbt/sbt package
```

对于刚刚安装的 Spark 和 sbt 而言,第一次执行上面命令时,系统会自动从网络上下载各种相关的文件,因此上面执行过程需要消耗几分钟,后面如果再次执行 sbt package 命令,速度就会快很多,因为不再需要下载相关文件。执行上述命令后,屏幕上会返回如下类似信息:

```
$cd~/sparkapp
$/usr/local/sbt/sbt package
[info] Set current project to Simple Project
[info] Updating {file:/home/hadoop/sparkapp/}sparkapp…
[info] Done updating.
[info] Compiling 1 Scala source to /home/hadoop/sparkapp/target/…
[info] Packaging /home/hadoop/sparkapp/target/scala-2.11/…
[info] Done packaging.
[success] Total time: 17 s, completed 2020-1-27 16:13:56
```

生成的 JAR 包的位置为~/sparkapp/target/scala-2.11/simple-project_2.11-1.0.jar。

4. 通过 spark-submit 运行程序

可以将生成的 JAR 包通过 spark-submit 提交到 Spark 中运行,命令如下:

```
$/usr/local/spark/bin/spark-submit--class "SimpleApp" ~/sparkapp/target/scala-2.11/simple-project_2.11-1.0.jar
```

上面命令执行后会输出太多信息,可以不使用上面命令,而使用下面命令运行程序,这样就可以直接得到想要的结果:

```
$/usr/local/spark/bin/spark-submit--class "SimpleApp" ~/sparkapp/target/scala-2.11/simple-project_2.11-1.0.jar 2>&1 | grep "Lines with a:"
```

最终得到的结果如下:

```
Lines with a:62, Lines with b: 31
```

9.4.2 用 Java 语言编写 Spark 独立应用程序

1. 安装 Maven

Ubuntu 中没有自带安装 Maven,需要手动安装 Maven。可以访问 Maven 官网下载安装文件,下载地址如下:

```
https://downloads.apache.org/maven/maven-3/3.6.3/binaries/apache-maven-3.6.3-bin.zip
```

也可以访问本书官网"下载专区"下载,位于"软件"目录下,文件名是 apache-maven-3.6.3-bin.zip。下载到 Maven 安装文件以后,保存到"~/下载"目录下。可以选择安装在/usr/local/maven 目录中,命令如下:

```
$sudo unzip ~/下载/apache-maven-3.6.3-bin.zip -d /usr/local
$cd /usr/local
$sudo mv apache-maven-3.6.3/ ./maven
$sudo chown -R hadoop ./maven
```

2. 编写 Java 应用程序代码

在 Linux 终端中执行如下命令,在用户主文件夹下创建一个文件夹 sparkapp2 作为应用程序根目录:

```
$cd ~                #进入用户主文件夹
$mkdir -p ./sparkapp2/src/main/java
```

使用 vim 编辑器在./sparkapp2/src/main/java 目录下建立一个名为 SimpleApp.java 的文件,命令如下:

```
$vim ./sparkapp2/src/main/java/SimpleApp.java
```

在 SimpleApp.java 文件中输入如下代码:

```
/*** SimpleApp.java ***/
import org.apache.spark.api.java.*;
import org.apache.spark.api.java.function.Function;
import org.apache.spark.SparkConf;

public class SimpleApp {
    public static void main(String[] args) {
```

```
            String logFile ="file:///usr/local/spark/README.md";
            // Should be some file on your system
            SparkConf conf = new SparkConf().setMaster("local").setAppName("
            SimpleApp");
            JavaSparkContext sc=new JavaSparkContext(conf);
            JavaRDD<String>logData =sc.textFile(logFile).cache();
            long numAs =logData.filter(new Function<String, Boolean>() {
                public Boolean call(String s) { return s.contains("a"); }
            }).count();
            long numBs =logData.filter(new Function<String, Boolean>() {
                public Boolean call(String s) { return s.contains("b"); }
            }).count();
            System.out.println("Lines with a: " +numAs +", lines with b: " +numBs);
        }
    }
```

上述代码也可以直接到本书官网"下载专区"下载,位于"代码"目录的"第 9 章"子目录下,文件名是 SimpleApp.java。

该程序依赖 Spark Java API,因此,需要通过 Maven 进行编译打包。需要使用 vim 编辑器在~/sparkapp2 目录中新建文件 pom.xml,命令如下：

```
$cd ~
$vim ./sparkapp2/pom.xml
```

然后在 pom.xml 文件中添加如下内容,用来声明该独立应用程序的信息以及与 Spark 的依赖关系：

```xml
<project>
    <groupId>cn.edu.xmu</groupId>
    <artifactId>simple-project</artifactId>
    <modelVersion>4.0.0</modelVersion>
    <name>Simple Project</name>
    <packaging>jar</packaging>
    <version>1.0</version>
    <repositories>
        <repository>
            <id>jboss</id>
            <name>JBoss Repository</name>
            <url>http://repository.jboss.com/maven2/</url>
        </repository>
    </repositories>
    <dependencies>
        <dependency><!--Spark dependency -->
```

```
            <groupId>org.apache.spark</groupId>
            <artifactId>spark-core_2.11</artifactId>
            <version>2.4.0</version>
        </dependency>
    </dependencies>
</project>
```

该文件也可以直接到本书官网"下载专区"下载,位于"代码"目录的"第9章"子目录下,文件名是 pom.xml。

3. 使用 Maven 打包 Java 程序

为了保证 Maven 能够正常运行,先执行如下命令检查整个应用程序的文件结构:

```
$cd ~/sparkapp2
$find .
```

文件结构应该是类似如下的内容:

```
.
./pom.xml
./src
./src/main
./src/main/java
./src/main/java/SimpleApp.java
```

可以通过如下代码将整个应用程序打包成 JAR 包(注意:计算机需要保持接入网络的状态,而且首次运行打包命令时,Maven 会自动下载依赖包,需要消耗几分钟的时间):

```
$cd ~/sparkapp2          #一定把这个目录设置为当前目录
$/usr/local/maven/bin/mvn package
```

如果屏幕返回如下信息,则说明生成 JAR 包成功:

```
[INFO]------------------------------------
[INFO] BUILD SUCCESS
[INFO]------------------------------------
[INFO] Total time:10.847 s
[INFO] Finished at: 2020-01-07T 16:33:33+08:00
[INFO] Final Memory: 30M/132M
[INFO]------------------------------------
```

4. 通过 spark-submit 运行程序

可以将生成的 JAR 包通过 spark-submit 提交到 Spark 中运行,命令如下:

```
$/usr/local/spark/bin/spark-submit--class "SimpleApp" ~/sparkapp2/target/
simple-project-1.0.jar
```

上面命令执行后会输出太多信息,可以不使用上面命令,而使用下面命令运行程序,这样就可以直接得到想要的结果:

```
$/usr/local/spark/bin/spark-submit--class "SimpleApp" ~/sparkapp2/target/
simple-project-1.0.jar 2>&1 | grep "Lines with a"
```

最终得到的结果如下:

```
Lines with a: 62, Lines with b: 31
```

9.5 本章小结

Spark 是基于内存的分布式计算框架,减少了迭代计算时的 I/O 开销。虽然 Hadoop 已成为大数据的事实标准,但是 MapReduce 分布式计算模型仍存在诸多缺陷,而 Spark 不仅具备了 Hadoop MapReduce 的优点,而且解决了 Hadoop MapReduce 的缺陷。Spark 正以其结构一体化、功能多元化的优势逐渐成为当今大数据领域最热门的大数据计算平台。

本章详细介绍 Spark 的安装配置方法,并且把 Spark 配置为与 Hadoop 一起使用,可以让 Spark 访问 HDFS 中的数据。

Spark Shell 提供了简单的方式来学习 API,并且提供了交互的方式来分析数据。本章详细介绍如何启动 Spark Shell、读取文件,以及如何编写词频统计程序。

可以使用 Spark API 编写独立应用程序。使用 Scala 语言编写的程序需要使用 sbt 进行编译打包,相应地,使用 Java 语言编写的 Spark 程序需要使用 Maven 进行编译打包。本章最后分别介绍如何使用 Scala 和 Java 两种语言编译运行 Spark 独立应用程序。

第 10 章

Flink 的安装和基础编程

Flink 是一种具有代表性的开源流处理架构,具有十分强大的功能,它实现了 Google Dataflow 流计算模型,是一种兼具高吞吐、低延迟和高性能的实时流计算框架,并且同时支持批处理和流处理。Flink 的主要特性包括批流一体化、精密的状态管理、事件时间支持以及精确一次的状态一致性保障等。Flink 不仅可以运行在包括 YARN、Mesos、Kubernetes 等在内的多种资源管理框架上,还支持在裸机集群上独立部署。

本章先介绍 Flink 的安装,再以 WordCount 程序为实例介绍 Flink 编程方法。

10.1 安装 Flink

Flink 的运行需要 Java 环境的支持,因此,在安装 Flink 之前,先参照相关资料安装 Java 环境(如 Java 8),再到 Flink 官网(https://flink.apache.org/downloads.html)下载安装包。也可以访问本书官网,进入"下载专区",在"软件"目录下找到文件 flink-1.9.1-bin-scala_2.11.tgz 下载到本地。假设下载后的安装文件被保存在 Linux 系统的 ~/Downloads 目录下,使用如下命令对安装文件进行解压缩:

```
$cd ~/Downloads
$sudo tar -zxvf flink-1.9.1-bin-scala_2.11.tgz -C /usr/local
```

修改目录名,并设置权限,命令如下:

```
$cd /usr/local
$sudo mv ./flink-1.9.1 ./flink
$sudo chown -R hadoop:hadoop ./flink
```

Flink 对于本地模式是开箱即用的,如果要修改 Java 运行环境,可以修改 /usr/local/flink/conf/flink-conf.yaml 文件中的 env.java.home 参数,设置为本地 Java 的绝对路径。

使用如下命令添加环境变量:

```
$vim ~/.bashrc
```

在 .bashrc 文件中添加如下内容:

```
export FLNK_HOME= /usr/local/flink
export PATH= $FLINK_HOME/bin:$PATH
```

保存并退出.bashrc文件,然后执行如下命令让配置文件生效:

```
$source ~/.bashrc
```

使用如下命令启动Flink:

```
$cd /usr/local/flink
$./bin/start-cluster.sh
```

使用jps命令查看进程:

```
$jps
17942 TaskManagerRunner
18022 Jps
17503 StandaloneSessionClusterEntrypoint
```

如果能够看到TaskManagerRunner和StandaloneSessionClusterEntrypoint这两个进程,就说明启动成功。

Flink的JobManager会同时在8081端口上启动一个Web前端,可以在浏览器中输入http://localhost:8081网址来访问(见图10-1)。

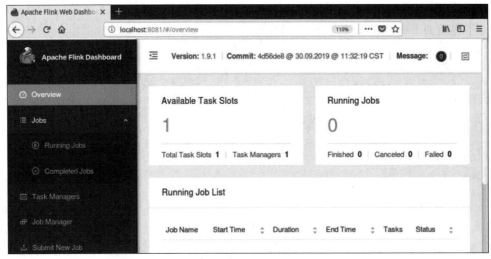

图10-1 Flink的Web管理页面

Flink安装包自带了测试样例,这里可以运行WordCount样例程序测试Flink的运行效果,具体命令如下:

```
$cd /usr/local/flink/bin
$./flink run /usr/local/flink/examples/batch/WordCount.jar
```

上述命令如果执行成功,可以看到类似如下的屏幕信息:

```
Starting execution of program
Executing WordCount example with default input data set.
Use --input to specify file input.
Printing result to stdout. Use --output to specify output path.
(a,5)
(action,1)
(after,1)
(against,1)
(all,2)
…
```

10.2 编程实现 WordCount 程序

编写 WordCount 程序主要包括以下 4 个步骤:
(1) 安装 Maven。
(2) 编写代码。
(3) 使用 Maven 打包 Java 程序。
(4) 通过 flink run 命令运行程序。

10.2.1 安装 Maven

Ubuntu 中没有自带安装 Maven,需要手动安装 Maven。可以访问 Maven 官网下载安装文件,下载地址如下:

```
http://downloads.apache.org/maven/maven-3/3.6.3/binaries/apache-maven-3.6.3-bin.zip
```

下载到 Maven 安装文件后,保存到 ~/Downloads 目录下。可以选择安装在 /usr/local/maven 目录中,命令如下:

```
$sudo unzip ~/Downloads/apache-maven-3.6.3-bin.zip -d /usr/local
$cd /usr/local
$sudo mv apache-maven-3.6.3/ ./maven
$sudo chown -R hadoop ./maven
```

10.2.2 编写代码

在 Linux 终端中执行如下命令,在用户主文件夹下创建一个文件夹 flinkapp 作为应用程序根目录：

```
$cd ~              #进入用户主文件夹
$mkdir -p ./flinkapp/src/main/java
```

使用 vim 编辑器在./flinkapp/src/main/java 目录下建立 3 个代码文件，即 WordCountData.java、WordCountTokenizer.java 和 WordCount.java。这 3 个代码文件可以到本书官网的"下载专区"下载，位于"代码"目录的"第 10 章"子目录下。

WordCountData.java 用于提供原始数据，其内容如下：

```java
package cn.edu.xmu;
import org.apache.flink.api.java.DataSet;
import org.apache.flink.api.java.ExecutionEnvironment;

public class WordCountData {
    public static final String[] WORDS= new String[]{"To be, or not to be,--that is the question:--", "Whether \'tis nobler in the mind to suffer", "The slings and arrows of outrageous fortune", "Or to take arms against a sea of troubles,", "And by opposing end them?--To die,--to sleep,--", "No more; and by a sleep to say we end", "The heartache, and the thousand natural shocks", "That flesh is heir to,--\'tis a consummation", "Devoutly to be wish\'d. To die,--to sleep;--", "To sleep! perchance to dream:--ay, there\'s the rub;", "For in that sleep of death what dreams may come,", "When we have shuffled off this mortal coil,", "Must give us pause: there\'s the respect", "That makes calamity of so long life;", "For who would bear the whips and scorns of time,", "The oppressor\'s wrong, the proud man\'s contumely,", "The pangs of despis\'d love, the law\'s delay,", "The insolence of office, and the spurns", "That patient merit of the unworthy takes,", "When he himself might his quietus make", "With a bare bodkin? who would these fardels bear,", "To grunt and sweat under a weary life,", "But that the dread of something after death,--", "The undiscover\'d country, from whose bourn", "No traveller returns,--puzzles the will,", "And makes us rather bear those ills we have", "Than fly to others that we know not of?", "Thus conscience does make cowards of us all;", " And thus the native hue of resolution", " Is sicklied o \' er with the pale cast of thought;", " And enterprises of great pith and moment,", "With this regard, their currents turn awry,", "And lose the name of action.--Soft you now!", "The fair Ophelia!--Nymph, in thy orisons", "Be all my sins remember\'d."};
    public WordCountData() {
    }
    public static DataSet<String> getDefaultTextLineDataset (ExecutionEnvironment env) {
        return env.fromElements(WORDS);
    }
}
```

WordCountTokenizer.java 用于切分句子,其内容如下:

```java
package cn.edu.xmu;
import org.apache.flink.api.common.functions.FlatMapFunction;
import org.apache.flink.api.java.tuple.Tuple2;
import org.apache.flink.util.Collector;

public class WordCountTokenizer implements FlatMapFunction<String, Tuple2<String, Integer>>{

    public WordCountTokenizer(){}
    public void flatMap(String value, Collector<Tuple2<String, Integer>> out)
    throws Exception {
        String[] tokens = value.toLowerCase().split("\\W+");
        int len = tokens.length;

        for(int i = 0; i<len;i++){
            String tmp = tokens[i];
            if(tmp.length()>0){
                out.collect(new Tuple2<String, Integer>(tmp,Integer.valueOf(1)));
            }
        }
    }
}
```

WordCount.java 提供主函数,其内容如下:

```java
package cn.edu.xmu;
import org.apache.flink.api.java.DataSet;
import org.apache.flink.api.java.ExecutionEnvironment;
import org.apache.flink.api.java.operators.AggregateOperator;
import org.apache.flink.api.java.utils.ParameterTool;

public class WordCount {

    public WordCount(){}

    public static void main(String[] args) throws Exception {
        ParameterTool params = ParameterTool.fromArgs(args);
        ExecutionEnvironment env = ExecutionEnvironment.getExecutionEnvironment();
        env.getConfig().setGlobalJobParameters(params);
        Object text;
        //如果没有指定输入路径,则默认使用 WordCountData 中提供的数据
```

```
            if(params.has("input")){
                text =env.readTextFile(params.get("input"));
            }else{
                System.out.println("Executing WordCount example with default input
                data set.");
                System.out.println("Use --input to specify file input.");
                text =WordCountData.getDefaultTextLineDataset(env);
            }
            AggregateOperator counts =((DataSet)text).flatMap(new WordCountTokeni-
            zer()).groupBy(new int[]{0}).sum(1);
            //如果没有指定输出,则默认打印到控制台
            if(params.has("output")){
                counts.writeAsCsv(params.get("output"),"\n", " ");
                env.execute();
            }else{
                System.out.println(" Printing result to stdout. Use -- output to
                specify output path.");
                counts.print();
            }
        }
    }
```

该程序依赖 Flink Java API,因此,需要通过 Maven 进行编译打包。需要新建文件 pom.xml,在 pom.xml 文件中添加如下内容,用来声明该独立应用程序的信息以及与 Flink 的依赖关系:

```
<project>
    <groupId>cn.edu.xmu</groupId>
    <artifactId>simple-project</artifactId>
    <modelVersion>4.0.0</modelVersion>
    <name>Simple Project</name>
    <packaging>jar</packaging>
    <version>1.0</version>
    <repositories>
        <repository>
            <id>jboss</id>
            <name>JBoss Repository</name>
            <url>http://repository.jboss.com/maven2/</url>
        </repository>
    </repositories>
    <dependencies>
        <dependency>
            <groupId>org.apache.flink</groupId>
            <artifactId>flink-java</artifactId>
```

```xml
            <version>1.9.1</version>
        </dependency>
        <dependency>
            <groupId>org.apache.flink</groupId>
            <artifactId>flink-streaming-java_2.11</artifactId>
            <version>1.9.1</version>
        </dependency>
        <dependency>
            <groupId>org.apache.flink</groupId>
            <artifactId>flink-clients_2.11</artifactId>
            <version>1.9.1</version>
        </dependency>
    </dependencies>
</project>
```

文件 pom.xml 可以到本书官网的"下载专区"下载，位于"代码"目录的"第 10 章"子目录下。

10.2.3 使用 Maven 打包 Java 程序

为了保证 Maven 能够正常运行，先执行如下命令检查整个应用程序的文件结构：

```
$cd ~/flinkapp
$find .
```

文件结构应该是类似如下的内容：

```
../src
./src/main
./src/main/java
./src/main/java/WordCountData.java
./src/main/java/WordCount.java
./src/main/java/WordCountTokenizer.java
./pom.xml
```

接下来，可以通过如下代码将整个应用程序打包成 JAR 包（注意：计算机需要保持接入网络的状态，而且首次运行打包命令时，Maven 会自动下载依赖包，需要消耗几分钟的时间）：

```
$cd ~/flinkapp      #一定把这个目录设置为当前目录
$/usr/local/maven/bin/mvn package
```

如果屏幕返回的信息中包含 BUILD SUCCESS，则说明生成 JAR 包成功。

10.2.4　通过 flink run 命令运行程序

可以将生成的 JAR 包通过 flink run 命令提交到 Flink 中运行（确认已经启动 Flink），命令如下：

```
$/usr/local/flink/bin/flink run --class cn.edu.xmu.WordCount ~/flinkapp/target/simple-project-1.0.jar
```

执行成功后，可以在屏幕上看到词频统计结果。

10.3　本章小结

Apache Flink 是一个分布式处理引擎，用于对无界和有界数据流进行有状态计算。Flink 以数据并行和流水线方式执行任意流数据程序，它的流水线运行时系统可以执行批处理和流处理程序。此外，Flink 在运行时本身也支持迭代算法的执行。本章简要介绍了 Flink 的安装以及基本编程方法。

第 11 章

典型可视化工具的使用方法

数据可视化是大数据分析的最后环节,也是非常关键的一环。在大数据时代,数据容量和复杂性的不断增加,限制了普通用户从大数据中直接获取知识,可视化的需求越来越大,依靠可视化手段进行数据分析必将成为大数据分析流程的主要环节之一。让"茫茫数据"以可视化的方式呈现,让枯燥的数据以简单、友好的图表形式展现出来,可以让数据变得更加通俗易懂,有助于用户更加方便快捷地理解数据的深层次含义,有效参与复杂的数据分析过程,提升数据分析效率,改善数据分析效果。

本章分别介绍 D3 和 ECharts 两种典型可视化工具的使用方法。

11.1 D3 可视化库的使用方法

D3 的全称是 Data-Driven Documents,顾名思义,它是一个被数据驱动的文档。实际上,D3 是一个 JavaScript 函数库,主要用来做数据可视化。这里只是简单介绍 D3 的一些最基本的使用方法,以及如何生成一些比较简单的图表。在学习本节内容时,会涉及以下概念。

(1) HTML:超文本标记语言,用于设定网页的内容。
(2) CSS:层叠样式表,用于设定网页的样式。
(3) JavaScript:一种直译式脚本语言,用于设定网页的行为。
(4) DOM:文档对象模型,用于修改文档的内容和结构。
(5) SVG:可缩放矢量图形,用于绘制可视化的图形。

建议通过查找网络资料加深对上述概念的理解,这里不再赘述。可以在 Windows 或 Linux 系统中打开浏览器进行可视化图表制作。建议在 Windows 系统下操作,使用起来会更加顺畅。

11.1.1 D3 可视化库的安装

D3 是一个 JavaScript 函数库,这里所说的"安装",并非通常意义上的安装,而只需要在 HTML 中引用一个 D3.js 文件即可。可以有两种方法引用 D3.js 文件。

(1) 访问 D3.js 官网(https://d3js.org/)下载 D3.js 文件,解压后,在 HTML 文件中包含相关的 js 文件即可。本书官网的"下载专区"的"代码"目录的"第 11 章"子目录下,也提供了 D3.js 文件的下载,文件名是 d3.zip。

(2) 直接包含网络的链接,即在 HTML 文件中输入如下代码:

```
<script src="http://d3js.org/d3.v5.min.js" charset="utf-8"></script>
```

方法(1)是把 D3.js 文件下载到本地使用,所以,在使用过程中不需要接入网络;而方法(2)则需要在使用过程中能够连接到互联网。

11.1.2 基本操作

1. 添加元素

例如,选择 body 标签,为其添加一个 p 标签,并设置它的内容为"New paragraph!",则可以使用如下 JavaScript 语句:

```
d3.select("body").append("p").text("New paragraph!");
```

需要把这行 JavaScript 语句放入 HTML 代码中,文件名为 example1.html,代码如下:

```html
<html>
    <head>
        <meta charset="utf-8">
        <title>D3 测试</title>
        <script type="text/javascript" src="http://d3js.org/d3.v5.min.js">
        </script>
    </head>
    <body>
        <script type="text/javascript">
            d3.select("body").append("p").text("New paragraph!");
        </script>
    </body>
</html>
```

example1.html 代码文件可以直接从本书官网"下载专区"的"代码"目录的"第 11 章"子目录下载。在上面这段 HTML 代码中,采用了直接包含网络链接的形式来引用 D3.js 文件。在浏览器中打开这个 HTML 文件,就可以看到如图 11-1 所示的效果。

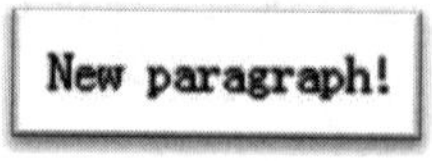

New paragraph!

图 11-1 网页效果

2. 数据绑定

D3 可以处理哪些类型的数据?它可以接受几乎任何数字数组、字符串或对象(本身包含其他数组或键值对),还可以处理 JSON 和 GeoJSON。

下面给出一段实例代码,文件名是 example2.html:

```html
<!DOCTYPE html>
<html>
  <head>
    <title>testD3-1.html</title>
    <script type="text/javascript" src="http://d3js.org/d3.v5.min.js">
    </script>
  </head>
  <body>
    This is my HTML page. <br>
  </body>
  <script type="text/javascript">
  var dataset =[ 5, 10, 15, 20, 25 ];
  d3.select("body").selectAll("p")
    .data(dataset)
    .enter()
    .append("p")
    .text("New paragraph!");
  </script>
</html>
```

example2.html 代码文件可以直接从本书官网"下载专区"的"代码"目录的"第 11 章"子目录下载。上面这段代码解释如下。

（1）d3.select("body")：查找 DOM 中的 body。

（2）selectAll("p")：选择 DOM 中的所有段落。

（3）data(dataset)：计数和分析数据值。本实例中，dataset 中有 5 个值，每个值都会执行一次。

（4）enter()：绑定数据和 DOM 元素。这个方法将数据传递到 DOM 中。如果数据值比相应的 DOM 元素多，就用 enter() 创建一个新元素的占位符。

（5）append("p")：通过 enter() 创建的占位符，在 DOM 中插入一个 p 元素。

（6）text("New paragraph!")：为新创建的 p 标签插入一个文本值。

在浏览器中打开这个 HTML 文件，就可以看到如图 11-2 所示的效果。

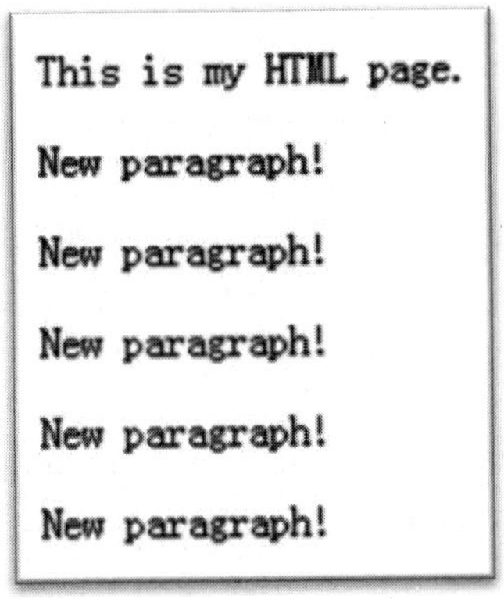

图 11-2　绑定数据后的网页效果

3. 用层画条形图

（1）为同类层添加样式。

```
div.bar {
    display: inline-block;
    width: 20px;
    height: 75px;    /* We'll override this later */
    background-color: teal;
}
```

（2）声明要为某类层设置属性。

```
.attr("class", "bar")
```

（3）为每个特定的层设置属性。

```
.style("height", function(d) {
    var barHeight =d * 5;       //Scale up by factor of 5
    return barHeight +"px";
});
```

（4）设置层之间的间隔。

```
margin-right: 2px;
```

（5）完整的源代码。

下面是完整的 HTML 源代码，文件名是 example3.html：

```
<!DOCTYPE html>
<html>
  <head>
      <meta charset="utf-8">
      <title>testD3-3-drawingDivBar</title>
      <script type="text/javascript" src="http://d3js.org/d3.v5.min.js">
      </script>
    <style type="text/css">
          div.bar {
              display: inline-block;
              width: 20px;
              height: 75px;    /* Gets overriden by D3-assigned height below */
              margin-right: 2px;
```

```
                background-color: teal;
            }
        </style>
    </head>
    <body>
        <script type="text/javascript">
            var dataset =[ 5, 10, 15, 20, 25 ];
            d3.select("body").selectAll("div")
                .data(dataset)
                .enter()
                .append("div")
                .attr("class", "bar")
                .style("height", function(d) {
                    var barHeight =d * 5;
                    return barHeight +"px";
                });
        </script>
    </body>
</html>
```

example3.html 代码文件可以直接从本书官网"下载专区"的"代码"目录的"第 11 章"子目录下载。上述 HTML 代码，在浏览器中打开以后会显示图 11-3 所示的效果。

4. 绘制 SVG 图形

1）简单形状

SVG 标签包含一些视觉元素，包括矩形、圆形、椭圆形、线条、文字和路径等。绘制 SVG 图形采用了基于像素的坐标系统，其中，浏览器的左上角是原点(0,0)，x 和 y 的正方向分别是右和下。

图 11-3　网页中的条形图效果

（1）矩形。

使用 x 和 y 的指定左上角的坐标，width 和 height 指定尺寸。绘制 SVG 矩形的代码如下：

```
<rect x="0" y="0" width="500" height="50"/>
```

（2）圆。

使用 cx 和 cy 指定半径的中心坐标，使用 r 表示半径，例如：

```
<circle cx="250" cy="25" r="25"/>
```

(3) 椭圆。

使用 cx 和 cy 指定半径的中心坐标，rx 和 ry 分别指定 x 方向和 y 方向上圆的半径，例如：

```
<ellipse cx="250" cy="25" rx="100" ry="25"/>
```

(4) 线。

使用 x1 和 y1 指定线的一端的坐标，x2 和 y2 指定另一端的坐标。stroke 指定描边，使得线是可见的，例如：

```
<line x1="0" y1="0" x2="500" y2="50" stroke="black"/>
```

(5) 文本。

使用 x 和 y 指定文本的位置，例如：

```
<text x="250" y="25">Easy-peasy</text>
```

可以给文本设置样式，例如：

```
<text x="250" y="155" font-family="sans-serif" font-size="25" fill="gray">Easy-peasy</text>
```

2) 绘图样例

下面是一段绘制 SVG 图形的 HTML 源代码，文件名是 example4.html：

```html
<!DOCTYPE html>
<html>
  <head>
    <meta charset="utf-8">
    <title>testD3-6-SVG.html</title>
    <script type="text/javascript" src="http://d3js.org/d3.v5.min.js">
    </script>
    <style type="text/css">
      .pumpkin {
          fill: yellow;
          stroke: orange;
          stroke-width: 5;
      }
    </style>
  </head>
  <body>
    <script type="text/javascript"></script>
    <svg width=500 height=960>
```

```
            <rect x="0" y="0" width="500" height="50"/>
            <ellipse cx="250" cy="225" rx="100" ry="25"/>
            <line x1="0" y1="120" x2="500" y2="50" stroke="black"/>
            <text x="250" y="155" font-family="sans-serif"
                    font-size="25" fill="gray">Easy-peasy</text>
            <circle cx="25" cy="80" r="20"
                    fill="rgba(128, 0, 128, 0.75)"
                    stroke="rgba(0, 255, 0, 0.25)"
                    stroke-width="100"/>
            <circle cx="75" cy="80" r="20"
                    fill="rgba(0, 255, 0, 0.75)"
                    stroke="rgba(0, 0, 255, 0.25)" stroke-width="10"/>
            <circle cx="125" cy="80" r="20"
                    fill="rgba(255, 255, 0, 0.75)"
                    stroke="rgba(255, 0, 0, 0.25)" stroke-width="10"/>
            <rect x="0" y="300" width="30" height="30" fill="purple"/>
            <rect x="20" y="305" width="30" height="30" fill="blue"/>
            <rect x="40" y="310" width="30" height="30" fill="green"/>
            <rect x="60" y="315" width="30" height="30" fill="yellow"/>
            <rect x="80" y="320" width="30" height="30" fill="red"/>
            <circle cx="25" cy="425" r="22" class="pumpkin"/>
            <circle cx="25" cy="525" r="20" fill="rgba(128, 0, 128, 1.0)"/>
            <circle cx="50" cy="525" r="20" fill="rgba(0, 0, 255, 0.75)"/>
            <circle cx="75" cy="525" r="20" fill="rgba(0, 255, 0, 0.5)"/>
            <circle cx="100" cy="525" r="20" fill="rgba(255, 255, 0, 0.25)"/>
            <circle cx="125" cy="525" r="20" fill="rgba(255, 0, 0, 0.1)"/>
            <circle cx="25" cy="625" r="20" fill="purple"
                    stroke="green" stroke-width="10"
                    opacity="0.9"/>
            <circle cx="65" cy="625" r="20" fill="green"
                    stroke="blue" stroke-width="10"
                    opacity="0.5"/>
            <circle cx="105" cy="625" r="20" fill="yellow"
                    stroke="red" stroke-width="10"
                    opacity="0.1"/>
        </svg>
    </body>
</html>
```

example4.html 代码文件可以直接从本书官网"下载专区"的"代码"目录的"第 11 章"子目录下载。上述 HTML 代码，在浏览器中打开以后会显示如图 11-4 所示的效果。

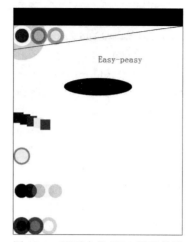

图 11-4　网页中的 SVG 图形效果

5. 散点图

下面给出绘制散点图的一段 HTML 代码样例，文件名是 example5.html：

```html
<!DOCTYPE html>
<html>
  <head>
        <meta charset="utf-8">
        <title>testD3-9-drawScatterLot.html</title>
        <script type="text/javascript" src="http://d3js.org/d3.v5.min.js">
        </script>
        <style type="text/css">
        </style>
  </head>
  <body>
        <script type="text/javascript">
            //Width and height
            var w =600;
            var h =100;
            var dataset =[
                        [5, 20], [480, 90], [250, 50], [100, 33], [330, 95],
                        [410, 12], [475, 44], [25, 67], [85, 21], [220, 88]
                        ];
            //Create SVG element
            var svg =d3.select("body")
                        .append("svg")
                        .attr("width", w)
                        .attr("height", h);
```

```
                svg.selectAll("circle")
                    .data(dataset)
                    .enter()
                    .append("circle")
                    .attr("cx", function(d) {
                        return d[0];
                    })
                    .attr("cy", function(d) {
                        return d[1];
                    })
                    .attr("r", function(d) {
                        return Math.sqrt(h - d[1]);
                    });
                svg.selectAll("text")
                    .data(dataset)
                    .enter()
                    .append("text")
                    .text(function(d) {
                        return d[0] + "," + d[1];
                    })
                    .attr("x", function(d) {
                        return d[0];
                    })
                    .attr("y", function(d) {
                        return d[1];
                    })
                    .attr("font-family", "sans-serif")
                    .attr("font-size", "11px")
                    .attr("fill", "red");
        </script>
    </body>
</html>
```

example5.html 代码文件可以直接从本书官网"下载专区"的"代码"目录的"第 11 章"子目录下载。上述 HTML 代码，在浏览器中打开以后会显示如图 11-5 所示的效果。

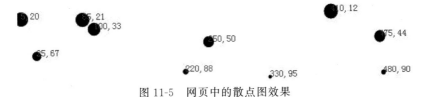

图 11-5　网页中的散点图效果

11.2 使用 ECharts 制作图表

本节先简要介绍 ECharts，再给出 ECharts 图表制作方法。

11.2.1 ECharts 简介

ECharts 是由百度公司前端数据可视化团队研发的图表库，可以流畅地运行在 PC 和移动设备上，兼容当前绝大部分浏览器（IE 8/9/10/11、Chrome、Firefox、Safari 等），底层依赖轻量级的 Canvas 类库 ZRender，可以提供直观、生动、可交互、可高度个性化定制的数据可视化图表。

ECharts 提供了非常丰富的图表类型，包括常规的折线图、柱状图、散点图、饼图、K 线图，用于统计的盒形图，用于地理数据可视化的地图、热力图、线图，用于关系数据可视化的关系图、treemap，用于多维数据可视化的平行坐标，以及用于 BI 的漏斗图、仪表盘，并且支持图与图之间的混搭，能够满足用户绝大部分分析数据时的图表制作需求。

11.2.2 ECharts 图表制作方法

ECharts 是一款可视化开发库，底层用的是 JavaScript 封装，所以可以在网页 HTML 中嵌入 ECharts 代码来显示数据图表。

1. 下载 ECharts

可以在 Windows 或 Linux 系统中打开浏览器进行可视化图表制作，但是，建议在 Windows 系统下操作，使用起来会更加顺畅。访问 ECharts 官网（https://www.echartsjs.com），从官网下载界面选择需要的版本下载，根据开发者的不同需求，官网提供了不同的下载文件。需要注意的是，网站下载的 ECharts 文件名不是 echarts.js，一般需要手动把文件名修改为 echarts.js，因为在 HTML 中引入时的名是 echarts.js。echarts.js 文件也可以直接从本书官网"下载专区"的"代码"目录的"第 11 章"子目录下载。

2. HTML 引入 ECharts

因为 ECharts 底层是 JavaScript，所以可以像 JavaScript 一样，直接嵌入 HTML 中，代码如下：

```html
<!DOCTYPE html>
<html>
<header>
    <meta charset="utf-8">
    <!--引入 ECharts 文件 -->
    <script src="echarts.js"></script>
</header>
</html>
```

3. 绘制一个简单的图表

首先需要为 ECharts 准备一个具备高宽的 DOM 容器，然后就可以通过 echarts.init 方法初始化一个 echarts 实例并通过 setOption 方法生成一个简单的柱状图，具体 HTML 代码如下：

```html
<!DOCTYPE html>
<html>
<head>
    <meta charset="utf-8">
    <title>ECharts</title>
    <!--引入 echarts.js -->
    <script src="echarts.js"></script>
</head>
<body>
    <!--为 ECharts 准备一个具备大小(宽高)的 DOM -->
    <div id="main" style="width: 600px;height:400px;"></div>
    <script type="text/javascript">
        // 基于准备好的 dom,初始化 echarts 实例
        var myChart =echarts.init(document.getElementById('main'));
        // 指定图表的配置项和数据
        var option ={
            title: {
                text: 'ECharts 入门示例'
            },
            tooltip: {},
            legend: {
                data:['销量']
            },
            xAxis: {
                data: ["衬衫","羊毛衫","雪纺衫","裤子","高跟鞋","袜子"]
            },
            yAxis: {},
            series: [{
                name: '销量',
                type: 'bar',
                data: [5, 20, 36, 10, 10, 20]
            }]
        };
        // 使用刚指定的配置项和数据显示图表
        myChart.setOption(option);
    </script>
</body>
</html>
```

上述代码文件可以直接从本书官网"下载专区"的"代码"目录的"第 11 章"子目录下载，文件名是 example6.html。为了能够演示这段代码，需要新建一个文件夹，把 echarts.js 文件复制到该文件夹中，同时，在该文件夹中新建一个 HTML 文件（后缀为.html），把上面这段代码复制到该 HTML 文件中；再双击该 HTML 文件，即可在浏览器中显示图表。但是，有的计算机会出现中文乱码，可以按照如下方法解决该问题。

（1）必须将<head></head>中的<meta charset=" utf-8">改为<meta charset=" GBK">。

（2）将 script 代码的字符集改为 GBK，即把语句<script type="text/javascript">改为<script type="text/javascript" charset="GBK">。

这段 HTML 代码在浏览器中的正常显示效果如图 11-6 所示。

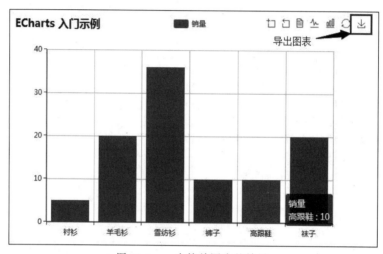

图 11-6　一个简单图表的效果

4. 导出图片

ECharts 可以很方便地导出制作的图表。只要在代码中加入如下代码，即可显示如图 11-6 右上角所示的工具栏，其中，最右边矩形框中的图标即为"导出图表"的快捷图标，单击该图标就可以顺利完成图表的导出。这段代码可以直接从本书官网的"下载专区"下载，位于"代码"目录的"第 11 章"子目录下，文件名是 toolbox.html。

```
toolbox: {
        show : true,
        feature : {
            dataZoom: {},
            dataView: {readOnly: false},
            magicType: {type:['line', 'bar']},
            restore: {},
```

```
            saveAsImage: {}
        }
}
```

11.3 本章小结

数据可视化在大数据分析中具有非常重要的作用,尤其从用户角度而言,它是提升用户数据分析效率的有效手段。可视化工具包括信息图表工具、地图工具和高级分析工具等,每种工具都可以帮助我们实现不同类型的数据可视化分析,可以根据具体应用场合选择适合的工具。本章选取了 D3 和 ECharts 两种具有代表性的可视化工具,简要介绍了它们的使用方法。

第 12 章

数据采集工具的安装和使用

数据采集是大数据分析全流程的重要环节,典型的数据采集工具包括 ETL 工具、日志采集工具(如 Flume 和 Kafka)等。本章重点介绍具有代表性的数据采集工具 Kafka,详细介绍该工具的安装和使用方法,同时给出了相关实例加深对工具作用及其使用方法的理解。

12.1 Kafka

Kafka 是一种高吞吐量的分布式发布订阅消息系统,它可以处理消费者规模的网站中的所有动作流数据。Kafka 的目的是通过 Hadoop 和 Spark 等的并行加载机制来统一线上和离线的消息处理。

12.1.1 Kafka 相关概念

为了更好地理解和使用 Kafka,这里介绍 Kafka 的相关概念。

(1) Broker:Kafka 集群包含一个或多个服务器,这些服务器被称为 Broker。

(2) Topic:每条发布到 Kafka 集群的消息都有一个类别,这个类别称为 Topic。物理上不同 Topic 的消息分开存储,逻辑上一个 Topic 的消息虽然保存于一个或多个 Broker 上,但用户只需指定消息的 Topic,即可生产或消费数据,而不必关心数据存于何处。

(3) Partition:物理上的概念,每个 Topic 包含一个或多个 Partition。

(4) Producer:负责发布消息到 Kafka Broker。

(5) Consumer:消息消费者,向 Kafka Broker 读取消息的客户端。

(6) Consumer Group:每个 Consumer 属于一个特定的 Consumer Group,可为每个 Consumer 指定 group name,若不指定 group name 则属于默认的 group。

12.1.2 安装 Kafka

访问 Kafka 官网(https://kafka.apache.org/downloads)下载 Kafka 0.10.2.0 的安装包 kafka_2.11-0.10.2.0.tgz,此安装包内已经附带 Zookeeper,不需要额外安装 Zookeeper。也可以访问本书官网的"下载专区","软件"目录下下载 Kafka 安装文件 kafka_2.11-0.10.2.0.tgz。

下载完安装文件后,需要对文件进行解压。按照 Linux 系统使用的默认规范,用户安装的软件一般都是存放在 /usr/local/ 目录下。请使用 hadoop 用户登录 Linux 系统,打开一个终端,执行如下命令:

```
$ cd ~/下载
$ sudo tar -zxvf kafka_2.11-0.10.2.0.tgz -C /usr/local
$ cd /usr/local
$ sudo mv kafka_2.11-0.10.2.0/ ./kafka
$ sudo chown -R hadoop ./kafka
```

12.1.3 一个实例

新建一个 Linux 终端,执行如下命令启动 Zookeeper:

```
$ cd /usr/local/kafka
$ ./bin/zookeeper-server-start.sh config/zookeeper.properties
```

注意:执行上面命令以后,终端窗口会返回一堆信息,然后就停住不动,没有回到 Shell 命令提示符状态,这时,不要错误认为死机了,而是 Zookeeper 服务器启动了,正处于服务状态。所以,不要关闭这个终端窗口,一旦关闭,Zookeeper 服务就停止了。

新建第二个终端,输入如下命令启动 Kafka:

```
$ cd /usr/local/kafka
$ ./bin/kafka-server-start.sh config/server.properties
```

同样,执行上面命令以后,终端窗口会返回一堆信息,然后就停住不动了,没有回到 Shell 命令提示符状态,这时,不要错误认为死机了,而是 Kafka 服务器启动了,正处于服务状态。所以,不要关闭这个终端窗口,一旦关闭,Kafka 服务就停止了。

新建第三个终端,输入如下命令:

```
$ cd /usr/local/kafka
$ ./bin/kafka-topics.sh --create --zookeeper localhost:2181 --replication-factor 1 --partitions 1 --topic dblab
```

这里以单节点的配置方式创建了一个名为 dblab 的 topic。可以用 list 命令列出所有创建的 topics,查看刚才创建的 topic 是否存在,命令如下:

```
$ cd /usr/local/kafka
$ ./bin/kafka-topics.sh --list --zookeeper localhost:2181
```

可以在结果中查看到,dblab 这个 topic 已经存在。接下来用 producer 生产一些数据,命令如下:

```
$ cd /usr/local/kafka
$ ./bin/kafka-console-producer.sh --broker-list localhost:9092 --topic dblab
```

该命令执行后,可以在该终端中输入以下信息作为测试:

```
hello hadoop
hello xmu
hadoop world
```

再次开启新的第四个终端,输入如下命令使用 consumer 来接收数据:

```
$ cd /usr/local/kafka
$ ./bin/kafka-console-consumer.sh --zookeeper localhost:2181 --topic dblab
--from-beginning
```

执行该命令后,就可以看到刚才在另一个终端的 producer 产生的 3 条信息"hello hadoop""hello xmu""hello world",说明 Kafka 安装成功。

12.2 实例:编写 Spark 程序使用 Kafka 数据源

Spark Streaming 是用来进行流计算的组件。可以把 Kafka 作为数据源,让 Kafka 产生数据发送给 Spark Streaming 应用程序,Spark Streaming 应用程序再对接收到的数据进行实时处理,从而完成一个典型的流计算过程。

为了让 Spark Streaming 应用程序能够顺利使用 Kafka 数据源,在安装 Kafka 时,一定要到 Kafka 官网下载与自己计算机上已经安装的 Scala 版本号一致的安装文件。本书安装的 Spark 版本号是 2.4.0,Scala 版本号是 2.11,所以,一定要选择 Kafka 版本号是 2.11 开头的。例如,到 Kafka 官网下载安装文件 Kafka_2.11-0.10.2.0,前面的 2.11 就是支持的 Scala 版本号,后面的 0.10.2.0 是 Kafka 自身的版本号。正因为如此,在前面的 12.1.2 节,下载的 Kafka 安装文件是 kafka_2.11-0.10.2.0.tgz。

12.2.1 Kafka 准备工作

1. 启动 Kafka

首先需要启动 Kafka。登录 Linux 系统(本书统一使用 hadoop 用户登录),打开一个终端,输入下面命令启动 Zookeeper 服务:

```
$ cd /usr/local/kafka
$ ./bin/zookeeper-server-start.sh config/zookeeper.properties
```

注意:执行上面命令以后,终端窗口会返回一堆信息,然后就停住不动了,没有回到 Shell 命令提示符状态,这时,不要错误认为死机了,而是 Zookeeper 服务器启动了,正处于服务状态。所以,不要关闭这个终端窗口,一旦关闭,Zookeeper 服务就停止了。

另外打开第二个终端,然后输入下面命令启动 Kafka 服务:

```
$ cd /usr/local/kafka
$ ./bin/kafka-server-start.sh config/server.properties
```

同样，执行上面命令以后，终端窗口会返回一堆信息，然后就停住不动了，没有回到 Shell 命令提示符状态，这时，不要错误认为死机了，而是 Kafka 服务器启动了，正处于服务状态。所以，不要关闭这个终端窗口，一旦关闭，Kafka 服务就停止了。

当然，还有一种方式是采用下面加了 & 的命令：

```
$cd /usr/local/kafka
$./bin/kafka-server-start.sh config/server.properties &
```

这样，Kafka 就会在后台运行，即使关闭了这个终端，Kafka 也会一直在后台运行。不过，这样做，有时往往就忘记了还有 Kafka 在后台运行，所以，建议暂时不要用 &。

2. 测试 Kafka 是否正常工作

下面先测试 Kafka 是否可以正常使用，再打开第三个终端，最后输入下面命令创建一个自定义名为 wordsendertest 的 topic：

```
$cd /usr/local/kafka
$./bin/kafka-topics.sh --create --zookeeper localhost: 2181 --replication-factor 1 --partitions 1 --topic wordsendertest
#这个 topic 称为 wordsendertest，2181 是 Zookeeper 默认的端口号，partition 是 topic 里面的分区数，replication-factor 是备份的数量，在 Kafka 集群中使用，这里单机版就不用备份了
#可以用 list 列出所有创建的 topics，来查看上面创建的 topic 是否存在
$./bin/kafka-topics.sh --list --zookeeper localhost: 2181
```

这个名为 wordsendertest 的 topic，就是专门负责采集发送一些单词的。

下面用 producer 产生一些数据，在当前终端内继续输入以下命令：

```
$./bin/kafka-console-producer.sh --broker-list localhost: 9092 --topic wordsendertest
```

上面命令执行后，就可以在当前终端内用键盘输入一些英文单词，例如可以输入：

```
hello hadoop
hello spark
```

这些单词是数据源，被 Kafka 捕捉到以后发送给消费者。现在可以启动一个消费者，查看刚才 producer 产生的数据。下面打开第四个终端，输入以下命令：

```
$cd /usr/local/kafka
$./bin/kafka-console-consumer.sh --zookeeper localhost:2181 --topic wordsendertest --from-beginning
```

可以看到，屏幕上会显示如下结果，也就是刚才在另一个终端里输入的内容：

```
hello hadoop
hello spark
```

到这里,与 Kafka 相关的准备工作就顺利结束了。

注意:所有这些终端窗口都不要关闭,要继续留着后面使用。

12.2.2 Spark 准备工作

1. 添加相关 JAR 包

Kafka 和 Flume 等高级输入源,需要依赖独立的库(JAR 文件)。按照第 9 章已经安装的 Spark 版本,这些 JAR 包都不在里面,为了证明这一点,现在可以测试一下。打开一个新的终端,启动 spark-shell,命令如下:

```
$ cd /usr/local/spark
$ ./bin/spark-shell
```

启动成功后,在 spark-shell 中执行下面的 import 语句:

```
scala>import org.apache.spark.streaming.kafka._
<console>: 25: error: object kafka is not a member of package org.apache.
spark.streaming
        import org.apache.spark.streaming.kafka._
                                          ^
```

可以看到,马上会报错,因为找不到相关的 JAR 包。所以,需要下载 spark-streaming-kafka-0-8_2.11-2.4.0.jar。

在 Linux 系统中打开浏览器,访问 Spark 官网(https://mvnrepository.com/artifact/org.apache.spark/spark-streaming-kafka-0-8_2.11/2.4.0),里面有提供 spark-streaming-kafka-0-8_2.11-2.4.0.jar 文件的下载,其中,2.11 表示 Scala 的版本号,2.4.0 表示 Spark 的版本号。也可以访问本书官网的"下载专区","软件"目录下下载 spark-streaming-kafka-0-8_2.11-2.4.0.jar 文件。假设文件下载后会保存到~/Downloads 目录下面。

现在,需要把这个文件复制到 Spark 目录的 lib 目录下。新打开一个终端,输入如下命令:

```
$ cd /usr/local/spark/jars
$ mkdir kafka
$ cd ~/Downloads
$ cp ./spark-streaming-kafka-0-8_2.11-2.4.0.jar /usr/local/spark/jars/kafka
```

这样,就把 spark-streaming-kafka-0-8_2.11-2.4.0.jar 文件复制到了/usr/local/spark/jars/kafka 目录下。

还要继续把 Kafka 安装目录的 lib 目录下的所有 JAR 文件复制到/usr/local/spark/

lib/kafka 目录下，在终端执行下面的命令：

```
$ cd /usr/local/kafka/libs
$ ls
$ cp ./* /usr/local/spark/jars/kafka
```

2. 启动 spark-shell

执行如下命令启动 spark-shell：

```
$ cd /usr/local/spark
$ ./bin/spark-shell --jars /usr/local/spark/jars/*:/usr/local/spark/jars/kafka/*
```

启动成功后，再次执行如下命令：

```
scala>import org.apache.spark.streaming.kafka._
//会显示下面信息
import org.apache.spark.streaming.kafka._
```

也就是说，现在使用 import 语句，不会像之前那样出现错误信息了，说明已经导入成功。至此，就已经准备好了 Spark 环境，它可以支持 Kafka 相关编程。

12.2.3 编写 Spark 程序使用 Kafka 数据源

1. 编写生产者(producer)程序

新打开一个终端，执行如下命令创建代码目录和代码文件：

```
$ cd  /usr/local/spark/mycode
$ mkdir  kafka
$ cd  kafka
$ mkdir  -p  src/main/scala
$ cd  src/main/scala
$ vim  KafkaWordProducer.scala
```

这里使用 vim 编辑器新建了 KafkaWordProducer.scala，它是用来产生一系列字符串的程序，会产生随机的整数序列，每个整数被当成一个单词，提供给 KafkaWordCount 程序进行词频统计。在 KafkaWordProducer.scala 中输入以下代码：

```
package org.apache.spark.examples.streaming
import java.util.HashMap
import org.apache.kafka.clients.producer.{KafkaProducer, ProducerConfig, ProducerRecord}
```

```scala
import org.apache.spark.SparkConf
import org.apache.spark.streaming._
import org.apache.spark.streaming.kafka._
object KafkaWordProducer {
  def main(args: Array[String]) {
    if (args.length < 4) {
      System.err.println("Usage: KafkaWordCountProducer <metadataBrokerList>
        <topic>" + "<messagesPerSec><wordsPerMessage>")
      System.exit(1)
    }
    val Array(brokers, topic, messagesPerSec, wordsPerMessage) =args
    // Zookeeper connection properties
    val props =new HashMap[String, Object]()
    props.put(ProducerConfig.BOOTSTRAP_SERVERS_CONFIG, brokers)
    props.put(ProducerConfig.VALUE_SERIALIZER_CLASS_CONFIG,
      "org.apache.kafka.common.serialization.StringSerializer")
    props.put(ProducerConfig.KEY_SERIALIZER_CLASS_CONFIG,
      "org.apache.kafka.common.serialization.StringSerializer")
    val producer =new KafkaProducer[String, String](props)
   // Send some messages
    while(true) {
      (1 to messagesPerSec.toInt).foreach { messageNum =>
        val str = (1 to wordsPerMessage.toInt).map(x=> scala.util.Random.
        nextInt(10).toString)
         .mkString(" ")
                print(str)
                println()
        val message =new ProducerRecord[String, String](topic, null, str)
        producer.send(message)
      }
     Thread.sleep(1000)
    }
  }
}
```

代码文件 KafkaWordProducer.scala 可以从本书官网的"下载专区"下载,位于"代码"目录的"第 12 章"子目录下。

2. 编写消费者(consumer)程序

在/usr/local/spark/mycode/kafka/src/main/scala 目录下创建代码文件 KafkaWordCount.scala,用于单词词频统计,它会把 KafkaWordProducer 发送过来的单词进行词频统计,代码内容如下:

```
package org.apache.spark.examples.streaming
import org.apache.spark._
import org.apache.spark.SparkConf
import org.apache.spark.streaming._
import org.apache.spark.streaming.kafka._
import org.apache.spark.streaming.StreamingContext._
import org.apache.spark.streaming.kafka.KafkaUtils

object KafkaWordCount{
  def main(args:Array[String]){
  StreamingExamples.setStreamingLogLevels()
  val sc =new SparkConf().setAppName("KafkaWordCount").setMaster("local[2]")
  val ssc =new StreamingContext(sc,Seconds(10))
  ssc.checkpoint("file:///usr/local/spark/mycode/kafka/checkpoint")
  //设置检查点,如果存放在 HDFS 上面,则写成类似 ssc.checkpoint("/user/hadoop/
  //checkpoint")这种形式,但是,要启动 Hadoop
  val zkQuorum ="localhost:2181"    //Zookeeper 服务器地址
  val group ="1"   //topic 所在的 group,可以设置为自己想要的名称,例如不用 1,而是 val
  group ="test-consumer-group"
  val topics ="wordsender"          //topics 的名称
  val numThreads =1                 //每个 topic 的分区数
  val topicMap =topics.split(",").map((_,numThreads.toInt)).toMap
  val lineMap =KafkaUtils.createStream(ssc,zkQuorum,group,topicMap)
  val lines =lineMap.map(_._2)
  val words =lines.flatMap(_.split(" "))
  val pair =words.map(x =>(x,1))
  val wordCounts =pair.reduceByKeyAndWindow(_+_,_-_,Minutes(2),Seconds(10),2)
  wordCounts.print
  ssc.start
  ssc.awaitTermination
  }
}
```

代码文件 KafkaWordCount.scala 可以从本书官网的"下载专区"下载,位于"代码"目录的"第 12 章"子目录下。

在 KafkaWordCount.scala 代码中,ssc.checkpoint()用于创建检查点,实现容错功能。在 Spark Streaming 中,如果是文件流类型的数据源,Spark 自身的容错机制可以保证数据不会发生丢失。但是,对于 Flume 和 Kafka 等数据源,当数据源源不断到达时,会首先被放入缓存中,尚未被处理,可能发生丢失。为了避免系统失败时发生数据丢失,可以通过 ssc.checkpoint()创建检查点。但是,需要注意的是,检查点之后的数据仍然可能发生丢失,如果要保证数据不发生丢失,可以开启 Spark Streaming 的预写式日志(Write Ahead Logs,WAL)功能,当采用预写式日志以后,接收数据的正确性只在数据被预写到日志以后接收者才会确认,这样,当系统发生失败导致缓存中的数据丢失时,就可以从日志中恢复丢失的数据。预写式日志需要额外的开销,因此,在默认情况下,Spark Streaming 的预写式日志功能是关闭的,如果要开启该功能,需要设置 SparkConf 的属性 spark. streaming. receiver. writeAheadLog.enable 为 true。ssc.checkpoint()在创建检查点的同时,系统也把检查点的文件写入路径 file:///usr/local/spark/mycode/kafka/checkpoint 作为预写式日志的存放路径。

3. 编写日志格式设置程序

在/usr/local/spark/mycode/kafka/src/main/scala 目录下创建代码文件 StreamingExamples.scala,用于设置 log4j 日志级别。StreamingExamples.scala 里面的代码内容如下:

```scala
package org.apache.spark.examples.streaming
import org.apache.spark.internal.Logging
import org.apache.log4j.{Level, Logger}
/** Utility functions for Spark Streaming examples. */
object StreamingExamples extends Logging {
  /** Set reasonable logging levels for streaming if the user has not configured
  log4j. */
  def setStreamingLogLevels() {
    val log4jInitialized =Logger.getRootLogger.getAllAppenders.hasMoreElements
    if (!log4jInitialized) {
      // We first log something to initialize Spark's default logging, then we override the
      // logging level
      logInfo("Setting log level to [WARN] for streaming example." +
        " To override add a custom log4j.properties to the classpath.")
      Logger.getRootLogger.setLevel(Level.WARN)
    }
  }
}
```

代码文件 StreamingExamples.scala 可以从本书官网的"下载专区"下载,位于"代码"目录的"第 12 章"子目录下。

StreamingExamples.scala 代码中定义了一个单例对象 StreamingExamples,它继承自 org. apache. spark. internal. Logging 类,在该单例对象中定义了一个方法 setStreamingLogLevels(),它会把 log4j 日志的级别设置为 WARN。对于 Scala 语言而言,单例对象中的方法都是静态方法,因此,在 KafkaWordCount.scala 中可以直接调用 StreamingExamples. setStreamingLogLevels()。

4. 编译打包程序

经过前面的步骤,在/usr/local/spark/mycode/kafka/src/main/scala 目录下,就有了如下 3 个代码文件:

```
KafkaWordProducer.scala
KafkaWordCount.scala
StreamingExamples.scala
```

执行下面命令新建一个 simple.sbt 文件：

```
$cd  /usr/local/spark/mycode/kafka/
$vim  simple.sbt
```

在 simple.sbt 中输入以下代码：

```
name :="Simple Project"
version :="1.0"
scalaVersion :="2.11.12"
libraryDependencies +="org.apache.spark" %%"spark-core" %"2.4.0"
libraryDependencies +="org.apache.spark" %"spark-streaming_2.11" %"2.4.0"
libraryDependencies +="org.apache.spark" %"spark-streaming-kafka-0-8_2.11"
%"2.4.0" exclude("net.jpountz.lz4", "lz4")
```

simple.sbt 可以从本书官网的"下载专区"下载，位于"代码"目录的"第 12 章"子目录下。

执行下面命令，进行编译打包：

```
$cd  /usr/local/spark/mycode/kafka/
$/usr/local/sbt/sbt  package
```

打包成功后，就可以执行程序测试效果了。

5．运行程序

启动 Hadoop，因为如果前面 KafkaWordCount.scala 代码文件中采用了 ssc.checkpoint ("/user/hadoop/checkpoint")这种形式，这时的检查点是被写入 HDFS，因此需要启动 Hadoop。启动 Hadoop 的命令如下：

```
$cd  /usr/local/hadoop
$./sbin/start-dfs.sh
```

启动 Hadoop 成功以后，就可以测试刚才生成的词频统计程序了。

要注意，之前已经启动了 Zookeeper 服务和 Kafka 服务，因为之前那些终端窗口都没有关闭，所以，这些服务一直都在运行。如果不小心关闭了之前的终端窗口，那就参照前面的内容，再次启动 Zookeeper 服务，启动 Kafka 服务。

打开一个终端，执行如下命令，运行 KafkaWordProducer 程序，生成一些单词(是一堆整数形式的单词)：

```
$cd  /usr/local/spark
$/usr/local/spark/bin/spark-submit  \
>--driver-class-path /usr/local/spark/jars/*:/usr/local/spark/jars/kafka/
* \
>--class "org.apache.spark.examples.streaming.KafkaWordProducer"  \
>/usr/local/spark/mycode/kafka/target/scala-2.11/simple-project_2.11-1.0
.jar \
>localhost:9092  wordsender  3  5
```

注意：上面命令中，localhost:9092 wordsender 3 5是提供给KafkaWordProducer程序的4个输入参数。第1个参数localhost:9092是Kafka的broker的地址。第2个参数wordsender是topic的名称，在KafkaWordCount.scala代码中已经把topic名固定，所以，KafkaWordCount程序只能接收名为wordsender的topic。第3个参数3表示每秒发送3条消息。第4个参数5表示每条消息包含5个单词(实际上就是5个整数)。

执行上面命令后，屏幕上会不断滚动出现类似下面的新单词：

```
3 3 6 3 4
9 4 0 8 1
0 3 3 9 3
0 8 4 0 9
8 7 2 9 5
...
```

运行上面命令时，如果遇到报错信息 Exception in thread "main" java.lang.NoSuchMethodError：com.google.common.base.Preconditions.checkArgument，则需要删除/usr/local/spark/jars/kafka/下的guava.jar。

不要关闭这个终端窗口，让它一直不断发送单词。新打开一个终端，执行如下命令，运行KafkaWordCount程序，执行词频统计：

```
$cd  /usr/local/spark
$/usr/local/spark/bin/spark-submit  \
>--driver-class-path /usr/local/spark/jars/*:/usr/local/spark/jars/kafka/
* \
>--class "org.apache.spark.examples.streaming.KafkaWordCount"  \
>/usr/local/spark/mycode/kafka/target/scala-2.11/simple-project_2.11-1
.0.jar
```

运行上面命令以后，就启动了词频统计功能，屏幕上就会显示如下类似信息：

```
-------------------------------------------
Time: 1488156500000 ms
-------------------------------------------
(4,5)
(8,12)
```

```
(6,14)
(0,19)
(2,11)
(7,20)
(5,10)
(9,9)
(3,9)
(1,11)
…
```

这些信息说明，Spark Streaming 程序顺利接收到了 Kafka 发来的单词信息，并进行词频统计得到结果。

12.3 本章小结

数据采集工具 Kafka 经常用在 Hadoop 和 Spark 生态系统中，用来进行日志信息的实时采集。本章先介绍了数据采集工具 Kafka 的安装和使用方法，并给出了几个实例演示工具的具体用法。最后详细介绍了如何编写 Spark Streaming 应用程序来"消费"Kafka 的数据源，通过这个实例，可以从总体上了解 Spark 和 Kafka 等工具之间的组合使用方法。

第 13 章

大数据课程综合实验案例

本案例涉及数据预处理、存储、查询和可视化分析等数据处理全流程所涉及的各种典型操作,涵盖 Linux、MySQL、Hadoop、HBase、Hive、R、Eclipse 等系统和软件的安装和使用方法。本案例适合高校大数据教学,可以作为学习大数据课程后的综合实践案例。通过本案例,有助于读者综合运用大数据课程知识以及各种工具软件,实现数据全流程操作。

13.1 案例简介

本节主要介绍案例目的、适用对象、时间安排、预备知识、硬件要求、软件工具、数据集、案例任务。

13.1.1 案例目的

(1) 熟悉 Linux、MySQL、Hadoop、HBase、Hive、R、Eclipse 等系统和软件的安装和使用。
(2) 了解大数据处理的基本流程。
(3) 熟悉数据预处理方法。
(4) 熟悉在不同类型数据库之间进行数据相互导入导出。
(5) 熟悉使用 R 语言进行可视化分析。
(6) 熟悉使用 Eclipse 编写 Java 程序操作 HBase、Hive 和 MySQL。

13.1.2 适用对象

(1) 高校(高职)教师、学生。
(2) 大数据学习者。

13.1.3 时间安排

本案例可以作为大数据入门级课程结束后的"大作业",或者可以作为学生暑期或寒假大数据实习实践基础案例,建议在一周左右完成本案例。

13.1.4 预备知识

需要案例使用者已经学习过大数据相关课程(例如入门级课程"大数据技术原理与应用"),了解大数据相关技术的基本概念与原理,了解 Windows 操作系统、Linux 操作系统、大数据处理架构 Hadoop 的关键技术及其基本原理、列族数据库 HBase 概念及其原理、数据仓库概念与原理、关系数据库概念与原理、R 语言概念与应用等。

不过，由于本案例提供了全部操作细节，包括每个命令和运行结果，所以，即使没有相关背景知识，也可以按照操作说明顺利完成全部实验。

13.1.5 硬件要求

本案例可以在单机上完成，也可以在集群环境下完成。单机上完成本案例实验时，建议计算机硬件配置：50GB 以上硬盘、8GB 以上内存。

13.1.6 软件工具

本案例所涉及的系统及软件包括 Linux、MySQL、Hadoop、HBase、Hive、R、Eclipse 等（见图 13-1）。

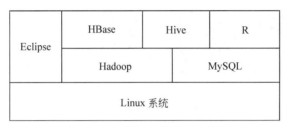

图 13-1 本案例所涉及的系统及软件

相关系统及软件的版本建议如下：

(1) Linux：Ubuntu 16.04(或 18.04)。
(2) MySQL：5.7.29。
(3) Hadoop：3.1.3。
(4) HBase：2.2.2。
(5) Hive：3.1.2。
(6) R：3.2.3。
(7) Eclipse：3.8。

13.1.7 数据集

网站用户购物行为数据集，包括 2000 万条记录。

13.1.8 案例任务

图 13-2 展示了案例全流程的各个环节，具体而言，本案例需要完成以下实验任务：

(1) 安装 Linux 操作系统。
(2) 安装关系数据库 MySQL。
(3) 安装大数据处理框架 Hadoop。
(4) 安装列族数据库 HBase。
(5) 安装数据仓库 Hive。
(6) 安装 R。
(7) 安装 Eclipse。

(8) 对文本文件形式的原始数据集进行预处理。
(9) 把文本文件的数据集导入数据仓库 Hive 中。
(10) 对数据仓库 Hive 中的数据进行 SQL 查询分析。
(11) 使用 Java API 将数据从数据仓库 Hive 导入 MySQL。
(12) 使用 HBase Java API 把数据从本地导入 HBase 中。
(13) 使用 R 对 MySQL 中的数据进行可视化分析。

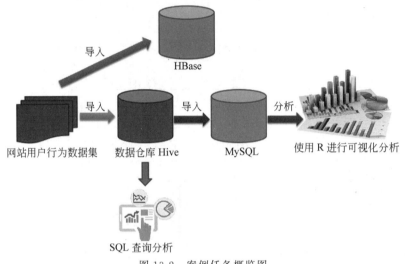

图 13-2　案例任务概览图

13.2　实验环境搭建

为了顺利完成本案例各项实验,需要完成以下系统和软件的安装。
(1) 安装 Linux 系统：如果未安装,参照第 2 章的相关内容,完成 Linux 系统的安装。
(2) 安装 Hadoop：如果未安装,参照第 3 章的相关内容,完成 Hadoop 的安装。
(3) 安装 MySQL：如果未安装,参照附录 B 的相关内容,完成 MySQL 的安装。
(4) 安装 HBase：如果未安装,参照第 5 章的相关内容,完成 HBase 的安装。
(5) 安装 Hive：如果未安装,参照第 8 章的相关内容,完成 Hive 的安装。
(6) 安装 Eclipse：如果未安装,参照第 2 章的相关内容,在 Linux 系统下安装 Eclipse。

13.3　实验步骤概述

本案例共包含 4 个实验步骤。
(1) 本地数据集上传到数据仓库 Hive。
(2) Hive 数据分析。
(3) Hive、MySQL、HBase 数据互导。
(4) 使用 R 进行数据可视化分析。
下面 4 个表(见表 13-1~表 13-4)分别给出了每个实验步骤所需知识储备、训练技能和任务清单。

表 13-1　本地数据集上传到数据仓库 Hive

项　目	解　　释
所需知识储备	Linux 系统基本命令、Hadoop 项目结构、HDFS 概念及其基本原理、数据仓库概念及其基本原理、数据仓库 Hive 概念及其基本原理
训练技能	Hadoop 的安装与基本操作、HDFS 的基本操作、Linux 的安装与基本操作、数据仓库 Hive 的安装与基本操作、基本的数据预处理方法
任务清单	安装 Linux 系统、数据集下载与查看、数据集预处理、把数据集导入 HDFS 中、在数据仓库 Hive 上创建数据库

表 13-2　Hive 数据分析

项　目	解　　释
所需知识储备	数据仓库 Hive 的概念及其基本原理、SQL 语句、数据库查询分析
训练技能	数据仓库 Hive 基本操作、创建数据库和表、使用 SQL 语句进行查询分析
任务清单	启动 Hadoop 和 Hive、创建数据库和表、简单查询分析、查询条数统计分析、关键字条件查询分析、根据用户行为分析、用户实时查询分析

表 13-3　Hive、MySQL、HBase 数据互导

项　目	解　　释
所需知识储备	数据仓库 Hive 的概念与基本原理、关系数据库概念与基本原理、SQL 语句、列族数据库 HBase 概念与基本原理
训练技能	数据仓库 Hive 的基本操作、关系数据库 MySQL 的基本操作、Hive 的 Java API 的使用方法、MySQL 的 Java API 使用方法、HBase API 的 Java 编程、Eclipse 开发工具的使用方法
任务清单	Hive 预操作、使用 Java 程序将数据从 Hive 导入 MySQL、使用 HBase Java API 把数据从本地导入 HBase 中

表 13-4　使用 R 进行数据可视化分析

项　目	解　　释
所需知识储备	数据可视化、R 语言
训练技能	使用 R 语言对 MySQL 数据库中的数据进行数据可视化分析、R 的安装、相关可视化依赖包的安装与使用、各种可视化图表的生成方法
任务清单	安装 R 语言包、安装可视化依赖包、柱状图可视化分析、散点图可视化分析、地图可视化分析

13.4　本地数据集上传到数据仓库 Hive

本节介绍实验数据集的下载、数据集的预处理和导入数据库。

13.4.1　实验数据集的下载

本案例采用的数据集为 user.zip，包含了一个大规模数据集 raw_user.csv（包含 2000 万条记录）和一个小数据集 small_user.csv（只包含 30 万条记录）。小数据集 small_user.csv 是从大规模数据集 raw_user.csv 中抽取的一小部分数据。之所以抽取出一小部分记录单独构成一个小数据集,是因为在第一遍跑通整个实验流程时,会遇到各种错误、各种问题,先用小数据集测试,可以大量节约程序运行时间。待第一次完整实验流程都顺利跑通以后,可以用大规模数据集进行最后的测试。采用下面两种方法中的其中一种方法完成实验数据集的下载。

(1) 在 Windows 系统中,访问本书官网的"下载专区",找到"数据集"目录,把该目录下的 user.zip 文件下载到本地;使用 FTP 方式(可以参照第 2 章介绍的 FTP 使用方法),把 Windows 系统中的 user.zip 文件上传到 Linux 系统的"/home/hadoop/下载/"目录下。

(2) 登录 Linux 系统(本书统一采用 hadoop 用户登录),并在 Linux 系统中打开浏览器(一般都是火狐浏览器);在 Linux 系统的浏览器中访问本书官网的"下载专区",找到"数据集"目录,把该目录下的 user.zip 文件下载到本地。如果在下载时没有修改文件保存路径,火狐浏览器会默认把文件保存在当前用户的下载目录下,因为本书是采用 hadoop 用户名登录了 Linux 系统,所以,下载后的文件会被浏览器默认保存到"/home/hadoop/下载/"目录下面。

通过上面的任意一种方法,都可以顺利地把数据集 user.zip 文件下载到 Linux 系统的"/home/hadoop/下载/"目录下面。现在,在 Linux 系统中打开一个终端(可以按 Ctrl+Alt+T 键),执行下面命令(shell 命令):

```
$cd /home/hadoop/下载/
$ls
```

通过上面命令,就进入 user.zip 文件所在的目录,并且可以看到有个 user.zip 文件。

注意:如果你把 user.zip 下载到其他目录,那么进入你自己存放 user.zip 的目录。

下面需要把 user.zip 进行解压缩,建立一个用于运行本案例的目录 bigdatacase,执行以下命令:

```
$cd /usr/local
$ls
$sudo mkdir bigdatacase
#提示输入当前用户(本书是 hadoop 用户名)的密码
#给 hadoop 用户赋予针对 bigdatacase 目录的各种操作权限
$sudo chown -R hadoop:hadoop ./bigdatacase
$cd bigdatacase
#创建一个 dataset 目录,用于保存数据集
$mkdir dataset
#解压缩 user.zip 文件
$cd ~              //表示进入 hadoop 用户的目录
$cd 下载
$ls
$unzip user.zip -d /usr/local/bigdatacase/dataset
$cd /usr/local/bigdatacase/dataset
$ls
```

现在就可以看到在 dataset 目录下有两个文件：raw_user.csv 和 small_user.csv。执行下面命令取出前面 5 条记录看一下：

```
$head -5 raw_user.csv
```

可以看到，前 5 行记录如下：

```
user_id,item_id,behavior_type,user_geohash,item_category,time
10001082,285259775,1,97lk14c,4076,2014-12-08 18
10001082,4368907,1,,5503,2014-12-12 12
10001082,4368907,1,,5503,2014-12-12 12
10001082,53616768,1,,9762,2014-12-02 15
```

可以看出，每行记录都包含 5 个字段，数据集中的字段及其含义如下。

(1) user_id(用户 id)。

(2) item_id(商品 id)。

(3) behaviour_type(包括浏览、收藏、加购物车、购买，对应取值分别是 1、2、3、4)。

(4) user_geohash(用户地理位置哈希值，有些记录中没有这个字段值，所以后面会用脚本做数据预处理时把这个字段全部删除)。

(5) item_category(商品分类)。

(6) time(该记录产生时间)。

13.4.2 数据集的预处理

1. 删除文件第一行记录（即字段名称）

raw_user 和 small_user 中的第 1 行都是字段名称，把文件中的数据导入数据仓库 Hive 中时，不需要第一行字段名称，因此，在做数据预处理时，需要删除第 1 行，执行以下命令（Shell 命令）：

```
$cd /usr/local/bigdatacase/dataset
#下面删除 raw_user 中的第 1 行
$sed -i '1d' raw_user.csv
#上面的 1d 表示删除第 1 行，同理，3d 表示删除第 3 行，nd 表示删除第 n 行
#下面删除 small_user 中的第 1 行
$sed -i '1d' small_user.csv
#下面再用 head 命令查看文件的前 5 行记录，这时看不到字段名称这一行
$head -5 raw_user.csv
$head -5 small_user.csv
```

接下来的操作中，都是用 small_user.csv 这个小数据集进行操作，这样可以省略时间。等所有流程都跑通以后，就可以使用大数据集 raw_user.csv 测试一遍整个案例。

2. 对字段进行预处理

下面对数据集进行一些预处理，包括为每行记录增加一个 id 字段（让记录具有唯一性）、增加一个省份字段（用来后续进行可视化分析），并且丢弃 user_geohash 字段（后面分析不需要这个字段）。

下面要建一个脚本文件 pre_deal.sh，把这个脚本文件放在 dataset 目录下，和数据集 small_user.csv 放在同一个目录下：

```
$cd /usr/local/bigdatacase/dataset
$vim pre_deal.sh
```

上面使用 vim 编辑器新建了一个 pre_deal.sh 脚本文件，在这个脚本文件中加入以下代码：

```
#!/bin/bash
#设置输入文件,把用户执行 pre_deal.sh 命令时提供的第一个参数作为输入文件名
infile=$1
#设置输出文件,把用户执行 pre_deal.sh 命令时提供的第二个参数作为输出文件名
outfile=$2
#注意,最后的$infile>$outfile 必须跟在}和'这两个字符的后面
awk -F "," 'BEGIN{
    srand();
    id=0;
    Province[0]="山东";Province[1]="山西";Province[2]="河南";Province[3]="河北";Province[4]="陕西";Province[5]="内蒙古";Province[6]="上海市";
    Province[7]="北京市";Province[8]="重庆市";Province[9]="天津市";
    Province[10]="福建";Province[11]="广东";Province[12]="广西";Province[13]="云南";Province[14]="浙江";Province[15]="贵州";Province[16]="新疆";
    Province[17]="西藏";Province[18]="江西";Province[19]="湖南";Province[20]="湖北";
    Province[21]="黑龙江";Province[22]="吉林";Province[23]="辽宁";
    Province[24]="江苏";Province[25]="甘肃";Province[26]="青海";Province[27]="四川";Province[28]="安徽";Province[29]="宁夏";Province[30]="海南";
    Province[31]="香港";Province[32]="澳门";Province[33]="台湾";
}
{
    id=id+1;
    value=int(rand() * 34);
    print id"\t"$1"\t"$2"\t"$3"\t"$5"\t"substr($6,1,10)"\t"Province[value]
}' $infile>$outfile
```

上述代码也可以直接到本书官网"下载专区"下载，位于"代码"目录的"第 13 章"子目录下，文件名是 pre_deal.sh。为了更好理解上面的代码，这里给出 awk 命令的基本形式：

```
awk -F "," '处理逻辑' $infile > $outfile
```

使用 awk 可以逐行读取输入文件,并逐行进行相应操作。其中,-F 参数用于指出每行记录的不同字段之间用什么字符进行分隔,这里是用逗号进行分隔。处理逻辑代码需要用两个英文单引号引起来。$infile 是输入的文件名,这里会输入 raw_user.csv;$outfile 表示处理结束后输出的文件名,后面会使用 user_table.txt 作为输出文件名。

在上面的 pre_deal.sh 代码的处理逻辑部分,srand()用于生成随机数的种子,id 是为数据集新增的一个字段,它是一个自增类型,每条记录增加 1,这样可以保证每条记录具有唯一性。这里再为数据集新增一个省份字段,进行后面的数据可视化分析。为了给每条记录增加一个省份字段的值,先用 Province[]数组保存全国各个省份信息;其次,在遍历数据集 raw_user.csv 时,每当遍历到其中一条记录,就使用 value=int(rand()*34)语句随机生成一个 0~33 的整数,作为 Province 省份值;最后,从 Province[]数组当中获取该省份值对应的省份名称,增加到该条记录中。

substr($6,1,10)这个语句是为了截取时间字段 time 的年、月、日,方便后续存储为 date 格式。awk 每次遍历到一条记录时,每条记录包含了 6 个字段,其中,第 6 个字段是时间字段,substr($6,1,10)语句就表示获取第 6 个字段的值,截取前 10 个字符,第 6 个字段是类似"2014-12-08 18"这样的字符串(表示 2014 年 12 月 8 日 18 时),substr($6,1,10)截取后,就丢弃了小时,只保留了年、月、日。

另外,代码中还包含下面这条语句:

```
print id"\t"$1"\t"$2"\t"$3"\t"$5"\t"substr($6,1,10)"\t"Province[value]
```

在这行语句中,丢弃了每行记录的第 4 个字段,所以,没有出现 $4。生成后的文件用\t 进行分隔,这样,后续查看数据时,屏幕上的显示效果会更加整齐美观,每个字段在排版时会对齐显示;相反,如果用逗号分隔,显示效果会比较乱。

保存 pre_deal.sh 代码文件,退出 vim 编辑器。

执行 pre_deal.sh 脚本文件,对 small_user.csv 进行数据预处理,命令如下:

```
$cd /usr/local/bigdatacase/dataset
$bash ./pre_deal.sh small_user.csv user_table.txt
```

可以查看生成的 user_table.txt,但是,不要直接打开,因为,文件过大,直接打开会出错,可以使用 head 命令查看前 10 行数据:

```
$head -10 user_table.txt
```

执行上面命令以后,可以得到如下结果:

```
1    10001082    285259775    1    4076    2014-12-08    广东
2    10001082    4368907      1    5503    2014-12-12    河南
```

3	10001082	4368907	1	5503	2014-12-12	甘肃
4	10001082	53616768	1	9762	2014-12-02	北京市
5	10001082	151466952	1	5232	2014-12-12	安徽
6	10001082	53616768	4	9762	2014-12-02	北京市
7	10001082	290088061	1	5503	2014-12-12	山东
8	10001082	298397524	1	10894	2014-12-12	福建
9	10001082	32104252	1	6513	2014-12-12	湖南
10	10001082	323339743	1	10894	2014-12-12	山东

13.4.3 导入数据库

下面把 user_table.txt 中的数据导入数据仓库 Hive 中。为了完成这个操作，需要先把 user_table.txt 上传到 HDFS 中，再在 Hive 中创建一个外部表，完成数据的导入。

1. 启动 HDFS

HDFS 是 Hadoop 的核心组件，因此，需要使用 HDFS，必须先安装 Hadoop。这里假设已经安装了 Hadoop，本书使用的是 Hadoop 3.1.3 版本，安装目录是/usr/local/hadoop。

登录 Linux 系统，打开一个终端，执行下面命令启动 Hadoop：

```
$cd /usr/local/hadoop
$./sbin/start-dfs.sh
```

执行 jps 命令看一下当前运行的进程：

```
$jps
```

如果出现下面这些进程，说明 Hadoop 已经启动成功：

```
3800 Jps
3261 DataNode
3134 NameNode
3471 SecondaryNameNode
```

2. 把 user_table.txt 上传到 HDFS 中

现在需要把 Linux 本地文件系统中的 user_table.txt 上传到 HDFS 中，并存放在 HDFS 中的/bigdatacase/dataset 目录下。

首先需要在 HDFS 的根目录下面创建一个新的目录 bigdatacase，并在这个目录下创建一个子目录 dataset，具体命令如下：

```
$cd /usr/local/hadoop
$./bin/hdfs dfs -mkdir -p /bigdatacase/dataset
```

然后把 Linux 本地文件系统中的 user_table.txt 上传到 HDFS 的/bigdatacase/dataset 目录下,命令如下:

```
$cd /usr/local/hadoop
$./bin/hdfs dfs -put /usr/local/bigdatacase/dataset/user_table.txt
/bigdatacase/dataset
```

现在可以查看 HDFS 中 user_table.txt 的前 10 条记录,命令如下:

```
$cd /usr/local/hadoop
$./bin/hdfs dfs -cat /bigdatacase/dataset/user_table.txt | head -10
```

3. 在 Hive 上创建数据库

这里假设已经完成了 Hive 的安装,并且使用 MySQL 数据库保存 Hive 的元数据。本书安装的是 Hive 3.1.2 版本,安装目录是/usr/local/hive。

下面在 Linux 系统中再新建一个终端(可以在刚才已经建好的终端界面的左上角,单击"终端"菜单,在弹出的子菜单中选择"新建终端")。因为需要借助于 MySQL 保存 Hive 的元数据,所以,先启动 MySQL 数据库,可以在终端中输入如下命令:

```
$service mysql start    #可以在 Linux 系统的任何目录下执行该命令
```

Hive 是基于 Hadoop 的数据仓库,使用 HiveQL 撰写的查询语句,最终都会被 Hive 自动解析成 MapReduce 任务由 Hadoop 具体执行。因此,需要先启动 Hadoop,再启动 Hive。由于前面已经启动了 Hadoop,所以,这里不需要再次启动 Hadoop。下面在这个新的终端中执行下面命令进入 Hive:

```
$cd /usr/local/hive
$./bin/hive           #启动 Hive
```

启动成功后,就进入了 hive>命令提示符状态,可以输入类似 SQL 的 HiveQL 语句。

下面需要在 Hive 中创建一个数据库 dblab,命令如下(注意,不是 Shell 命令,而是在 hive>命令提示符状态下的 Hive 命令):

```
hive>create database dblab;
hive>use dblab;
```

4. 创建外部表

关于数据仓库 Hive 的内部表和外部表的区别,可以查看相关网络资料,这里不再赘述。本书采用外部表方式。现在要在数据库 dblab 中创建一个外部表 bigdata_user,它包含字段(id, uid, item_id, behavior_type, item_category, date, province),在 hive 命令提示符下输入如下命令：

```
hive> CREATE EXTERNAL TABLE dblab.bigdata_user(id INT, uid STRING, item_id
STRING, behavior_type INT, item_category STRING, visit_date DATE, province
STRING) COMMENT 'Welcome to xmudblab!' ROW FORMAT DELIMITED FIELDS TERMINATED BY
'\t' STORED AS TEXTFILE LOCATION '/bigdatacase/dataset';
```

5. 查询数据

上面已经成功把 HDFS 中的/bigdatacase/dataset 目录下的数据加载到了数据仓库 Hive 中。然后，在 hive＞命令提示符状态下执行下面命令查看表的信息：

```
hive>use dblab;                                    //使用 dblab 数据库
hive>show tables;                                  //显示数据库中所有表
hive>show create table bigdata_user;               //查看 bigdata_user 表的各种属性
```

上面的 show create table bigdata_user 语句执行后，会得到如下信息：

```
OK
CREATE EXTERNAL TABLE 'bigdata_user'(
  'id' int,
  'uid' string,
  'item_id' string,
  'behavior_type' int,
  'item_category' string,
  'visit_date' date,
  'province' string)
COMMENT 'Welcome to xmu dblab!'
ROW FORMAT SERDE
  'org.apache.hadoop.hive.serde2.lazy.LazySimpleSerDe'
WITH SERDEPROPERTIES (
  'field.delim'='\t',
  'serialization.format'='\t')
STORED AS INPUTFORMAT
  'org.apache.hadoop.mapred.TextInputFormat'
OUTPUTFORMAT
  'org.apache.hadoop.hive.ql.io.HiveIgnoreKeyTextOutputFormat'
LOCATION
  'hdfs://localhost:9000/bigdatacase/dataset'
TBLPROPERTIES (
  'bucketing_version'='2',
  'transient_lastDdlTime'='1480217306')
Time taken: 0.715 seconds, Fetched: 24 row(s)
```

还可以执行下面命令查看表的简单结构：

```
hive>desc bigdata_user;
```

执行结果如下：

```
OK
id                      int
uid                     string
item_id                 string
behavior_type           int
item_category           string
visit_date              date
province                string
Time taken: 0.267 seconds, Fetched: 7 row(s)
```

现在可以使用下面命令查询相关数据：

```
hive>select * from bigdata_user limit 10;
hive>select behavior_type from bigdata_user limit 10;
```

13.5　Hive 数据分析

本节介绍简单查询分析、查询条数统计分析、关键字条件查询分析、根据用户行为分析和用户实时查询分析。

13.5.1　简单查询分析

首先执行一条简单的指令：

```
hive>select behavior_type from bigdata_user limit 10;     #查看前10位用户对商品的行为
```

执行结果如下：

```
OK
1
1
1
1
1
4
1
1
1
1
Time taken: 2.561 seconds, Fetched: 10 row(s)
```

如果要查出每位用户购买商品时的多种信息,输出语句格式如下:

```
select 列 1,列 2,…,列 n from 表名;
```

例如,查询前 20 位用户购买商品时的时间和商品的种类,语句如下:

```
hive> select visit_date, item_category from bigdata_user limit 20;
```

执行结果如下:

```
OK
2014-12-08    4076
2014-12-12    5503
2014-12-12    5503
2014-12-02    9762
2014-12-12    5232
2014-12-02    9762
2014-12-12    5503
2014-12-12    10894
2014-12-12    6513
2014-12-12    10894
2014-12-12    2825
2014-11-28    2825
2014-12-15    3200
2014-12-03    10576
2014-11-20    10576
2014-12-13    10576
2014-12-08    10576
2014-12-14    7079
2014-12-02    6669
2014-12-12    5232
Time taken: 0.401 seconds, Fetched: 20 row(s)
```

有时在表中查询可以利用嵌套语句,如果列名太复杂可以设置该列的别名,以简化操作的难度,举例如下:

```
hive> select e.bh, e.it from (select behavior_type as bh, item_category as it
from bigdata_user) as e   limit 20;
```

上面语句中,"behavior_type as bh, item_category as it"是为 behavior_type 设置别名 bh,为 item_category 设置别名 it,from 括号里的内容,也设置了别名 e,这样调用时使用 e.bh 和 e.it,可以简化代码。

上述代码执行结果如下:

```
OK
1    4076
1    5503
1    5503
1    9762
1    5232
4    9762
1    5503
1    10894
1    6513
1    10894
1    2825
1    2825
1    3200
1    10576
1    10576
1    10576
1    10576
1    7079
1    6669
1    5232
Time taken: 0.374 seconds, Fetched: 20 row(s)
```

13.5.2 查询条数统计分析

1. 用聚合函数 count() 计算表内有多少行数据

```
hive>select count(*) from bigdata_user;
```

执行结果如下：

```
hive>select count(*) from bigdata_user;
Query ID =hadoop_20200206101025_53282b0d-33fe-4034-b1dc-43606f818a9d
Total jobs =1
Launching Job 1 out of 1
Number of reduce tasks determined at compile time: 1
In order to change the average load for a reducer (in bytes):
  set hive.exec.reducers.bytes.per.reducer=<number>
In order to limit the maximum number of reducers:
  set hive.exec.reducers.max=<number>
In order to set a constant number of reducers:
  set mapreduce.job.reduces=<number>
Job running in-process (local Hadoop)
```

```
2020-02-06 10:10:29,867 Stage-1 map =0%, reduce =0%
2020-02-06 10:10:30,905 Stage-1 map =100%, reduce =100%
Ended Job =job_local955281947_0001
MapReduce Jobs Launched:
Stage-Stage-1:HDFS Read: 31222490 HDFS Write: 0 SUCCESS
Total MapReduce CPU Time Spent: 0 msec
OK
300000
Time taken: 5.165 seconds, Fetched: 1 row(s)
```

可以看到,在执行结果的最后有一个数字是 300000,因为导入 Hive 中的 small_user.csv 中包含了 300000 条记录。

2. 在函数内部加上 distinct,查出 uid 不重复的数据有多少条

命令如下:

```
hive>select count(distinct uid) from bigdata_user;
```

执行结果如下:

```
OK
270
Time taken: 4.689 seconds, Fetched: 1 row(s)
```

3. 查询不重复的数据有多少条(为了排除客户刷单情况)

命令如下:

```
hive>select count(*) from (select uid,item_id,behavior_type,item_category,
visit_date,province from bigdata_user group by uid,item_id,behavior_type,item_
category,visit_date,province      having count(*)=1)a;
```

执行结果如下:

```
OK
284217
Time taken: 16.05 seconds, Fetched: 1 row(s)
```

可以看出,排除重复信息以后,只有 284217 条记录。需要注意的是,嵌套语句最好取别名,就是上面的 a,否则很容易出现如图 13-3 所示的错误。

```
FAILED: ParseException line 1:131 cannot recognize input near '<EOF>' '<EOF>' '<
EOF>' in subquery source
```

图 13-3 错误信息

13.5.3 关键字条件查询分析

1. 以关键字的存在区间为条件的查询

使用 where 关键字可以缩小查询分析的范围和精确度。
(1) 查询 2014 年 12 月 10 日~13 日有多少人浏览了商品。
命令如下：

```
hive>select count(*) from bigdata_user where behavior_type='1' and visit_date
<'2014-12-13' and visit_date>'2014-12-10';
```

执行结果如下：

```
OK
26329
Time taken: 3.058 seconds, Fetched: 1 row(s)
```

(2) 以月的第 n 天为统计单位，依次显示第 n 天网站卖出去的商品的个数

```
hive> select count(distinct uid), day(visit_date) from bigdata_user where
behavior_type='4' group by day(visit_date);
```

执行结果如下：

```
OK
37  1
48  2
42  3
38  4
42  5
33  6
42  7
36  8
34  9
40  10
43  11
98  12
39  13
43  14
42  15
44  16
42  17
66  18
38  19
50  20
```

```
33    21
34    22
32    23
47    24
34    25
31    26
30    27
34    28
39    29
38    30
Time taken: 2.378 seconds, Fetched: 30 row(s)
```

2. 关键字赋予给定值为条件,对其他数据进行分析

取给定时间和给定地点,求当天发出到该地点的货物的数量。

命令如下:

```
hive>select count(*) from bigdata_user where province='江西' and visit_date=
'2014-12-12' and behavior_type='4';
```

执行结果如下:

```
OK
14
Time taken: 3.421 seconds, Fetched: 1 row(s)
```

13.5.4 根据用户行为分析

这里只给出查询语句,不再给出执行结果。

1. 查询一件商品在某天的购买比例或浏览比例

```
hive> select count(*) from bigdata_user where visit_date='2014-12-11' and
behavior_type='4';                  #查询有多少用户在2014-12-11购买了商品
```

```
hive>select count(*) from bigdata_user where visit_date ='2014-12-11';
                                    #查询有多少用户在2014-12-11点击了该店
```

根据上面语句得到购买数量和点击数量,两个数相除即可得出当天该商品的购买率。

2. 查询某个用户在某天点击网站占该天所有点击行为的比例(点击行为包括浏览、加入购物车、收藏、购买)

```
hive>select count(*) from bigdata_user where uid=10001082 and visit_date='
2014-12-12';                    #查询用户 10001082 在 2014-12-12 点击网站的次数
```

```
hive>select count(*) from bigdata_user where visit_date='2014-12-12';
#查询所有用户在这一天点击该网站的次数
```

上面两条语句的结果相除,就得到了要求的比例。

3. 给定购买商品的数量范围,查询某天在该网站的购买该数量商品的用户 id

```
hive>select uid from bigdata_user where behavior_type='4' and visit_date='2014
-12-12' group by uid having count(behavior_type='4')>5;
#查询某天在该网站购买商品超过 5 次的用户 id
```

13.5.5 用户实时查询分析

查询某个地区的用户当天浏览网站的次数,语句如下:

```
hive>create table scan(province STRING,scan INT) COMMENT 'This is the search of
bigdataday' ROW FORMAT DELIMITED FIELDS TERMINATED BY '\t' STORED AS TEXTFILE;
#创建新的数据表进行存储
hive> insert overwrite table scan select province, count(behavior_type) from
bigdata_user where behavior_type='1' group by province;           #导入数据
hive>select * from scan;         #显示结果
```

执行结果如下:

上海市	8364
云南	8454
内蒙古	8172
北京市	8258
台湾	8382
吉林	8272
四川	8359
天津市	8478
宁夏	8205
安徽	8205
山东	8236
山西	8503
广东	8228
广西	8358
新疆	8316
江苏	8226
江西	8403

```
河北          8363
河南          8382
浙江          8310
海南          8391
湖北          8183
湖南          8368
澳门          8264
甘肃          8415
福建          8270
西藏          8347
贵州          8505
辽宁          8292
重庆市        8506
陕西          8379
青海          8427
香港          8386
黑龙江        8309
Time taken: 0.248 seconds, Fetched: 34 row(s)
```

13.6 Hive、MySQL、HBase 数据互导

本节介绍 Hive 预操作、使用 Java API 将数据从 Hive 导入 MySQL、使用 HBase Java API 把数据从本地导入 HBase 中。

13.6.1 Hive 预操作

1. 创建临时表 user_action

命令如下：

```
hive> create table dblab.user_action(id STRING, uid STRING, item_id STRING,
behavior_type STRING, item_category STRING, visit_date DATE, province STRING)
COMMENT 'Welcome to XMU dblab! ' ROW FORMAT DELIMITED FIELDS TERMINATED BY '\t'
STORED AS TEXTFILE;
```

这个命令执行完以后，Hive 会自动在 HDFS 中创建对应的数据文件/user/hive/warehouse/dblab.db/user_action。

现在可以新建一个终端，执行命令查看一下，确认这个数据文件在 HDFS 中确实已经创建，在新建的终端中执行下面命令：

```
$cd /usr/local/hadoop
$./bin/hdfs dfs -ls /user/hive/warehouse/dblab.db/
```

这条命令执行以后，可以看到如下结果：

```
drwxr-xr-x -hadoop supergroup 0 2020-02-06 10:22 /user/hive/warehouse/dblab.
db/user_action
```

上述结果可以说明，这个数据文件在 HDFS 中确实已经创建。

注意：这个 HDFS 中的数据文件，在 13.6.3 节会使用到。

2. 将 bigdata_user 表中的数据插入 user_action

在 13.5 节 Hive 数据分析中，已经在 Hive 中的 dblab 数据库中创建了一个外部表 bigdata_user。下面把 dblab.bigdata_user 数据插入 dblab.user_action 表中，命令如下：

```
hive> INSERT OVERWRITE TABLE dblab.user_action select * from dblab.bigdata_
user;
```

执行下面命令查询上面的插入命令是否成功执行：

```
hive>select * from user_action limit 10;
```

执行结果如图 13-4 所示。

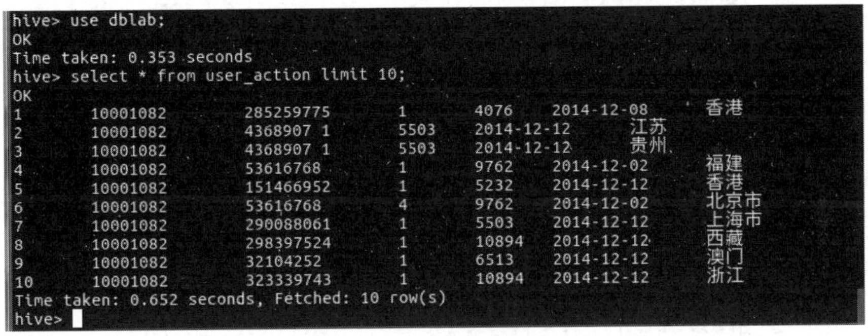

```
hive> use dblab;
OK
Time taken: 0.353 seconds
hive> select * from user_action limit 10;
OK
1	10001082	285259775	1	4076	2014-12-08	香港
2	10001082	4368907 1	5503	2014-12-12	江苏
3	10001082	4368907 1	5503	2014-12-12	贵州
4	10001082	53616768	1	9762	2014-12-02	福建
5	10001082	151466952	1	5232	2014-12-12	香港
6	10001082	53616768	4	9762	2014-12-02	北京市
7	10001082	290088061	1	5503	2014-12-12	上海市
8	10001082	298397524	1	10894	2014-12-12	西藏
9	10001082	32104252	1	6513	2014-12-12	澳门
10	10001082	323339743	1	10894	2014-12-12	浙江
Time taken: 0.652 seconds, Fetched: 10 row(s)
hive>
```

图 13-4 select 语句执行结果

13.6.2 使用 Java API 将数据从 Hive 导入 MySQL

1. 将前面生成的临时表数据从 Hive 导入 MySQL

1）登录 MySQL

请在 Linux 系统中新建一个终端，执行下面命令：

```
$mysql -u root -p
```

为了简化操作，本书直接使用 root 用户登录 MySQL 数据库，但是，在实际应用中，建议在 MySQL 中再另外创建一个用户。

执行上面命令以后，就进入了 mysql>命令提示符状态。

2）创建数据库

命令如下：

```
mysql>show databases;          #显示所有数据库
mysql>create database dblab;   #创建 dblab 数据库
mysql>use dblab;               #使用数据库
```

注意：使用下面命令查看数据库的编码：

```
mysql>show variables like "char%";
```

会显示类似图 13-5 所示的结果。

```
+--------------------------+----------------------------+
| Variable_name            | Value                      |
+--------------------------+----------------------------+
| character_set_client     | utf8                       |
| character_set_connection | utf8                       |
| character_set_database   | latin1                     |
| character_set_filesystem | binary                     |
| character_set_results    | utf8                       |
| character_set_server     | latin1                     |
| character_set_system     | utf8                       |
| character_sets_dir       | /usr/share/mysql/charsets/ |
+--------------------------+----------------------------+
8 rows in set (0.00 sec)
```

图 13-5　初始的数据库字符集编码格式

确认当前编码格式为 utf8，否则无法导入中文。上面的查询结果中，character_set_database 的编码格式是 latin1，不是 utf8，需要修改。如果当前编码不是 utf8，参考本书附录 B，把编码格式修改为 utf8。修改了编码格式后，再次执行 show variables like "char%" 命令会得到如图 13-6 所示的结果。

```
+--------------------------+----------------------------+
| Variable_name            | Value                      |
+--------------------------+----------------------------+
| character_set_client     | utf8                       |
| character_set_connection | utf8                       |
| character_set_database   | utf8                       |
| character_set_filesystem | binary                     |
| character_set_results    | utf8                       |
| character_set_server     | utf8                       |
| character_set_system     | utf8                       |
| character_sets_dir       | /usr/share/mysql/charsets/ |
+--------------------------+----------------------------+
8 rows in set (0.00 sec)
```

图 13-6　修改后的数据库字符集编码格式

从上面修改后的结果可以看出，此时 character_set_database 的编码格式是 utf8。

3）创建表

下面在 MySQL 的数据库 dblab 中创建一个新表 user_action，并设置其编码为 utf8：

```
mysql>CREATE TABLE `dblab`.`user_action` (`id` varchar(50),`uid` varchar(50),`
item_id` varchar(50),`behavior_type` varchar(10),`item_category` varchar(50),
`visit_date` DATE,`province` varchar(20)) ENGINE=InnoDB DEFAULT CHARSET=utf8;
```

提示:语句中的引号是反引号`(在键盘左上角 Esc 键下方),不是单引号'。

创建成功后,输入下面命令退出 MySQL:

```
mysql>exit
```

4) 导入数据

通过 JDBC 连接 Hive 和 MySQL,将数据从 Hive 导入 MySQL。通过 JDBC 连接 Hive,需要通过 Hive 的 thrift 服务实现跨语言访问 Hive,实现 thrift 服务需要开启 hiveserver2。

在 Hadoop 的配置文件 core-site.xml 中添加以下配置信息:

```xml
<property>
        <name>hadoop.proxyuser.hadoop.hosts</name>
        <value>*</value>
</property>
<property>
        <name>hadoop.proxyuser.hadoop.groups</name>
        <value>*</value>
</property>
```

开启 Hadoop 以后,在目录/usr/local/hive 下执行以下命令开启 hiveserver2,并且设置默认端口为 10000。

```
$cd /usr/local/hive
$./bin/hive --service hiveserver2 -hiveconf hive.server2.thrift.port=10000
```

启动时,当屏幕出现 Hive Session ID = 6bd1726e-37c5-41fc-93ea-ef7e176b24f2 信息时,会停留较长的时间,需要出现几个 Hive Session ID=…以后,Hive 才会真正启动。启动成功以后,会出现如图 13-7 所示的信息。

```
Hive Session ID = 6bd1726e-37c5-41fc-93ea-ef7e176b24f2
Hive Session ID = 2470f88b-5f51-4cb8-8b92-d1284f1faa93
Hive Session ID = b9c62916-3395-402f-9017-32eb81f025e0
OK
```

图 13-7 Hive 启动成功以后出现的信息

启动结束后,使用如下命令查看 10000 号端口是否已经被占用:

```
$sudo netstat -anp|grep 10000
```

如果显示 10000 号端口已经被占用(见图 13-8),则启动成功。

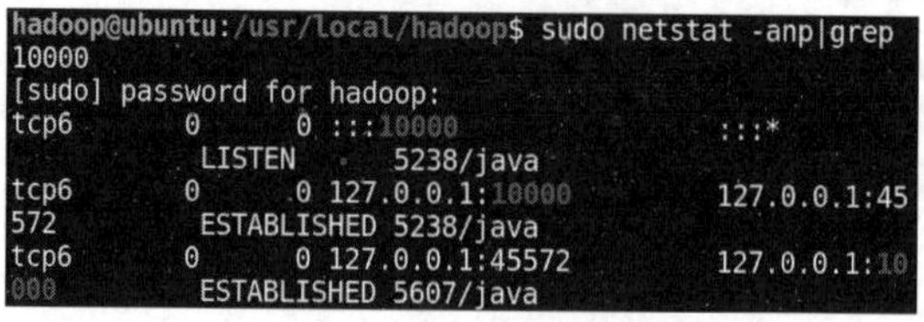

图 13-8　netstat 命令执行结果

启动 Eclipse,建立 Java 工程,通过 Build Path 添加/usr/local/hadoop/share/Hadoop/common/lib 下的所有 JAR 包,并且添加/usr/local/hive/lib 下的所有 JAR 包。编写 Java 程序 HivetoMySQL.java,把数据从 Hive 加载到 MySQL 中,HivetoMySQL.java 的具体代码如下:

```java
import java.sql.*;
import java.sql.SQLException;

public class HivetoMySQL {
private static String driverName ="org.apache.hive.jdbc.HiveDriver";
private static String driverName_mysql ="com.mysql.jdbc.Driver";
public static void main(String[] args) throws SQLException {
    try {
            Class.forName(driverName);
        }catch (ClassNotFoundException e) {
            //TODO Auto-generated catch block
            e.printStackTrace();
            System.exit(1);
        }
            Connection con1 = DriverManager. getConnection ( " jdbc: hive2://
            localhost:10000/default", "hive", "hive");
                                        //后两个参数是用户名和密码

    if(con1 ==null)
            System.out.println("连接失败");
    else {
            Statement stmt =con1.createStatement();
            String sql ="select * from dblab.user_action";
            System.out.println("Running: " +sql);
            ResultSet res =stmt.executeQuery(sql);

            //InsertToMysql
    try {
            Class.forName(driverName_mysql);
```

```
                    Connection con2 = DriverManager.getConnection ( " jdbc:
                    mysql://localhost:3306/dblab","root","root");
                    String sql2 = " insert into user_action (id, uid, item_id,
                    behavior_type, item_category, visit_date, province)
                    values (?,?,?,?,?,?,?)";
                    PreparedStatement ps =con2.prepareStatement(sql2);
            while (res.next()) {
                    ps.setString(1,res.getString(1));
                    ps.setString(2,res.getString(2));
                    ps.setString(3,res.getString(3));
                    ps.setString(4,res.getString(4));
                    ps.setString(5,res.getString(5));
                    ps.setDate(6,res.getDate(6));
                    ps.setString(7,res.getString(7));
                    ps.executeUpdate();
            }
                    ps.close();
                    con2.close();
                    res.close();
                    stmt.close();
            }catch (ClassNotFoundException e) {
                e.printStackTrace();
            }
        }
        con1.close();
    }
}
```

上述代码也可以直接到本书官网"下载专区"下载,位于"代码"目录的"第13章"子目录下,文件名是 HivetoMySQL.java。

上面程序执行以后,在 MySQL 中执行"select count(*) from user_action;",如果输出如图 13-9 所示的信息,则表示导入成功。

```
mysql> select count(*) from user_action;
+----------+
| count(*) |
+----------+
|   300000 |
+----------+
1 row in set (0.10 sec)
```

图 13-9　select 语句操作结果

2. 查看 MySQL 中 user_action 表数据

下面需要再次启动 MySQL,进入 mysql>命令提示符状态:

```
$mysql -u root -p
```

系统会提示输入 MySQL 的 root 用户的密码，本书中安装的 MySQL 数据库的 root 用户密码是 hadoop。

执行下面命令查询 user_action 表中的数据：

```
mysql>use dblab;
mysql>select * from user_action limit 10;
```

会得到类似下面的查询结果：

```
+------+--------+---------+----------+---------+----------+---------+
| id   | uid    | item_id | behavior_| item_   |visit_date| province|
|      |        |         | type     | category|          |         |
+------+--------+---------+----------+---------+----------+---------+
|225653|102865660|164310319| 1        | 5027    |2014-12-08| 香港    |
|225654|102865660|72511722 | 1        | 1121    |2014-12-13| 天津市  |
|225655|102865660|334372932| 1        | 5027    |2014-11-30| 江苏    |
|225656|102865660|323237439| 1        | 5027    |2014-12-02| 广东    |
|225657|102865660|323237439| 1        | 5027    |2014-12-07| 山西    |
|225658|102865660|34102362 | 1        | 1863    |2014-12-13| 内蒙古  |
|225659|102865660|373499226| 1        | 12388   |2014-11-26| 湖北    |
|225660|102865660|271583890| 1        | 5027    |2014-12-06| 山西    |
|225661|102865660|384764083| 1        | 5399    |2014-11-26| 澳门    |
|225662|102865660|139671483| 1        | 5027    |2014-12-03| 广东    |
+------+--------+---------+----------+---------+----------+---------+
10 rows in set (0.00 sec)
```

至此，数据从 Hive 导入 MySQL 的操作顺利完成。

13.6.3 使用 HBase Java API 把数据从本地导入 HBase 中

1. 启动 Hadoop 集群、HBase 服务

确保启动了 Hadoop 集群和 HBase 服务。如果还没有启动，在 Linux 系统中打开一个终端。首先按照下面命令启动 Hadoop：

```
$cd /usr/local/hadoop
$./sbin/start-all.sh
```

然后按照下面命令启动 HBase：

```
$cd /usr/local/hbase
$./bin/start-hbase.sh
```

2. 数据准备

实际上,也可以编写 Java 程序,直接从 HDFS 中读取数据加载到 HBase。但是,这里展示的是如何用 Java 程序把数据从本地导入 HBase 中。只要对程序做简单修改,就可以实现从 HDFS 中读取数据加载到 HBase。

将之前的 user_action 数据从 HDFS 复制到 Linux 系统的本地文件系统中,命令如下:

```
$cd /usr/local/bigdatacase/dataset
$/usr/local/hadoop/bin/hdfs dfs -get /user/hive/warehouse/dblab.db/user_action .
#将 HDFS 上的 user_action 数据复制到本地当前目录,"."表示当前目录
$cat ./user_action/* | head -10          #查看前 10 行数据
$cat ./user_action/00000* > user_action.output
#将 00000* 文件复制一份重命名为 user_action.output, * 表示通配符
$head user_action.output                 #查看 user_action.output 前 10 行
```

3. 编写数据导入程序

这里采用 Eclipse 编写 Java 程序实现 HBase 数据导入功能,具体代码如下:

```java
import java.io.BufferedReader;
import java.io.FileInputStream;
import java.io.IOException;
import java.io.InputStreamReader;
import java.util.List;
import org.apache.hadoop.conf.Configuration;
import org.apache.hadoop.hbase.HBaseConfiguration;
import org.apache.hadoop.hbase.*;
import org.apache.hadoop.hbase.client.*;
import org.apache.hadoop.hbase.util.Bytes;
public class ImportHBase extends Thread {
    public Configuration config;
    public Connection conn;
    public Table table;
    public Admin admin;
    public ImportHBase() {
        config = HBaseConfiguration.create();
        //config.set("hbase.master", "master:60000");
        //config.set("hbase.zookeeper.quorum", "master");
        try {
            conn = ConnectionFactory.createConnection(config);
            admin = conn.getAdmin();
```

```java
                table = conn.getTable(TableName.valueOf("user_action"));
        } catch (IOException e) {
            e.printStackTrace();
        }
    }
    public static void main(String[] args) throws Exception {
        if (args.length == 0) {
            //第一个参数是该 JAR 所使用的类,第二个参数是数据集所存放的路径
            throw new Exception("You must set input path!");
        }
        String fileName = args[args.length-1];    //输入的文件路径是最后一个参数
        ImportHBase test = new ImportHBase();
        test.importLocalFileToHBase(fileName);
    }
    public void importLocalFileToHBase(String fileName) {
        long st = System.currentTimeMillis();
        BufferedReader br = null;
        try {
            br = new BufferedReader(new InputStreamReader(new FileInputStream(
                    fileName)));
            String line = null;
            int count = 0;
            while ((line = br.readLine()) != null) {
                count++;
                put(line);
                if (count % 10000 == 0)
                    System.out.println(count);
            }
        } catch (IOException e) {
            e.printStackTrace();
        } finally {
            if (br != null) {
                try {
                    br.close();
                } catch (IOException e) {
                    e.printStackTrace();
                }
            }
            try {
                table.close();                   // must close the client
```

```java
            } catch (IOException e) {
                e.printStackTrace();
            }
        }
        long en2 = System.currentTimeMillis();
        System.out.println("Total Time: " + (en2-st) +" ms");
    }
    @SuppressWarnings("deprecation")
    public void put(String line) throws IOException {
        String[] arr = line.split("\t", -1);
        String[] column = {"id","uid","item_id","behavior_type","item_category","date","province"};
        if (arr.length ==7) {
            Put put = new Put(Bytes.toBytes(arr[0]));// rowkey
            for(int i=1; i<arr.length; i++) {
                put.addColumn(Bytes.toBytes("f1"), Bytes.toBytes(column[i]),
                    Bytes.toBytes(arr[i]));
            }
            table.put(put); // put to server
        }
    }
    public void get(String rowkey, String columnFamily, String column,
            int versions) throws IOException {
        long st = System.currentTimeMillis();
        Get get = new Get(Bytes.toBytes(rowkey));
        get.addColumn(Bytes.toBytes(columnFamily), Bytes.toBytes(column));
        Scan scanner = new Scan(get);
        scanner.readVersions(versions);
        ResultScanner rsScanner = table.getScanner(scanner);
        for (Result result : rsScanner) {
            final List<Cell> list = result.listCells();
            for (final Cell kv : list) {
                System.out.println(Bytes.toStringBinary(kv.getValueArray()) +"\t"+
                    kv.getTimestamp()); // mid +time
            }
        }
        rsScanner.close();
        long en2 = System.currentTimeMillis();
        System.out.println("Total Time: " + (en2 - st) +" ms");
    }
}
```

上述代码也可以直接到本书官网"下载专区"下载,位于"代码"目录的"第13章"子目录下,文件名是ImportHBase.java。

参照第 5 章的内容,先在 Eclipse 中编写上述代码,并打包成可执行 JAR 包,命名为 ImportHBase.jar;然后在/usr/local/bigdatacase/目录下新建一个 hbase 子目录,用来存放 ImportHBase.jar。

4. 数据导入

现在开始执行数据导入操作。使用上面编写的 Java 程序 ImportHBase.jar,将数据从本地导入 HBase 中。

注意:在导入之前,先清空 user_action 表,在之前已经打开的 HBase Shell 窗口中(也就是在 hbase>命令提示符下)执行下面操作:

```
hbase>truncate 'user_action'
```

下面就可以运行 hadoop jar 命令,来运行刚才的 Java 程序:

```
$/usr/local/hadoop/bin/hadoop jar /usr/local/bigdatacase/hbase/ImportHBase.jar ImportHBase /usr/local/bigdatacase/dataset/user_action.output
```

上面这条命令的含义如表 13-5 所示。

表 13-5 hadoop jar 命令的含义

命 令	含 义
/usr/local/hadoop/bin/hadoop jar	hadoop jar 包执行方式
/usr/local/bigdatacase/hbase/ImportHBase.jar	JAR 包的路径
ImportHBase	主函数入口
/usr/local/bigdatacase/dataset/user_action.output	main 方法接收的参数 args,用来指定输入文件的路径

这个命令大概会执行 3 分钟,执行过程中,屏幕上会打印出执行进度,每执行 10000 条,就打印出一行信息,所以,整个执行过程屏幕上显示如下信息:

```
10000
20000
30000
40000
50000
60000
70000
80000
90000
100000
110000
120000
130000
140000
```

```
150000
160000
170000
180000
190000
200000
210000
220000
230000
240000
250000
260000
270000
280000
290000
300000
Total Time: 259001 ms
```

5. 查看 HBase 中 user_action 表数据

下面，再次切换到 HBase Shell 窗口，执行下面命令查询数据：

```
habse>scan 'user_action',{LIMIT=>10}        #只查询前面10行
```

可以得到类似下面的查询结果：

```
1           column=f1:behavior_type, timestamp=1480298573684, value=1 1
            column=f1:item_category, timestamp=1480298573684, value=4076
1           column=f1:item_id, timestamp=1480298573684, value=285259775
1           column=f1:province, timestamp=1480298573684, value=\xE5\xB9\xBF\
            xE4\xB8\x9C
1           column=f1:uid, timestamp=1480298573684, value=10001082
1           column=f1:visit_date, timestamp=1480298573684, value=2014-12-08
10          column=f1:behavior_type, timestamp=1480298573684, value=1
10          column=f1:item_category, timestamp=1480298573684, value=10894
10          column=f1:item_id, timestamp=1480298573684, value=323339743
10          column=f1:province, timestamp=1480298573684, value=\xE5\xB1\xB1\
            xE4\xB8\x9C
10          column=f1:uid, timestamp=1480298573684, value=10001082
10          column=f1:visit_date, timestamp=1480298573684, value=2014-12-12
100         column=f1:behavior_type, timestamp=1480298573684, value=1
100         column=f1:item_category, timestamp=1480298573684, value=10576
```

100	column=f1:item_id, timestamp=1480298573684, value=275221686
100	column=f1:province, timestamp=1480298573684, value=\xE6\xB9\x96\xE5\x8C\x97
100	column=f1:uid, timestamp=1480298573684, value=10001082
100	column=f1:visit_date, timestamp=1480298573684, value=2014-12-02
1000	column=f1:behavior_type, timestamp=1480298573684, value=1
1000	column=f1:item_category, timestamp=1480298573684, value=3381
1000	column=f1:item_id, timestamp=1480298573684, value=168463559
1000	column=f1:province, timestamp=1480298573684, value=\xE5\xB1\xB1\xE8\xA5\xBF
1000	column=f1:uid, timestamp=1480298573684, value=100068031
1000	column=f1:visit_date, timestamp=1480298573684, value=2014-12-02
10000	column=f1:behavior_type, timestamp=1480298575888, value=1
10000	column=f1:item_category, timestamp=1480298575888, value=12488
10000	column=f1:item_id, timestamp=1480298575888, value=45571867
10000	column=f1:province, timestamp=1480298575888, value=\xE6\xB9\x96\xE5\x8C\x97
10000	column=f1:uid, timestamp=1480298575888, value=100198255
10000	column=f1:visit_date, timestamp=1480298575888, value=2014-12-05
100000	column=f1:behavior_type, timestamp=1480298594850, value=1
100000	column=f1:item_category, timestamp=1480298594850, value=6580
100000	column=f1:item_id, timestamp=1480298594850, value=78973192
100000	column=f1:province, timestamp=1480298594850, value=\xE5\xB1\xB1\xE4\xB8\x9C
100000	column=f1:uid, timestamp=1480298594850, value=101480065
100000	column=f1:visit_date, timestamp=1480298594850, value=2014-11-29
100001	column=f1:behavior_type, timestamp=1480298594850, value=1
100001	column=f1:item_category, timestamp=1480298594850, value=3472
100001	column=f1:item_id, timestamp=1480298594850, value=34929314
100001	column=f1:province, timestamp=1480298594850, value=\xE5\x8C\x97\xE4\xBA\xAC\xE5\xB8\x82
100001	column=f1:uid, timestamp=1480298594850, value=101480065
100001	column=f1:visit_date, timestamp=1480298594850, value=2014-12-15
100002	column=f1:behavior_type, timestamp=1480298594850, value=1
100002	column=f1:item_category, timestamp=1480298594850, value=10392
100002	column=f1:item_id, timestamp=1480298594850, value=401104894
100002	column=f1:province, timestamp=1480298594850, value=\xE6\xB1\x9F\xE8\xA5\xBF
100002	column=f1:uid, timestamp=1480298594850, value=101480065
100002	column=f1:visit_date, timestamp=1480298594850, value=2014-11-29
100003	column=f1:behavior_type, timestamp=1480298594850, value=1
100003	column=f1:item_category, timestamp=1480298594850, value=5894
100003	column=f1:item_id, timestamp=1480298594850, value=217913901

```
100003          column=f1:province, timestamp=1480298594850, value=\xE9\xBB\x91
                \xE9\xBE\x99\xE6\xB1\x9F
100003          column=f1:uid, timestamp=1480298594850, value=101480065
100003          column=f1:visit_date, timestamp=1480298594850, value=2014-12-04
100004          column=f1:behavior_type, timestamp=1480298594850, value=1
100004          column=f1:item_category, timestamp=1480298594850, value=12189
100004          column=f1:item_id, timestamp=1480298594850, value=295053167
100004          column=f1:province, timestamp=1480298594850, value=\xE6\xB5\xB7
                \xE5\x8D\x97
100004          column=f1:uid, timestamp=1480298594850, value=101480065
100004          column=f1:visit_date, timestamp=1480298594850, value=2014-11-26
10 row(s) in 0.6380 seconds
```

至此,步骤(3)的实验内容顺利结束。

13.7 使用 R 进行数据可视化分析

本节介绍安装 R、安装依赖库和可视化分析。

13.7.1 安装 R

Ubuntu 自带的 APT 包管理器中的 R 安装包总是落后于标准版,因此,需要添加新的镜像源,把 APT 包管理中的 R 安装包更新到最新版。

请登录 Linux 系统(这里假设是 Ubuntu 16.04),打开一个终端,并注意保持网络连通,可以访问互联网,因为安装过程要下载各种安装文件。

首先,利用 vim 编辑器打开/etc/apt/sources.list 文件,命令如下:

```
$sudo vim /etc/apt/sources.list
```

把文件里的原始内容清空,在文件中添加阿里云的镜像源,即把如下内容添加到文件中:

```
deb http://mirrors.aliyun.com/ubuntu/ xenial main restricted universe multiverse
deb http://mirrors.aliyun.com/ubuntu/ xenial-security main restricted universe multiverse
deb http://mirrors.aliyun.com/ubuntu/ xenial-updates main restricted universe multiverse
deb http://mirrors.aliyun.com/ubuntu/ xenial-backports main restricted universe multiverse
```

其中,xenial 是 Ubuntu 16.04 的代号,如果操作系统是 Ubuntu 18.04,自行网络调研确定如何添加镜像源。

保存文件退出 vim 编辑器,执行如下命令更新软件源列表:

```
$sudo apt-get update
```

如果更新软件源出现"由于没有公钥无法验证签名"的错误,执行如下命令:

```
$sudo apt-key adv --keyserver keyserver.ubuntu.com --recv-keys 51716619E084DAB9
```

其次,执行如下命令安装 R 语言:

```
$sudo apt-get install r-base
```

系统会提示"您希望继续执行吗?[y/n]",可以直接输入 y,就可以顺利安装结束。安装结束后,可以执行下面命令启动 R:

```
$R
```

启动后,会显示如下信息,并进入>命令提示符状态:

```
R version 3.2.3 (2015-12-10) -- "Wooden Christmas-Tree"
Copyright (C) 2015 The R Foundation for Statistical Computing
Platform: x86_64-pc-linux-gnu (64-bit)

R 是自由软件,不带任何担保。
在某些条件下你可以将其自由散布。
用'license()'或'licence()'来看散布的详细条件。

R 是个合作计划,有许多人为之做出了贡献。
用'contributors()'来看合作者的详细情况。
用'citation()'会告诉你如何在出版物中正确地引用 R 或 R 程序包。
用'demo()'来看一些示范程序,用'help()'来阅读在线帮助文件,或
用'help.start()'通过 HTML 浏览器来看帮助文件。
用'q()'退出 R。
>
```

其中,>就是 R 的命令提示符,可以在后面输入 R 语言命令。
最后,可以执行下面命令退出 R:

```
>q()
```

13.7.2　安装依赖库

为了完成可视化分析功能,需要为 R 安装一些依赖库,包括 RMySQL、ggplot2、devtools 和 recharts。其中,RMySQL 是一个提供了访问 MySQL 数据库的 R 语言接口程序的 R 语言依赖库,ggplot2 和 recharts 则是 R 语言中提供绘图可视化功能的依赖库。

启动 R 进入 R 命令提示符状态,执行如下命令安装 RMySQL：

```
>install.packages('RMySQL')
```

上面命令执行后,屏幕会提示"Would you like to user a personal library instead?（y/n）"等问题,只要遇到提问,都输入 y 后按 Enter 键即可。然后,屏幕会显示"---在此连线阶段时请选用 CRAN 的镜子---",并弹出一个白色背景的竖条形窗口,窗口标题是 HTTPS CRAN mirros,标题下面列出了很多国家的镜像列表,可以选择位于 China 的镜像,例如,选择 China(Beijing)[https],然后单击 OK 按钮,就可以开始安装。安装过程需要几分钟时间,当然,安装过程所需时间,也和当前网络速度有关系。

由于不同用户的 Ubuntu 开发环境不一样,安装过程有很大可能因为缺少组件而导致失败,例如,可能出现如下错误信息：

```
Configuration failed because libmysqlclient was not found. Try installing:
 * deb: libmariadb-client-lgpl-dev (Debian, Ubuntu 16.04)
        libmariadbclient-dev (Ubuntu 14.04)
 * rpm: mariadb-devel | mysql-devel (Fedora, CentOS, RHEL)
 * csw: mysql56_dev (Solaris)
 * brew: mariadb-connector-c (OSX)
................
ERROR: configuration failed for package 'RMySQL'
 * removing '/home/hadoop/R/x86_64-pc-linux-gnu-library/3.3/RMySQL'

下载的程序包在
    '/tmp/RtmpvEArxz/downloaded_packages'里
Warning message:
In install.packages("RMySQL") : 安装程序包'RMySQL'时退出状态的值不是 0
```

如果安装过程出现上述错误信息,那么就需要输入 q(),退出 R 命令提示符状态,回到 Shell 状态;再根据错误信息进行相关操作。例如,如果采用 Ubuntu 16.04 系统,那么根据上面的英文错误信息,就需要在 Shell 命令提示符状态下执行下面命令安装 libmariadb-client-lgpl-dev：

```
$sudo apt-get install libmariadb-client-lgpl-dev
```

再次输入下面命令进入 R 命令提示符状态：

```
$R
```

再次执行如下命令安装 RMySQL(如果前面已经安装成功,就不需要重复安装)：

```
>install.packages('RMySQL')
```

RMySQL 安装成功以后，执行如下命令安装绘图包 ggplot2：

```
>install.packages('ggplot2')
```

上面命令执行后，屏幕会显示"---在此连线阶段时请选用 CRAN 的镜子---"，并会弹出一个白色背景的竖条形窗口，窗口标题是 HTTPS CRAN mirros，标题下面列出了很多国家的镜像列表，我们可以选择位于 China 的镜像，例如，选择 China(Beijing)[https]，然后单击OK 按钮，就开始安装了。如果还出现缺少组件的错误信息，按照上面的处理办法就可以顺利解决。这个命令运行后，大概需要安装 10 分钟时间，当然，安装过程所需时间，也和当前网络速度有关系。

继续运行下面命令安装 devtools：

```
>install.packages('devtools')
```

如果在上面安装 devtools 的过程中，又出现了错误信息，处理方法很简单，还是按照上面介绍的方法，根据屏幕上给出的英文错误信息，缺少什么软件，就用 sudo apt-get install 命令安装该软件即可。例如，在 Ubuntu 16.04 上执行 devtools 安装时，可能出现 3 次错误，根据每次错误的英文提示信息，就需要 4 个软件 libssl-dev、libssh2-1-dev、libcurl4-openssl-dev 和 libxml2-dev，安装命令如下：

```
$sudo apt-get install libssl-dev
$sudo apt-get install libssh2-1-dev
$sudo apt-get install libcurl4-openssl-dev
$sudo apt-get install libxml2-dev
```

在 R 命令提示符下，再执行如下命令安装 taiyun/recharts：

```
>devtools::install_github('taiyun/recharts')
```

13.7.3　可视化分析

以下在分析过程中所使用的函数方法，都可以在 R 命令提示符下使用"?"命令查询函数的相关文档，例如，查询 sort( )函数如何使用，可以使用如下命令：

```
>?sort
```

这时，就会进入冒号":"提示符状态（即帮助文档状态），在冒号后面输入 q，即可退出帮助文档状态，返回到 R 提示符状态。

1. 连接 MySQL，并获取数据

在 Linux 系统中新建另一个终端，执行下面命令启动 MySQL 数据库：

```
$service mysql start
```

屏幕上会弹出窗口提示输入密码，本书的 MySQL 数据库的用户名是 root，密码是 hadoop，所以，直接输入密码 hadoop，就可以成功启动 MySQL 数据库。

下面需要查看 MySQL 数据库中的数据，执行如下命令进入 MySQL 命令提示符状态：

```
$mysql -u root -p
```

系统会提示你输入密码，可以输入密码 hadoop，就可以进入 mysql> 提示符状态。

可以输入一些 SQL 语句查询数据：

```
mysql>use dblab;
mysql>select * from user_action limit 10;
```

上面语句执行后，可以查看到数据库 dblab 中的 user_action 表的前 10 行记录，查询结果如下：

```
+--------+-----------+-----------+----------+----------+------------+---------+
| id     | uid       | item_id   | behavior_| item_    | visit_date | province|
|        |           |           | type     | category |            |         |
+--------+-----------+-----------+----------+----------+------------+---------+
| 225653 | 102865660 | 164310319 | 1        | 5027     | 2014-12-08 | 香港    |
| 225654 | 102865660 | 72511722  | 1        | 1121     | 2014-12-13 | 天津市  |
| 225655 | 102865660 | 334372932 | 1        | 5027     | 2014-11-30 | 江苏    |
| 225656 | 102865660 | 323237439 | 1        | 5027     | 2014-12-02 | 广东    |
| 225657 | 102865660 | 323237439 | 1        | 5027     | 2014-12-07 | 山西    |
| 225658 | 102865660 | 34102362  | 1        | 1863     | 2014-12-13 | 内蒙古  |
| 225659 | 102865660 | 373499226 | 1        | 12388    | 2014-11-26 | 湖北    |
| 225660 | 102865660 | 271583890 | 1        | 5027     | 2014-12-06 | 山西    |
| 225661 | 102865660 | 384764083 | 1        | 5399     | 2014-11-26 | 澳门    |
| 225662 | 102865660 | 139671483 | 1        | 5027     | 2014-12-03 | 广东    |
+--------+-----------+-----------+----------+----------+------------+---------+
10 rows in set (0.00 sec)
```

然后，切换到刚才已经打开的 R 命令提示符终端窗口，使用如下命令让 R 连接到 MySQL 数据库：

```
>library(RMySQL)
>conn <- dbConnect(MySQL(),dbname='dblab',username='root',password='hadoop',
host="127.0.0.1",port=3306)
>user_action <-dbGetQuery(conn,'select * from user_action')
```

注意：上面命令中，"password="后面要更换成自己的 MySQL 数据库密码。

2. 分析消费者对商品的行为

summary()函数可以得到样本数据类型和长度，如果样本是数值型，还能得到样本数据的最小值、最大值、四分位数以及均值信息。首先使用 summary() 函数查看 MySQL 数据库中表 user_action 的字段 behavior_type 的类型，命令如下：

```
>summary(user_action$behavior_type)
```

运行结果如下：

```
Length    Class     Mode
300000 character character
```

可以看出，原来的 MySQL 数据中，表 user_action 的字段 behavior_type 的类型是字符型。这样不方便做比较，需要把 behavior_type 的字段类型转换为数值型，命令如下：

```
>summary(as.numeric(user_action$behavior_type))
```

该命令执行后会得到如下结果：

```
Min. 1st Qu.  Median    Mean 3rd Qu.    Max.
1.000   1.000   1.000   1.105   1.000   4.000
```

接下来，用柱状图展示消费者的行为类型的分布情况，命令如下：

```
>library(ggplot2)
>ggplot(user_action,aes(as.numeric(behavior_type)))+geom_histogram()
```

上面两行命令：第一行 library(ggplot2) 命令用来导入依赖库 ggplot2；第二行命令用于完成绘图。运行结果如图 13-10 所示。

从图 13-10 可以看出，大部分消费者行为仅仅只是浏览，只有很少部分的消费者会购买商品。

3. 分析销量排名前十的商品及其销量

分析销量排名前十的商品及其销量，可以采用如下命令：

```
>temp <-subset(user_action,as.numeric(behavior_type)==4)  #获取子数据集
>count <-sort(table(temp$item_category),decreasing =T)    #排序
>print(count[1:10])                                       #获取第 1～10 的排序结果
```

在上面的命令中，subset() 函数用于从某个数据集中选择出符合某条件的数据或者相关的列。table() 对应的就是统计学中的"列联表"，是一种记录频数的方法。sort() 用来完成排序，返回排序后的数值向量。上述命令执行结果如下：

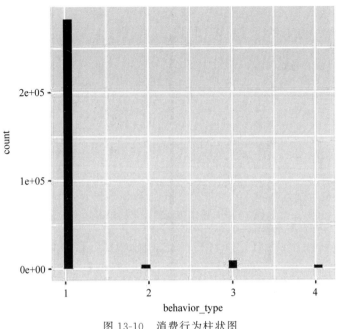

图 13-10 消费行为柱状图

```
 6344    1863    5232   12189    7957    4370   13230   11537    1838    5894
   79      46      45      42      40      34      33      32      31      30
```

上面的执行结果：第一行表示商品分类；第二行表示该类的销量。

4．分析每年的哪个月份销量最大

从 MySQL 直接获取的数据中 visit_date 变量都是 2014 年，并没有划分出具体的月份，因此，需要在数据集中增加一列关于月份的数据，命令如下：

```
>month <- substr(user_action$visit_date,6,7)      #visit_date 变量中截取月份
>user_action <- cbind(user_action,month)          #user_action 增加一列月份数据
```

用柱状图展示消费者在一年的不同月份的购买量情况，命令如下：

```
>ggplot(user_action,aes(as.numeric(behavior_type),col=factor(month)))+geom_
histogram()+facet_grid(.~month)
```

在上面这条命令中，aes()函数中的 col 属性可以用来设置颜色。factor()函数则是把数值变量转换成分类变量，从而可以用不同的颜色表示。如果不使用 factor()函数，颜色将以同一种颜色渐变的形式表现。facet_grid(.~month)表示柱状图按照不同月份进行分区。由于本案例中，MySQL 获取的数据中只有 11 月份和 12 月份的数据，所以，执行结果中只会显示两个表格。上面命令的具体执行结果如图 13-11 所示。

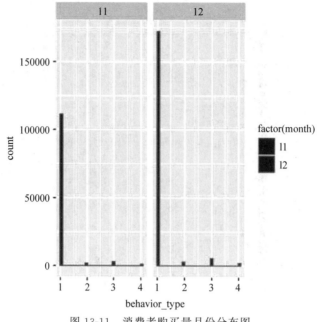

图 13-11 消费者购买量月份分布图

5. 分析国内哪个省份的消费者最有购买欲望

可以使用如下语句来分析国内各省份的消费者的购买情况:

```
>library(recharts)
>rel <-as.data.frame(table(temp$province))
>provinces <-rel$Var1
>x=c()
>for(n in provinces){
>x[length(x)+1] =nrow(subset(temp,(province==n)))
>}
>mapData <-data.frame(province=rel$Var1,count=x, stringsAsFactors=F)
                                                                    #设置地图信息
>eMap(mapData, namevar=~province, datavar =~count)                  #画出中国地图
```

在上面的命令语句中,nrow()用来计算数据集的行数。

13.8 本章小结

综合实验案例是大数据技术体系学习的重要内容,可以帮助读者形成对大数据技术综合运用方法的全局性认识,让前面各章所学的技术有效融会贯通,通过多种技术的组合来解决实际应用问题。本章的综合实验案例涵盖了 Linux、MySQL、Hadoop、HBase、Hive、R、Eclipse 等系统和软件的安装和使用方法,这些软件的安装和使用方法,被有效融合到实验的各个流程,可以有效加深对各种技术的理解。

第 14 章

实　　验

14.1 实验一：熟悉常用的 Linux 操作和 Hadoop 操作

本实验对应第 3 章的内容。

14.1.1 实验目的

Hadoop 运行在 Linux 系统上，因此，需要学习实践一些常用的 Linux 命令。本实验旨在熟悉常用的 Linux 操作和 Hadoop 操作，为顺利开展后续其他实验奠定基础。

14.1.2 实验平台

(1) 操作系统：Linux(建议 Ubuntu 16.04 或 Ubuntu 18.04)。

(2) Hadoop 版本：3.1.3。

14.1.3 实验步骤

1. 熟悉常用的 Linux 操作

1) cd 命令：切换目录

(1) 切换到目录/usr/local。

(2) 切换到当前目录的上一级目录。

(3) 切换到当前登录 Linux 系统的用户自己的主文件夹。

2) ls 命令：查看文件与目录

查看目录/usr 下的所有文件和目录。

3) mkdir 命令：新建目录

(1) 进入/tmp 目录，创建一个名为 a 的目录，并查看/tmp 目录下已经存在哪些目录。

(2) 进入/tmp 目录，创建目录 a1/a2/a3/a4。

4) rmdir 命令：删除空的目录

(1) 将上面创建的目录 a(在/tmp 目录下面)删除。

(2) 删除上面创建的目录 a1/a2/a3/a4(在/tmp 目录下面)，并查看/tmp 目录下面存在哪些目录。

5) cp 命令：复制文件或目录
（1）将当前用户的主文件夹下的文件.bashrc 复制到目录/usr 下，并重命名为 bashrc1。
（2）在目录/tmp 下新建目录 test，再把这个目录复制到/usr 目录下。

6) mv 命令：移动文件与目录，或重命名
（1）将/usr 目录下的文件 bashrc1 移动到/usr/test 目录下。
（2）将/usr 目录下的 test 目录重命名为 test2。

7) rm 命令：移除文件或目录
（1）将/usr/test2 目录下的 bashrc1 文件删除。
（2）将/usr 目录下的 test2 目录删除。

8) cat 命令：查看文件内容
查看当前用户主文件夹下的.bashrc 文件的内容。

9) tac 命令：反向查看文件内容
反向查看当前用户主文件夹下的.bashrc 文件的内容。

10) more 命令：一页一页翻动查看
翻页查看当前用户主文件夹下的.bashrc 文件的内容。

11) head 命令：取出前面几行
（1）查看当前用户主文件夹下.bashrc 文件的内容的前 20 行。
（2）查看当前用户主文件夹下.bashrc 文件的内容，后面 50 行不显示，只显示前面几行。

12) tail 命令：取出后面几行
（1）查看当前用户主文件夹下.bashrc 文件的内容的最后 20 行。
（2）查看当前用户主文件夹下.bashrc 文件的内容，并且只列出 50 行以后的数据。

13) touch 命令：修改文件时间或创建新文件
（1）在/tmp 目录下创建一个空文件 hello，并查看文件时间。
（2）修改 hello 文件，将文件时间调整为 5 天前。

14) chown 命令：修改文件所有者的权限
将 hello 文件所有者改为 root 账号，并查看属性。

15) find 命令：文件查找
找出主文件夹下文件名为.bashrc 的文件。

16) tar 命令：压缩命令
（1）在根目录"/"下新建文件夹 test，再在根目录"/"下打包成 test.tar.gz。
（2）把上面的 test.tar.gz 压缩包解压缩到/tmp 目录。

17) grep 命令：查找字符串
从～/.bashrc 文件中查找字符串'examples'。

18）配置环境变量

（1）在~/.bashrc 中设置，配置 Java 环境变量。

（2）查看 JAVA_HOME 变量的值。

2．熟悉常用的 Hadoop 操作

（1）使用 hadoop 用户登录 Linux 系统，启动 Hadoop（Hadoop 的安装目录为/usr/local/hadoop），为 hadoop 用户在 HDFS 中创建用户目录/user/hadoop。

（2）在 HDFS 的目录/user/hadoop 下，创建 test 文件夹，并查看文件列表。

（3）将 Linux 系统本地的~/.bashrc 文件上传到 HDFS 的 test 文件夹中，并查看 test。

（4）将 HDFS 文件夹 test 复制到 Linux 系统本地文件系统的/usr/local/hadoop 目录下。

14.1.4　实验报告

实验报告如表 14-1 所示。

表 14-1　实验报告

实 验 报 告			
题　目		姓　名		日　期	
实验环境：			
实验内容与完成情况：			
出现的问题：			
解决方案（列出遇到的问题和解决办法，列出没有解决的问题）：			

注：实验答案见附录 A。

14.2　实验二：熟悉常用的 HDFS 操作

本实验对应第 4 章的内容。

14.2.1　实验目的

（1）理解 HDFS 在 Hadoop 体系结构中的角色。

（2）熟练使用 HDFS 操作常用的 Shell 命令。

（3）熟悉 HDFS 操作常用的 Java API。

14.2.2　实验平台

（1）操作系统：Linux（建议 Ubuntu 16.04 或 Ubuntu 18.04）。

（2）Hadoop 版本：3.1.3。

（3）JDK 版本：1.8。

（4）Java IDE：Eclipse。

14.2.3 实验步骤

(1) 编程实现以下功能,并利用 Hadoop 提供的 Shell 命令完成相同任务。

① 向 HDFS 中上传任意文本文件,如果指定的文件在 HDFS 中已经存在,则由用户来指定是追加到原有文件末尾还是覆盖原有的文件。

② 从 HDFS 中下载指定文件,如果本地文件与要下载的文件名相同,则自动对下载的文件重命名。

③ 将 HDFS 中指定文件的内容输出到终端中。

④ 显示 HDFS 中指定的文件的读写权限、大小、创建时间、路径等信息。

⑤ 给定 HDFS 中某个目录,输出该目录下的所有文件的读写权限、大小、创建时间、路径等信息,如果该文件是目录,则递归输出该目录下所有文件相关信息。

⑥ 提供一个 HDFS 内的文件的路径,对该文件进行创建和删除操作。如果文件所在目录不存在,则自动创建目录。

⑦ 提供一个 HDFS 目录的路径,对该目录进行创建和删除操作。创建目录时,如果目录文件所在目录不存在,则自动创建相应目录;删除目录时,由用户指定当该目录不为空时是否还删除该目录。

⑧ 向 HDFS 中指定的文件追加内容,由用户指定内容追加到原有文件的开头或结尾。

⑨ 删除 HDFS 中指定的文件。

⑩ 在 HDFS 中,将文件从源路径移动到目的路径。

(2) 编程实现一个类 MyFSDataInputStream,该类继承 org.apache.hadoop.fs.FSDataInputStream,要求如下:实现按行读取 HDFS 中指定文件的方法 readLine(),如果读到文件末尾,则返回空;否则,返回文件一行的文本。

(3) 查看 Java 帮助手册或其他资料,用 java.net.URL 和 org.apache.hadoop.fs.FsURLStreamHandlerFactory 编程完成输出 HDFS 中指定文件的文本到终端中。

14.2.4 实验报告

实验报告如表 14-2 所示。

表 14-2 实验报告

实 验 报 告					
题 目		姓 名		日 期	
实验环境:					
实验内容与完成情况:					
出现的问题:					
解决方案(列出遇到的问题和解决办法,列出没有解决的问题):					

注:实验答案见附录 A。

14.3 实验三：熟悉常用的 HBase 操作

本实验对应第 5 章的内容。

14.3.1 实验目的

（1）理解 HBase 在 Hadoop 体系结构中的角色。
（2）熟练使用 HBase 操作常用的 Shell 命令。
（3）熟悉 HBase 操作常用的 Java API。

14.3.2 实验平台

（1）操作系统：Linux(建议 Ubuntu 16.04 或 Ubuntu 18.04)。
（2）Hadoop 版本：3.1.3。
（3）HBase 版本：2.2.2。
（4）JDK 版本：1.8。
（5）Java IDE：Eclipse。

14.3.3 实验步骤

1. 编程实现以下指定功能，并用 Hadoop 提供的 HBase Shell 命令完成相同任务

（1）列出 HBase 所有表的相关信息，例如表名。
（2）在终端打印出指定表的所有记录数据。
（3）向已经创建的表添加和删除指定的列族或列。
（4）清空指定的表的所有记录数据。
（5）统计表的行数。

2. HBase 数据库操作

（1）现有以下关系数据库中的表和数据（见表 14-3～表 14-5），要求将其转换为适合于 HBase 存储的表并插入数据。

表 14-3　学生表(Student)

学号(S_No)	姓名(S_Name)	性别(S_Sex)	年龄(S_Age)
2015001	Zhangsan	male	23
2015002	Mary	female	22
2015003	Lisi	male	24

表 14-4　课程表（Course）

课程号（C_No）	课程名（C_Name）	学分（C_Credit）
123001	Math	2.0
123002	Computer	5.0
123003	English	3.0

表 14-5　选课表（SC）

学号（SC_Sno）	课程号（SC_Cno）	成绩（SC_Score）
2015001	123001	86
2015001	123003	69
2015002	123002	77
2015002	123003	99
2015003	123001	98
2015003	123002	95

（2）编程实现以下功能。

① createTable(String tableName, String[] fields)。

创建表，参数 tableName 为表的名称，字符串数组 fields 为存储记录各字段名的数组。要求当 HBase 已经存在名为 tableName 的表时，先删除原有的表，再创建新的表。

② addRecord(String tableName, String row, String[] fields, String[] values)。

向表 tableName、行 row（用 S_Name 表示）和字符串数组 fields 指定的单元格中添加对应的数据 values。其中，fields 中每个元素如果对应的列族下还有相应的列限定符，用"columnFamily:column"表示。例如，同时向 Math、Computer、English 三列添加成绩时，字符串数组 fields 为{"Score:Math","Score:Computer","Score:English"}，数组 values 存储这三门课的成绩。

③ scanColumn(String tableName, String column)。

浏览表 tableName 某列的数据，如果某行记录中该列数据不存在，则返回 null。要求当参数 column 为某列族名时，如果底下有若干个列限定符，则要列出每个列限定符代表的列的数据；当参数 column 为某列具体名（例如"Score:Math"）时，只需要列出该列的数据。

④ modifyData(String tableName, String row, String column)。

修改表 tableName，即修改行 row（可以用学生姓名 S_Name 表示）、列 column 指定的单元格的数据。

⑤ deleteRow(String tableName, String row)。

删除表 tableName 中 row 指定的行的记录。

14.3.4　实验报告

实验报告如表 14-6 所示。

表 14-6 实验报告

实 验 报 告					
题 目		姓 名		日 期	
实验环境：					
实验内容与完成情况：					
出现的问题：					
解决方案（列出遇到的问题和解决办法，列出没有解决的问题）：					

注：实验答案见附录 A。

14.4 实验四：NoSQL 和关系数据库的操作比较

本实验对应第 6 章的内容。

14.4.1 实验目的

（1）理解 4 种数据库（MySQL、HBase、Redis 和 MongoDB）的概念及不同点。

（2）熟练使用 4 种数据库操作常用的 Shell 命令。

（3）熟悉 4 种数据库操作常用的 Java API。

14.4.2 实验平台

（1）操作系统：Linux（建议 Ubuntu 16.04 或 Ubuntu 18.04）。

（2）Hadoop 版本：3.1.3。

（3）MySQL 版本：5.6。

（4）HBase 版本：2.2.2。

（5）Redis 版本：5.0.5。

（6）MongoDB 版本：4.0.16。

（7）JDK 版本：1.8。

（8）Java IDE：Eclipse。

14.4.3 实验步骤

1. MySQL 数据库操作

Student 表如表 14-7 所示。

表 14-7 Student 表

name	English	Math	Computer
zhangsan	69	86	77
lisi	55	100	88

(1) 根据上面给出的 Student 表,在 MySQL 数据库中完成如下操作。

① 在 MySQL 中创建 Student 表,并录入数据。

② 用 SQL 语句输出 Student 表中的所有记录。

③ 查询 zhangsan 的 Computer 成绩。

④ 修改 lisi 的 Math 成绩,改为 95。

(2) 根据上面已经设计出的 Student 表,使用 MySQL 的 Java 客户端编程实现以下操作。

① 向 Student 表中添加如下一条记录:

| scofield | 45 | 89 | 100 |

② 获取 scofield 的 English 成绩信息。

2. HBase 数据库操作

Student 表如表 14-8 所示。

表 14-8 Student 表

name	score		
	English	Math	Computer
zhangsan	69	86	77
lisi	55	100	88

(1) 根据上面给出的 Student 表的信息,执行如下操作。

① 用 Hbase Shell 命令创建学生表 Student。

② 用 scan 命令浏览 Student 表的相关信息。

③ 查询 zhangsan 的 Computer 成绩。

④ 修改 lisi 的 Math 成绩,改为 95。

(2) 根据上面已经设计出的 Student 表,用 HBase API 编程实现以下操作。

① 添加数据:English 为 45,Math 为 89,Computer 为 100。

| scofield | 45 | 89 | 100 |

② 获取 scofield 的 English 成绩信息。

3. Redis 数据库操作

Student 键值对如下:

```
zhangsan:{
        English: 69
        Math: 86
        Computer: 77
```

```
}
lisi:{
        English: 55
        Math: 100
        Computer: 88
}
```

(1) 根据上面给出的键值对,完成如下操作。

① 用 Redis 的哈希结构设计出学生表 Student(键值可以用 student.zhangsan 和 student.lisi 表示两个键值属于同一个表)。

② 用 hgetall 命令分别输出 zhangsan 和 lisi 的成绩信息。

③ 用 hget 命令查询 zhangsan 的 Computer 成绩。

④ 修改 lisi 的 Math 成绩,改为 95。

(2) 根据上面已经设计出的学生表 Student,用 Redis 的 Java 客户端编程(jedis),实现如下操作。

① 添加数据:English 为 45,Math 为 89,Computer 为 100。该数据对应的键值对形式如下:

```
scofield:{
        English: 45
        Math: 89
        Computer: 100
}
```

② 获取 scofield 的 English 成绩信息。

4. MongoDB 数据库操作

Student 文档如下:

```
{
    "name": "zhangsan",
    "score": {
        "English": 69,
        "Math": 86,
        "Computer": 77
    }
}
{
    "name": "lisi",
    "score": {
        "English": 55,
```

```
            "Math": 100,
            "Computer": 88
        }
    }
```

(1) 根据上面给出的文档,完成如下操作。

① 用 MongoDB Shell 设计出 student 集合。

② 用 find() 方法输出两个学生的信息。

③ 用 find 函数查询 zhangsan 的所有成绩(只显示 score 列)。

④ 修改 lisi 的 Math 成绩,改为 95。

(2) 根据上面已经设计出的 Student 集合,用 MongoDB 的 Java 客户端编程,实现如下操作。

① 添加数据:English 为 45,Math 为 89,Computer 为 100。

与上述数据对应的文档形式如下:

```
{
    "name": "scofield",
    "score": {
        "English": 45,
        "Math": 89,
        "Computer": 100
    }
}
```

② 获取 scofield 的所有成绩信息(只显示 score 列)。

14.4.4 实验报告

实验报告如表 14-9 所示。

表 14-9 实验报告

实 验 报 告					
题目		姓名		日期	
实验环境:					
实验内容与完成情况:					
出现的问题:					
解决方案(列出遇到的问题和解决办法,列出没有解决的问题):					

注:实验答案见附录 A。

14.5 实验五：MapReduce 初级编程实践

本实验对应第 7 章的内容。

14.5.1 实验目的

（1）通过实验掌握基本的 MapReduce 编程方法。

（2）掌握用 MapReduce 解决一些常见的数据处理问题，包括数据去重、数据排序和数据挖掘等。

14.5.2 实验平台

（1）操作系统：Linux（建议 Ubuntu 16.04 或 Ubuntu 18.04）。

（2）Hadoop 版本：3.1.3。

14.5.3 实验步骤

1. 编程实现文件合并和去重操作

对于两个输入文件，即文件 A 和文件 B，编写 MapReduce 程序，对两个文件进行合并，并剔除其中重复的内容，得到一个新的输出文件 C。下面是输入文件和输出文件的一个样例供参考。

输入文件 A 的样例如下：

```
20170101     x
20170102     y
20170103     x
20170104     y
20170105     z
20170106     x
```

输入文件 B 的样例如下：

```
20170101     y
20170102     y
20170103     x
20170104     z
20170105     y
```

根据输入文件 A 和 B 合并得到的输出文件 C 的样例如下：

```
20170101     x
20170101     y
```

```
20170102    y
20170103    x
20170104    y
20170104    z
20170105    y
20170105    z
20170106    x
```

2. 编写程序实现对输入文件的排序

现在有多个输入文件，每个文件中的每行内容均为一个整数。要求读取所有文件中的整数，进行升序排序后，输出到一个新的文件中，输出的数据格式为每行两个整数，第一个数字为第二个整数的排序位次，第二个整数为原待排列的整数。下面是输入文件和输出文件的一个样例供参考。

输入文件 1 的样例如下：

```
33
37
12
40
```

输入文件 2 的样例如下：

```
4
16
39
5
```

输入文件 3 的样例如下：

```
1
45
25
```

根据输入文件 1、2 和 3 得到的输出文件如下：

```
1    1
2    4
3    5
4    12
5    16
6    25
```

```
7   33
8   37
9   39
10  40
11  45
```

3. 对给定的表格进行信息挖掘

下面给出一个 child-parent 的表格,要求挖掘其中的父子关系,给出祖孙关系的表格。

输入文件内容如下:

```
child           parent
Steven          Lucy
Steven          Jack
Jone            Lucy
Jone            Jack
Lucy            Mary
Lucy            Frank
Jack            Alice
Jack            Jesse
David           Alice
David           Jesse
Philip          David
Philip          Alma
Mark            David
Mark            Alma
```

输出文件内容如下:

```
grandchild      grandparent
Steven          Alice
Steven          Jesse
Jone            Alice
Jone            Jesse
Steven          Mary
Steven          Frank
Jone            Mary
Jone            Frank
Philip          Alice
Philip          Jesse
Mark            Alice
Mark            Jesse
```

14.5.4　实验报告

实验报告如表 14-10 所示。

表 14-10 实验报告

实 验 报 告				
题 目		姓 名	日 期	
实验环境：				
解决问题的思路：				
实验内容与完成情况：				
出现的问题：				
解决方案(列出遇到的问题和解决办法,列出没有解决的问题)：				

注：实验答案见附录 A。

14.6 实验六：熟悉 Hive 的基本操作

本实验对应第 8 章的内容。

14.6.1 实验目的

（1）理解 Hive 作为数据仓库在 Hadoop 体系结构中的角色。

（2）熟练使用常用的 HiveQL。

14.6.2 实验平台

（1）操作系统：Linux(建议 Ubuntu 18.04 或 Ubuntu 16.04)。

（2）Hadoop 版本：3.1.3。

（3）Hive 版本：3.1.2。

（4）JDK 版本：1.8。

14.6.3 数据集

可以到本书官网"下载专区"的"数据集"目录中下载数据文件 prog-hive-1st-ed-data.zip,解压后可以得到本实验所需的 stocks.csv 和 dividends.csv 两个文件。

14.6.4 实验步骤

（1）创建一个内部表 stocks,字段分隔符为英文逗号,表结构如表 14-11 所示。

表 14-11 stocks 表结构

col_name	data_type	col_name	data_type
exchange	string	price_low	float
symbol	string	price_close	float
ymd	string	volume	int
price_open	float	price_adj_close	float
price_high	float		

（2）创建一个外部分区表 dividends（分区字段为 exchange 和 symbol），字段分隔符为英文逗号，表结构如表 14-12 所示。

表 14-12　dividends 表结构

col_name	data_type	col_name	data_type
ymd	string	exchange	string
dividend	float	symbol	string

（3）从 stocks.csv 文件向 stocks 表中导入数据。

（4）创建一个未分区的外部表 dividends_unpartitioned，并从 dividends.csv 向其中导入数据，表结构如表 14-13 所示。

表 14-13　dividends_unpartitioned 表结构

col_name	data_type	col_name	data_type
ymd	string	exchange	string
dividend	float	symbol	string

（5）通过对 dividends_unpartitioned 的查询语句，利用 Hive 自动分区特性向分区表 dividends 各个分区中插入对应数据。

（6）查询 IBM 公司（symbol＝IBM）从 2000 年起所有支付股息的交易日（dividends 表中有对应记录）的收盘价（price_close）。

（7）查询苹果公司（symbol＝AAPL）2008 年 10 月每个交易日的涨跌情况，涨显示 rise，跌显示 fall，不变显示 unchange。

（8）查询 stocks 表中收盘价（price_close）比开盘价（price_open）高得最多的那条记录的交易所（exchange）、股票代码（symbol）、日期（ymd）、收盘价、开盘价及二者差价。

（9）从 stocks 表中查询苹果公司（symbol＝AAPL）年平均调整后收盘价（price_adj_close）大于 50 美元的年份及年平均调整后收盘价。

（10）查询每年年平均调整后收盘价（price_adj_close）前三名的公司的股票代码及年平均调整后收盘价。

14.6.5　实验报告

实验报告如表 14-14 所示。

表 14-14　实验报告

实 验 报 告					
题　目		姓　名		日　期	
实验环境：					
解决问题的思路：					
实验内容与完成情况：					
出现的问题：					
解决方案（列出遇到的问题和解决办法，列出没有解决的问题）：					

注：实验答案见附录 A。

14.7 实验七：Spark 初级编程实践

本实验对应第 9 章的内容。

14.7.1 实验目的

(1) 掌握使用 Spark 访问本地文件和 HDFS 文件的方法。
(2) 掌握 Spark 应用程序的编写、编译和运行方法。

14.7.2 实验平台

(1) 操作系统：Linux(建议 Ubuntu 18.04 或 Ubuntu 16.04)。
(2) Spark 版本：2.4.0。
(3) Hadoop 版本：3.1.3。

14.7.3 实验步骤

1. Spark 读取文件系统的数据

(1) 在 spark-shell 中读取 Linux 系统本地文件/home/hadoop/test.txt，统计出文件的行数。

(2) 在 spark-shell 中读取 HDFS 文件/user/hadoop/test.txt(如果该文件不存在，先创建)，统计出文件的行数。

(3) 编写独立应用程序(推荐使用 Scala 语言)，读取 HDFS 文件/user/hadoop/test.txt(如果该文件不存在，先创建)，统计出文件的行数；通过 sbt 工具将整个应用程序编译打包成 JAR 包，并将生成的 JAR 包通过 spark-submit 提交到 Spark 中运行命令。

2. 编写独立应用程序实现数据去重

对于两个输入文件 A 和 B，编写 Spark 独立应用程序(推荐使用 Scala 语言)，对两个文件进行合并，并剔除其中重复的内容，得到一个新文件 C。下面是输入文件和输出文件的一个样例供参考。

输入文件 A 的样例如下：

```
20170101    x
20170102    y
20170103    x
20170104    y
20170105    z
20170106    z
```

输入文件 B 的样例如下：

```
20170101    y
20170102    y
20170103    x
20170104    z
20170105    y
```

根据输入文件 A 和 B 合并得到的输出文件 C 的样例如下：

```
20170101    x
20170101    y
20170102    y
20170103    x
20170104    y
20170104    z
20170105    y
20170105    z
20170106    z
```

3. 编写独立应用程序实现求平均值问题

每个输入文件表示班级学生某个学科的成绩，每行内容由两个字段组成，第一个是学生名字，第二个是学生的成绩；编写 Spark 独立应用程序求出所有学生的平均成绩，并输出到一个新文件中。下面是输入文件和输出文件的一个样例供参考。

Algorithm 成绩的样例如下：

```
小明 92
小红 87
小新 82
小丽 90
```

Database 成绩的样例如下：

```
小明 95
小红 81
小新 89
小丽 85
```

Python 成绩的样例如下：

```
小明 82
小红 83
小新 94
小丽 91
```

平均成绩的样例如下：

```
小明,89.67
小红,83.67
小新,88.33
小丽,88.67
```

14.7.4 实验报告

实验报告如表 14-15 所示。

表 14-15　实验报告

实 验 报 告			
题　目		姓　名		日　期
实验环境：			
解决问题的思路：			
实验内容与完成情况：			
出现的问题：			
解决方案（列出遇到的问题和解决办法，列出没有解决的问题）：			

注：实验答案见附录 A。

14.8　实验八：Flink 初级编程实践

本实验对应第 10 章的内容。

14.8.1　实验目的

（1）通过实验掌握基本的 Flink 编程方法。
（2）掌握用 IntelliJ IDEA 工具编写 Flink 程序的方法。

14.8.2　实验平台

（1）操作系统：Linux（建议 Ubuntu 18.04 或 Ubuntu 16.04）。
（2）Flink 版本：1.9.1。
（3）IntelliJ IDEA。

14.8.3　实验步骤

1. 使用 IntelliJ IDEA 工具开发 WordCount 程序

在 Linux 系统中安装 IntelliJ IDEA，使用 IntelliJ IDEA 工具开发 WordCount 程序，并打包成 JAR 文件，提交到 Flink 中运行。

2. 数据流词频统计

使用 Linux 系统自带的 NC 程序模拟生成数据流,不断产生单词并发送出去。编写 Flink 程序对 NC 程序发来的单词进行实时处理,计算词频,并把词频统计结果输出。要求先在 IntelliJ IDEA 中开发和调试程序,再打成 JAR 包部署到 Flink 中运行。

14.8.4 实验报告

实验报告如表 14-16 所示。

表 14-16 实验报告

实 验 报 告					
题 目		姓 名		日 期	
实验环境:						
解决问题的思路:						
实验内容与完成情况:						
出现的问题:						
解决方案(列出遇到的问题和解决办法,列出没有解决的问题):						

注:实验答案见附录 A。

附录 A

实验参考答案

本部分内容为第 14 章 8 个实验中实验步骤的参考答案,8 个实验如下。
(1) 实验一:熟悉常用的 Linux 操作和 Hadoop 操作。
(2) 实验二:熟悉常用的 HDFS 操作。
(3) 实验三:熟悉常用的 HBase 操作。
(4) 实验四:NoSQL 和关系数据库的操作比较。
(5) 实验五:MapReduce 初级编程实践。
(6) 实验六:熟悉 Hive 的基本操作。
(7) 实验七:Spark 初级编程实践。
(8) 实验八:Flink 初级编程实践。

为了方便读者直接使用答案中的代码,本书官网"下载专区"的"实验答案"目录下,提供了"附录 A"内容的电子书。

A.1 "实验一:熟悉常用的 Linux 操作和 Hadoop 操作"实验步骤

1. 熟悉常用的 Linux 操作

1) cd 命令:切换目录
(1) 切换到目录/usr/local。

```
$cd /usr/local
```

(2) 切换到当前目录的上一级目录。

```
$cd ..
```

(3) 切换到当前登录 Linux 系统的用户自己的主文件夹。

```
$cd ~
```

2) ls 命令:查看文件与目录
查看目录/usr 下的所有文件和目录。

```
$cd /usr
$ls -al
```

3) mkdir 命令：新建目录

（1）进入/tmp 目录，创建一个名为 a 的目录，并查看/tmp 目录下已经存在哪些目录。

```
$cd /tmp
$mkdir a
$ls -al
```

（2）进入/tmp 目录，创建目录 a1/a2/a3/a4。

```
$cd /tmp
$mkdir -p a1/a2/a3/a4
```

4) rmdir 命令：删除空的目录

（1）将上面创建的目录 a（在/tmp 目录下面）删除。

```
$cd /tmp
$rmdir a
```

（2）删除上面创建的目录 a1/a2/a3/a4（在/tmp 目录下面），再查看/tmp 目录下面存在哪些目录。

```
$cd /tmp
$rmdir -p a1/a2/a3/a4
$ls -al
```

5) cp 命令：复制文件或目录

（1）将当前用户的主文件夹下的文件.bashrc 复制到目录/usr 下，并重命名为 bashrc1。

```
$sudo cp ~/.bashrc /usr/bashrc1
```

（2）在目录/tmp 下新建目录 test，再把这个目录复制到/usr 目录下。

```
$cd /tmp
$mkdir test
$sudo cp -r /tmp/test /usr
```

6) mv 命令：移动文件与目录，或重命名

（1）将/usr 目录下的文件 bashrc1 移动到/usr/test 目录下。

```
$sudo mv /usr/bashrc1 /usr/test
```

(2) 将/usr 目录下的 test 目录重命名为 test2。

```
$sudo mv /usr/test /usr/test2
```

7) rm 命令：移除文件或目录

(1) 将/usr/test2 目录下的 bashrc1 文件删除。

```
$sudo rm /usr/test2/bashrc1
```

(2) 将/usr 目录下的 test2 目录删除。

```
$sudo rm -r /usr/test2
```

8) cat 命令：查看文件内容

查看当前用户主文件夹下的.bashrc 文件的内容。

```
$cat ~/.bashrc
```

9) tac 命令：反向查看文件内容

反向查看当前用户主文件夹下的.bashrc 文件的内容。

```
$tac ~/.bashrc
```

10) more 命令：一页一页翻动查看

翻页查看当前用户主文件夹下的.bashrc 文件的内容。

```
$more ~/.bashrc
```

11) head 命令：取出前面几行

(1) 查看当前用户主文件夹下.bashrc 文件的内容的前 20 行。

```
$head -n 20 ~/.bashrc
```

(2) 查看当前用户主文件夹下.bashrc 文件的内容，后面 50 行不显示，只显示前面几行。

```
$head -n -50 ~/.bashrc
```

12) tail 命令：取出后面几行

(1) 查看当前用户主文件夹下.bashrc 文件的内容的最后 20 行。

```
$tail -n 20 ~/.bashrc
```

(2) 查看当前用户主文件夹下.bashrc 文件的内容,并且只列出 50 行以后的数据。

```
$tail -n +50 ~/.bashrc
```

13) touch 命令:修改文件时间或创建新文件
(1) 在/tmp 目录下创建一个空文件 hello,并查看文件时间。

```
$cd /tmp
$touch hello
$ls -l hello
```

(2) 修改 hello 文件,将文件时间调整为 5 天前。

```
$touch -d "5 days ago" hello
```

14) chown 命令:修改文件所有者权限
将 hello 文件所有者改为 root 账号,并查看属性。

```
$sudo chown root /tmp/hello
$ls -l /tmp/hello
```

15) find 命令:文件查找
找出主文件夹下文件名为.bashrc 的文件。

```
$find ~ -name .bashrc
```

16) tar 命令:压缩命令
(1) 在根目录"/"下新建文件夹 test,再在根目录"/"下打包成 test.tar.gz。

```
$sudo mkdir /test
$sudo tar -zcv -f /test.tar.gz test
```

(2) 把上面的 test.tar.gz 压缩包解压缩到/tmp 目录。

```
$sudo tar -zxv -f /test.tar.gz -C /tmp
```

17) grep 命令:查找字符串
从~/.bashrc 文件中查找字符串'examples'。

```
$grep -n 'examples' ~/.bashrc
```

18) 配置环境变量

(1) 在~/.bashrc 中设置,配置 Java 环境变量。

首先使用 vim 编辑器打开文件~/.bashrc,命令如下:

```
$vim ~/.bashrc
```

其次在该文件的最上面加入一行如下形式的语句:

```
export JAVA_HOME=JDK 安装路径
```

最后执行如下命令使得环境变量配置生效:

```
$source ~/.bashrc
```

(2) 查看 JAVA_HOME 变量的值。

```
$echo $JAVA_HOME
```

2. 熟悉常用的 Hadoop 操作

(1) 使用 hadoop 用户登录 Linux 系统,启动 Hadoop(Hadoop 的安装目录为/usr/local/hadoop),为 hadoop 用户在 HDFS 中创建用户目录/user/hadoop。

```
$cd /usr/local/hadoop
$./sbin/start-dfs.sh
$./bin/hdfs dfs -mkdir -p /user/hadoop
```

(2) 在 HDFS 的目录/user/hadoop 下,创建 test 文件夹,并查看文件列表。

```
$cd /usr/local/hadoop
$./bin/hdfs dfs -mkdir test
$./bin/hdfs dfs -ls.
```

(3) 将 Linux 系统本地的~/.bashrc 文件上传到 HDFS 的 test 文件夹中,并查看 test。

```
$cd /usr/local/hadoop
$./bin/hdfs dfs -put ~/.bashrc test
$./bin/hdfs dfs -ls test
```

(4) 将 HDFS 文件夹 test 复制到 Linux 系统本地文件系统的/usr/local/hadoop 目录下。

```
$cd /usr/local/hadoop
$./bin/hdfs dfs -get test./
```

A.2 "实验二：熟悉常用的 HDFS 操作"实验步骤

（1）编程实现以下功能，并利用 Hadoop 提供的 Shell 命令完成相同任务。

① 向 HDFS 中上传任意文本文件，如果指定的文件在 HDFS 中已经存在，则由用户来指定是追加到原有文件末尾还是覆盖原有的文件。

a. Shell 命令。

检查文件是否存在，可以使用如下命令：

```
$cd /usr/local/hadoop
$./bin/hdfs dfs -test -e text.txt
```

执行完上述命令不会输出结果，需要继续输入命令查看结果：

```
$echo $?
```

如果结果显示文件已经存在，则用户可以选择追加到原来文件末尾或者覆盖原来文件，具体命令如下：

```
$cd /usr/local/hadoop
$./bin/hdfs dfs -appendToFile local.txt text.txt      #追加到原文件末尾
$./bin/hdfs dfs -copyFromLocal -f local.txt text.txt  #覆盖原来文件,第一种命令形式
$./bin/hdfs dfs -cp -f file:///home/hadoop/local.txt text.txt
                                                      #覆盖原来文件,第二种命令形式
```

实际上也可以不用上述方式，而是采用如下命令来实现：

```
$if $(hdfs dfs -test -e text.txt);
$then $(hdfs dfs -appendToFile local.txt text.txt);
$else $(hdfs dfs -copyFromLocal -f local.txt text.txt);
$fi
```

上述代码可视为一行代码，在终端中输入第 1 行代码后，代码不会立即被执行，可以继续输入第 2 行代码和第 3 行代码，直到输入 fi 以后，上述代码才会真正执行。另外，上述代码中直接使用了 hdfs 命令，而没有给出命令的路径，因为，这里假设已经配置了 PATH 环境变量，把 hdfs 命令的路径/usr/local/hadoop/bin 写入了 PATH 环境变量中。

b. Java 代码。

```
import org.apache.hadoop.conf.Configuration;
import org.apache.hadoop.fs.*;
import java.io.*;

public class HDFSApi {
```

```java
/**
 * 判断路径是否存在
 */
public static boolean test(Configuration conf, String path) throws
IOException {
    FileSystem fs=FileSystem.get(conf);
    return fs.exists(new Path(path));
}

/**
 * 复制文件到指定路径
 * 若路径已存在,则进行覆盖
 */
public static void copyFromLocalFile(Configuration conf, String localFilePath,
String remoteFilePath) throws IOException {
    FileSystem fs=FileSystem.get(conf);
    Path localPath=new Path(localFilePath);
    Path remotePath=new Path(remoteFilePath);
    /* fs.copyFromLocalFile 第一个参数表示是否删除源文件,第二个参数表示是否覆
       盖 */
    fs.copyFromLocalFile(false, true, localPath, remotePath);
    fs.close();
}

/**
 * 追加文件内容
 */
public static void appendToFile(Configuration conf, String localFilePath,
String remoteFilePath) throws IOException {
    FileSystem fs=FileSystem.get(conf);
    Path remotePath=new Path(remoteFilePath);
    /*创建一个文件读入流 */
    FileInputStream in=new FileInputStream(localFilePath);
    /*创建一个文件输出流,输出的内容将追加到文件末尾 */
    FSDataOutputStream out=fs.append(remotePath);
    /*读写文件内容 */
    byte[] data=new byte[1024];
    int read=-1;
    while((read=in.read(data))>0) {
        out.write(data, 0, read);
```

```java
        }
        out.close();
        in.close();
        fs.close();
    }

    /**
     * 主函数
     */
    public static void main(String[] args) {
        Configuration conf=new Configuration();
    conf.set("fs.default.name","hdfs://localhost:9000");
        String localFilePath="/home/hadoop/text.txt";    //本地路径
        String remoteFilePath="/user/hadoop/text.txt";    //HDFS 路径
        String choice="append";       //若文件存在则追加到文件末尾
//      String choice="overwrite";    //若文件存在则覆盖

        try {
            /* 判断文件是否存在 */
            Boolean fileExists=false;
            if(HDFSApi.test(conf, remoteFilePath)) {
            fileExists=true;
            System.out.println(remoteFilePath+" 已存在.");
            } else {
                System.out.println(remoteFilePath+" 不存在.");
            }
            /* 进行处理 */
            if(!fileExists) {                            //文件不存在,则上传
                HDFSApi.copyFromLocalFile(conf, localFilePath, remoteFilePath);
                System.out.println(localFilePath+" 已上传至 "+remoteFilePath);
            } else if (choice.equals("overwrite")) {     //选择覆盖
                HDFSApi.copyFromLocalFile(conf, localFilePath, remoteFilePath);
                System.out.println(localFilePath+" 已覆盖 "+remoteFilePath);
            } else if (choice.equals("append")) {        //选择追加
                HDFSApi.appendToFile(conf, localFilePath, remoteFilePath);
                System.out.println(localFilePath+" 已追加至 "+remoteFilePath);
            }
        } catch (Exception e) {
            e.printStackTrace();
        }
    }
}
```

② 从 HDFS 中下载指定文件,如果本地文件与要下载的文件名相同,则自动对下载的

文件重命名。

　　a. Shell 命令。

```
$if $(hdfs dfs -test -e file:///home/hadoop/text.txt);
$then $(hdfs dfs -copyToLocal text.txt ./text2.txt);
$else $(hdfs dfs -copyToLocal text.txt ./text.txt);
$fi
```

　　b. Java 代码。

```java
import org.apache.hadoop.conf.Configuration;
import org.apache.hadoop.fs.*;
import java.io.*;

public class HDFSApi {
    /**
     * 下载文件到本地
     * 判断本地路径是否已存在,若已存在,则自动进行重命名
     */
    public static void copyToLocal(Configuration conf, String remoteFilePath,
    String localFilePath) throws IOException {
        FileSystem fs=FileSystem.get(conf);
        Path remotePath=new Path(remoteFilePath);
        File f=new File(localFilePath);
        /* 如果文件名存在,自动重命名(在文件名后面加上 _0, _1 …) */
        if(f.exists()) {
            System.out.println(localFilePath+" 已存在。");
            Integer i=0;
            while (true) {
                f=new File(localFilePath+"_"+i.toString());
                if(!f.exists()) {
                    localFilePath=localFilePath+"_"+i.toString();
                    break;
                }
            }
            System.out.println("将重新命名为"+localFilePath);
        }

        //下载文件到本地
        Path localPath=new Path(localFilePath);
        fs.copyToLocalFile(remotePath, localPath);
        fs.close();
```

```
    }
    
    /**
     * 主函数
     */
    public static void main(String[] args) {
        Configuration conf=new Configuration();
        conf.set("fs.default.name","hdfs://localhost:9000");
        String localFilePath="/home/hadoop/text.txt";    //本地路径
        String remoteFilePath="/user/hadoop/text.txt";   //HDFS 路径
        
        try {
            HDFSApi.copyToLocal(conf, remoteFilePath, localFilePath);
            System.out.println("下载完成");
        } catch (Exception e) {
            e.printStackTrace();
        }
    }
}
```

③ 将 HDFS 中指定文件的内容输出到终端。

a. Shell 命令。

```
$hdfs dfs -cat text.txt
```

b. Java 代码。

```
import org.apache.hadoop.conf.Configuration;
import org.apache.hadoop.fs.*;
import java.io.*;

public class HDFSApi {
    /**
     * 读取文件内容
     */
    public static void cat(Configuration conf, String remoteFilePath) throws
    IOException {
        FileSystem fs=FileSystem.get(conf);
        Path remotePath=new Path(remoteFilePath);
        FSDataInputStream in=fs.open(remotePath);
        BufferedReader d=new BufferedReader(new InputStreamReader(in));
        String line=null;
        while ((line=d.readLine()) !=null) {
            System.out.println(line);
        }
```

```
            d.close();
            in.close();
            fs.close();
        }

        /**
         * 主函数
         */
        public static void main(String[] args) {
            Configuration conf=new Configuration();
            conf.set("fs.default.name","hdfs://localhost:9000");
            String remoteFilePath="/user/hadoop/text.txt";     //HDFS 路径

            try {
                System.out.println("读取文件: "+remoteFilePath);
                HDFSApi.cat(conf, remoteFilePath);
                System.out.println("\n 读取完成");
            } catch (Exception e) {
                e.printStackTrace();
            }
        }
}
```

④ 显示 HDFS 中指定的文件的读写权限、大小、创建时间、路径等信息。

a. Shell 命令。

```
$hdfs dfs -ls -h text.txt
```

b. Java 代码。

```
import org.apache.hadoop.conf.Configuration;
import org.apache.hadoop.fs.*;
import java.io.*;
import java.text.SimpleDateFormat;

public class HDFSApi {
    /**
     * 显示指定文件的信息
     */
    public static void ls(Configuration conf, String remoteFilePath) throws
    IOException {
        FileSystem fs=FileSystem.get(conf);
        Path remotePath=new Path(remoteFilePath);
        FileStatus[] fileStatuses=fs.listStatus(remotePath);
```

```java
        for (FileStatus s : fileStatuses) {
            System.out.println("路径: "+s.getPath().toString());
            System.out.println("权限: "+s.getPermission().toString());
            System.out.println("大小: "+s.getLen());
            /* 返回的是时间戳,转化为时间日期格式 */
            Long timeStamp=s.getModificationTime();
            SimpleDateFormat format=new SimpleDateFormat("yyyy-MM-dd HH:mm:ss");
            String date=format.format(timeStamp);
            System.out.println("时间: "+date);
        }
        fs.close();
    }

    /**
     * 主函数
     */
    public static void main(String[] args) {
        Configuration conf=new Configuration();
        conf.set("fs.default.name","hdfs://localhost:9000");
        String remoteFilePath="/user/hadoop/text.txt";    //HDFS 路径

        try {
            System.out.println("读取文件信息: "+remoteFilePath);
            HDFSApi.ls(conf, remoteFilePath);
            System.out.println("\n读取完成");
        } catch (Exception e) {
            e.printStackTrace();
        }
    }
}
```

⑤ 给定 HDFS 中某个目录,输出该目录下的所有文件的读写权限、大小、创建时间、路径等信息,如果该文件是目录,则递归输出该目录下所有文件相关信息。

a. Shell 命令。

```
$cd /usr/local/hadoop
$./bin/hdfs dfs -ls -R -h /user/hadoop
```

b. Java 代码。

```java
import org.apache.hadoop.conf.Configuration;
import org.apache.hadoop.fs.*;
import java.io.*;
import java.text.SimpleDateFormat;
```

```java
public class HDFSApi {
    /**
     * 显示指定文件夹下所有文件的信息(递归)
     */
    public static void lsDir(Configuration conf, String remoteDir) throws
    IOException {
        FileSystem fs=FileSystem.get(conf);
        Path dirPath=new Path(remoteDir);
        /*递归获取目录下的所有文件*/
        RemoteIterator<LocatedFileStatus>remoteIterator=fs.listFiles
        (dirPath, true);
        /*输出每个文件的信息*/
        while (remoteIterator.hasNext()) {
            FileStatus s=remoteIterator.next();
            System.out.println("路径: "+s.getPath().toString());
            System.out.println("权限: "+s.getPermission().toString());
            System.out.println("大小: "+s.getLen());
            /* 返回的是时间戳,转化为时间日期格式 */
            Long timeStamp=s.getModificationTime();
            SimpleDateFormat format=new SimpleDateFormat("yyyy-MM-dd HH:mm:
            ss");
            String date=format.format(timeStamp);
            System.out.println("时间: "+date);
            System.out.println();
        }
        fs.close();
    }
    /**
     * 主函数
     */
    public static void main(String[] args) {
        Configuration conf=new Configuration();
        conf.set("fs.default.name","hdfs://localhost:9000");
        String remoteDir="/user/hadoop";       //HDFS路径

        try {
            System.out.println("(递归)读取目录下所有文件的信息: "+remoteDir);
            HDFSApi.lsDir(conf, remoteDir);
            System.out.println("读取完成");
        } catch (Exception e) {
            e.printStackTrace();
        }
    }
}
```

⑥ 提供一个 HDFS 内的文件的路径，对该文件进行创建和删除操作。如果文件所在目录不存在，则自动创建目录。

a. Shell 命令。

```
$if $(hdfs dfs -test -d dir1/dir2);
$then $(hdfs dfs -touchz dir1/dir2/filename);
$else $(hdfs dfs -mkdir -p dir1/dir2 && hdfs dfs -touchz dir1/dir2/filename);
$fi
$hdfs dfs -rm dir1/dir2/filename        #删除文件
```

b. Java 代码。

```java
import org.apache.hadoop.conf.Configuration;
import org.apache.hadoop.fs.*;
import java.io.*;

public class HDFSApi {
    /**
     * 判断路径是否存在
     */
    public static boolean test(Configuration conf, String path) throws
    IOException {
        FileSystem fs=FileSystem.get(conf);
        return fs.exists(new Path(path));
    }

    /**
     * 创建目录
     */
    public static boolean mkdir(Configuration conf, String remoteDir) throws
    IOException {
        FileSystem fs=FileSystem.get(conf);
        Path dirPath=new Path(remoteDir);
        boolean result=fs.mkdirs(dirPath);
        fs.close();
        return result;
    }

    /**
     * 创建文件
     */
```

```java
public static void touchz(Configuration conf, String remoteFilePath) throws
IOException {
    FileSystem fs=FileSystem.get(conf);
    Path remotePath=new Path(remoteFilePath);
    FSDataOutputStream outputStream=fs.create(remotePath);
    outputStream.close();
    fs.close();
}

/**
 * 删除文件
 */
public static boolean rm(Configuration conf, String remoteFilePath) throws
IOException {
    FileSystem fs=FileSystem.get(conf);
    Path remotePath=new Path(remoteFilePath);
    boolean result=fs.delete(remotePath, false);
    fs.close();
    return result;
}

/**
 * 主函数
 */
public static void main(String[] args) {
    Configuration conf=new Configuration();
    conf.set("fs.default.name","hdfs://localhost:9000");
    String remoteFilePath="/user/hadoop/input/text.txt";    //HDFS 路径
    String remoteDir="/user/hadoop/input";          //HDFS 路径对应的目录

    try {
        /* 判断路径是否存在,存在则删除,否则进行创建 */
        if(HDFSApi.test(conf, remoteFilePath)) {
            HDFSApi.rm(conf, remoteFilePath);      //删除
            System.out.println("删除路径: "+remoteFilePath);
        } else {
            if(!HDFSApi.test(conf, remoteDir)) {  //若目录不存在,则进行创建
                HDFSApi.mkdir(conf, remoteDir);
                System.out.println("创建文件夹: "+remoteDir);
            }
            HDFSApi.touchz(conf, remoteFilePath);
            System.out.println("创建路径: "+remoteFilePath);
        }
    } catch (Exception e) {
```

```
            e.printStackTrace();
        }
    }
}
```

⑦ 提供一个 HDFS 目录的路径，对该目录进行创建和删除操作。创建目录时，如果目录文件所在目录不存在，则自动创建相应目录；删除目录时，由用户指定当该目录不为空时是否还删除该目录。

a. Shell 命令。

创建目录的命令如下：

```
$hdfs dfs -mkdir -p dir1/dir2
```

删除目录的命令如下：

```
$hdfs dfs -rmdir dir1/dir2
```

上述命令执行以后，如果目录非空，则会提示 not empty，删除操作不会执行。如果要强制删除目录，可以使用如下命令：

```
$hdfs dfs -rm -R dir1/dir2
```

b. Java 代码。

```
import org.apache.hadoop.conf.Configuration;
import org.apache.hadoop.fs.*;
import java.io.*;

public class HDFSApi {
    /**
     * 判断路径是否存在
     */
    public static boolean test(Configuration conf, Stringpath) throws
    IOException {
        FileSystem fs=FileSystem.get(conf);
        return fs.exists(new Path(path));
    }

    /**
     * 判断目录是否为空
     * true: 空;false: 非空
     */
    public static boolean isDirEmpty(Configuration conf, String remoteDir)
    throws IOException {
```

```java
        FileSystem fs=FileSystem.get(conf);
        Path dirPath=new Path(remoteDir);
        RemoteIterator<LocatedFileStatus>remoteIterator=fs.listFiles
        (dirPath, true);
        return !remoteIterator.hasNext();
    }

    /**
     * 创建目录
     */
    public static boolean mkdir(Configuration conf, String remoteDir) throws
IOException {
        FileSystem fs=FileSystem.get(conf);
        Path dirPath=new Path(remoteDir);
        boolean result=fs.mkdirs(dirPath);
        fs.close();
        return result;
    }

    /**
     * 删除目录
     */
    public static boolean rmDir(Configuration conf, String remoteDir) throws
IOException {
        FileSystem fs=FileSystem.get(conf);
        Path dirPath=new Path(remoteDir);
/* 第二个参数表示是否递归删除所有文件 */
        boolean result=fs.delete(dirPath, true);
        fs.close();
        return result;
    }

    /**
     * 主函数
     */
    public static void main(String[] args) {
        Configuration conf=new Configuration();
        conf.set("fs.default.name","hdfs://localhost:9000");
        String remoteDir="/user/hadoop/input";      //HDFS 目录
        Boolean forceDelete=false;                  //是否强制删除

        try {
            /* 判断目录是否存在,不存在则创建,存在则删除 */
            if(!HDFSApi.test(conf, remoteDir)) {
```

```
                    HDFSApi.mkdir(conf, remoteDir);              //创建目录
                    System.out.println("创建目录:"+remoteDir);
                } else {
                    if(HDFSApi.isDirEmpty(conf, remoteDir) || forceDelete) {
                                                                 //目录为空或强制删除
                        HDFSApi.rmDir(conf, remoteDir);
                        System.out.println("删除目录: "+remoteDir);
                    } else{                                      //目录不为空
                        System.out.println("目录不为空,不删除: "+remoteDir);
                    }
                }
            } catch (Exception e) {
                e.printStackTrace();
            }
        }
    }
```

⑧ 向 HDFS 中指定的文件追加内容,由用户指定内容追加到原有文件的开头或结尾。

a. Shell 命令。

追加到原文件末尾的命令如下:

```
$hdfs dfs -appendToFile local.txt text.txt
```

追加到原文件的开头,在 HDFS 中不存在与这种操作对应的命令,因此,无法使用一条命令来完成。可以先移动到本地进行操作,再进行上传覆盖,具体命令如下:

```
$hdfs dfs -get text.txt
$cat text.txt >> local.txt
$hdfs dfs -copyFromLocal -f text.txt text.txt
```

b. Java 代码。

```java
import org.apache.hadoop.conf.Configuration;
import org.apache.hadoop.fs.*;
import java.io.*;

public class HDFSApi {
    /**
     * 判断路径是否存在
     */
    public static boolean test(Configuration conf, String path) throws
    IOException {
        FileSystem fs=FileSystem.get(conf);
        return fs.exists(new Path(path));
```

```java
    }

    /**
     * 追加文本内容
     */
    public static void appendContentToFile(Configuration conf, String
content, String remoteFilePath) throws IOException {
        FileSystem fs=FileSystem.get(conf);
        Path remotePath=new Path(remoteFilePath);
        /*创建一个文件输出流,输出的内容将追加到文件末尾 */
        FSDataOutputStream out=fs.append(remotePath);
        out.write(content.getBytes());
        out.close();
        fs.close();
    }

    /**
     * 追加文件内容
     */
    public static void appendToFile(Configuration conf, String localFilePath,
String remoteFilePath) throws IOException {
        FileSystem fs=FileSystem.get(conf);
        Path remotePath=new Path(remoteFilePath);
        /*创建一个文件输入流 */
        FileInputStream in=new FileInputStream(localFilePath);
        /*创建一个文件输出流,输出的内容将追加到文件末尾 */
        FSDataOutputStream out=fs.append(remotePath);
        /*读写文件内容 */
        byte[] data=new byte[1024];
        int read=-1;
        while ((read=in.read(data))>0) {
            out.write(data, 0, read);
        }
        out.close();
        in.close();
        fs.close();
    }

    /**
     * 移动文件到本地
     * 移动后删除源文件
     */
```

```java
public static void moveToLocalFile(Configuration conf, String 
remoteFilePath, String localFilePath) throws IOException {
    FileSystem fs=FileSystem.get(conf);
    Path remotePath=new Path(remoteFilePath);
    Path localPath=new Path(localFilePath);
    fs.moveToLocalFile(remotePath, localPath);
}

/**
 * 创建文件
 */
public static void touchz(Configuration conf, String remoteFilePath) throws 
IOException {
    FileSystem fs=FileSystem.get(conf);
    Path remotePath=new Path(remoteFilePath);
    FSDataOutputStream outputStream=fs.create(remotePath);
    outputStream.close();
    fs.close();
}

/**
 * 主函数
 */
public static void main(String[] args) {
    Configuration conf=new Configuration();
    conf.set("fs.default.name","hdfs://localhost:9000");
    String remoteFilePath="/user/hadoop/text.txt";    //HDFS 文件
    String content="新追加的内容\n";
    String choice="after";                            //追加到文件末尾
    String choice="before";                           //追加到文件开头

    try {
        /* 判断文件是否存在 */
        if(!HDFSApi.test(conf, remoteFilePath)) {
            System.out.println("文件不存在: "+remoteFilePath);
        } else {
            if(choice.equals("after")) {              //追加到文件末尾
                HDFSApi.appendContentToFile(conf, content, remoteFilePath);
                System.out.println("已追加内容到文件末尾"+remoteFilePath);
            } else if (choice.equals("before"))  {//追加到文件开头
                /* 没有相应的 API 可以直接操作,因此先把文件移动到本地 */
                /* 创建一个新的 HDFS,再按顺序追加内容 */
                String localTmpPath="/user/hadoop/tmp.txt";
                //移动到本地
```

```
                    HDFSApi.moveToLocalFile(conf, remoteFilePath, localTmpPath);
                    //创建一个新文件
                    HDFSApi.touchz(conf, remoteFilePath);
                    //先写入新内容
                    HDFSApi.appendContentToFile(conf, content, remoteFilePath);
                    //再写入原来内容
                    HDFSApi.appendToFile(conf, localTmpPath, remoteFilePath);
                    System.out.println("已追加内容到文件开头: "+remoteFilePath);
                }
            }
        } catch (Exception e) {
            e.printStackTrace();
        }
    }
}
```

⑨ 删除 HDFS 中指定的文件。

a. Shell 命令。

```
$hdfs dfs -rm text.txt
```

b. Java 代码。

```
import org.apache.hadoop.conf.Configuration;
import org.apache.hadoop.fs.*;
import java.io.*;

public class HDFSApi {
    /**
     * 删除文件
     */
    public static boolean rm(Configuration conf, String remoteFilePath) throws
    IOException {
        FileSystem fs=FileSystem.get(conf);
        Path remotePath=new Path(remoteFilePath);
        boolean result=fs.delete(remotePath, false);
        fs.close();
        return result;
    }

    /**
     * 主函数
     */
```

```
    public static void main(String[] args) {
        Configuration conf=new Configuration();
conf.set("fs.default.name","hdfs://localhost:9000");
        String remoteFilePath="/user/hadoop/text.txt";    //HDFS 文件

        try {
            if(HDFSApi.rm(conf, remoteFilePath)) {
                System.out.println("文件删除: "+remoteFilePath);
            } else {
                System.out.println("操作失败(文件不存在或删除失败)");
            }
        } catch (Exception e) {
            e.printStackTrace();
        }
    }
}
```

⑩ 在 HDFS 中,将文件从源路径移动到目的路径。

a. Shell 命令。

```
$hdfs dfs -mv text.txt text2.txt
```

b. Java 代码。

```
importorg.apache.hadoop.conf.Configuration;
import org.apache.hadoop.fs.*;
import java.io.*;

public class HDFSApi {
    /**
     * 移动文件
     */
    public static boolean mv(Configuration conf, String remoteFilePath,
    String remoteToFilePath) throws IOException {
        FileSystem fs=FileSystem.get(conf);
        Path srcPath=new Path(remoteFilePath);
        Path dstPath=new Path(remoteToFilePath);
        boolean result=fs.rename(srcPath, dstPath);
        fs.close();
        return result;
    }
```

```java
    /**
     * 主函数
     */
    public static void main(String[] args) {
        Configuration conf=new Configuration();
        conf.set("fs.default.name","hdfs://localhost:9000");
        String remoteFilePath="hdfs:///user/hadoop/text.txt";
                                                            //源文件 HDFS 路径
        String remoteToFilePath="hdfs:///user/hadoop/new.txt"; //目的 HDFS 路径

        try {
            if(HDFSApi.mv(conf, remoteFilePath, remoteToFilePath)) {
                System.out.println("将文件 "+remoteFilePath+" 移动到 "+
                remoteToFilePath);
            } else {
                System.out.println("操作失败(源文件不存在或移动失败)");
            }
        } catch (Exception e) {
            e.printStackTrace();
        }
    }
}
```

（2）编程实现一个类 MyFSDataInputStream，该类继承 org.apache.hadoop.fs.FSDataInputStream，要求如下：实现按行读取 HDFS 中指定文件的方法 readLine()，如果读到文件末尾，则返回空；否则，返回文件一行的文本。

```java
import org.apache.hadoop.conf.Configuration;
import org.apache.hadoop.fs.FSDataInputStream;
import org.apache.hadoop.fs.FileSystem;
import org.apache.hadoop.fs.Path;
import java.io.*;

public class MyFSDataInputStream extends FSDataInputStream {
    public MyFSDataInputStream(InputStream in) {
    super(in);
}

    /**
     * 实现按行读取
     * 每次读入一个字符,遇到"\n"结束,返回一行内容
     */
    public static String readline(BufferedReader br) throws IOException {
        char[] data=new char[1024];
```

```java
        int read=-1;
        int off=0;
        //循环执行时,br 每次会从上一次读取结束的位置继续读取
        //因此该函数里,off 每次都从 0 开始
        while((read=br.read(data, off, 1)) !=-1) {
            if(String.valueOf(data[off]).equals("\n")) {
                off+=1;
                break;
            }
            off+=1;
        }

        if(off>0) {
            return String.valueOf(data);
        } else {
            return null;
        }
    }

    /**
     * 读取文件内容
     */
    public static void cat(Configuration conf, String remoteFilePath) throws
IOException {
        FileSystem fs=FileSystem.get(conf);
        Path remotePath=new Path(remoteFilePath);
        FSDataInputStream in=fs.open(remotePath);
        BufferedReaderbr=new BufferedReader(new InputStreamReader(in));
        String line=null;
        while((line=MyFSDataInputStream.readline(br)) !=null) {
            System.out.println(line);
        }
        br.close();
        in.close();
        fs.close();
    }

    /**
     * 主函数
     */
    public static void main(String[] args) {
        Configuration conf=new Configuration();
        conf.set("fs.default.name","hdfs://localhost:9000");
```

```
                String remoteFilePath="/user/hadoop/text.txt";    //HDFS 路径
                try {
                    MyFSDataInputStream.cat(conf, remoteFilePath);
                } catch (Exception e) {
                    e.printStackTrace();
                }
            }
        }
```

（3）查看 Java 帮助手册或其他资料，用 java.net.URL 和 org.apache.hadoop.fs. FsURLStreamHandlerFactory 编程完成输出 HDFS 中指定文件的文本到终端中。

```
    import org.apache.hadoop.fs.*;
    import org.apache.hadoop.io.IOUtils;
    import java.io.*;
    import java.net.URL;

    public class HDFSApi {
        static{
            URL.setURLStreamHandlerFactory(new FsUrlStreamHandlerFactory());
        }
        /**
         * 主函数
         */
        public static void main(String[] args) throws Exception {
            String remoteFilePath="hdfs:///user/hadoop/text.txt";    //HDFS 文件
            InputStream in=null;
            try{
                /* 通过 URL 对象打开数据流，从中读取数据 */
                in=new URL(remoteFilePath).openStream();
                IOUtils.copyBytes(in,System.out,4096,false);
            } finally{
                IOUtils.closeStream(in);
            }
        }
    }
```

A.3 "实验三：熟悉常用的 HBase 操作"实验步骤

本部分实验的完整代码 QuestionOne.java，可以到本书官网"下载专区"的"实验答案"目录下载。

1. 编程实现以下指定功能，并用 Hadoop 提供的 HBase Shell 命令完成相同任务

（1）列出 HBase 所有表的相关信息，例如表名。

① Shell 命令。

```
hbase>list
```

② Java 代码。

```java
public static void listTables() throws IOException {
    init();         //建立连接
    List<TableDescriptor> tableDescriptors = admin.listTableDescriptors();
    for(TableDescriptor tableDescriptor : tableDescriptors){
        TableName tableName = tableDescriptor.getTableName();
        System.out.println("Table:" + tableName);
    }
    close();        //关闭连接
}
```

注意：上述代码需要放入完整的程序代码中才能顺利执行。

（2）在终端打印出指定的表的所有记录数据。

① Shell 命令。

```
hbase>scan 's1'
```

② Java 代码。

```java
//在终端打印出指定的表的所有记录数据
public static void getData(String tableName) throws IOException{
    init();
    Table table = connection.getTable(TableName.valueOf(tableName));
    Scan scan = new Scan();
    ResultScanner scanner = table.getScanner(scan);          //获取行的遍历器
    for (Result result:scanner){
        printRecoder(result);
    }
    close();
}
//打印一条记录的详情
public  static void printRecoder(Result result) throws IOException{
    for(Cell cell:result.rawCells()){
        System.out.print("行健: "+ new String(Bytes.toString(cell.getRowArray(),
        cell.getRowOffset(), cell.getRowLength())));
```

```
            System.out.print("列簇: "+new String( Bytes.toString(cell.getFamilyArray(),
            cell.getFamilyOffset(), cell.getFamilyLength()) ));
            System.out.print(" 列: "+new String(Bytes.toString(cell.getQualifierArray(),
            cell.getQualifierOffset(), cell.getQualifierLength())));
            System.out.print(" 值: "+new String(Bytes.toString(cell.getValueArray(),
            cell.getValueOffset(), cell.getValueLength())));
            System.out.println("时间戳: "+cell.getTimestamp());
        }
    }
```

(3) 向已经创建好的表添加和删除指定的列族或列。

① Shell 命令。

首先在 Shell 中创建表 s1，作为示例表，命令如下：

```
hbase>create 's1','score'
```

其次可以在 s1 中添加数据，命令如下：

```
hbase>put 's1','zhangsan','score:Math','69'
```

最后可以执行如下命令删除指定的列：

```
hbase>delete 's1','zhangsan','score:Math'
```

② Java 代码。

```
//向表添加数据
public static void insterRow(String tableName,String rowKey,String colFamily,
String col,String val) throws IOException {
    init();
    Table table =connection.getTable(TableName.valueOf(tableName));
    Put put =new Put(rowKey.getBytes());
    put.addColumn(colFamily.getBytes(), col.getBytes(), val.getBytes());
    table.put(put);
    table.close();
    close();
}
//删除数据
public static void deleRow(String tableName, String rowKey, String colFamily,
String col) throws IOException {
    init();
    Table table =connection.getTable(TableName.valueOf(tableName));
    Delete delete =new Delete(rowKey.getBytes());
    //删除指定列族
    delete.addFamily(Bytes.toBytes(colFamily));
```

```
    //删除指定列
    delete.addColumn(Bytes.toBytes(colFamily),Bytes.toBytes(col));
    table.delete(delete);
    table.close();
    close();
}
```

(4) 清空指定的表的所有记录数据。

① Shell 命令。

```
hbase>truncate 's1'
```

② Java 代码。

```
//清空指定的表的所有记录数据
public static void clearRows(String tableName)throws IOException{
    init();
    TableName tablename =TableName.valueOf(tableName);
    admin.disableTable(tablename);
    admin.deleteTable(tablename);
    TableDescriptorBuilder tableDescriptor =TableDescriptorBuilder.newBuilder
    (tablename);
    admin.createTable(tableDescriptor.build());
    close();
}
```

(5) 统计表的行数。

① Shell 命令。

```
hbase>count 's1'
```

② Java 代码。

```
//统计表的行数
public static void countRows(String tableName)throws IOException{
    init();
    Table table =connection.getTable(TableName.valueOf(tableName));
    Scan scan =new Scan();
    ResultScanner scanner =table.getScanner(scan);
    int num =0;
    for (Result result =scanner.next();result!=null;result=scanner.next()){
        num++;
    }
    System.out.println("行数:"+num);
    scanner.close();
    close();
}
```

2. HBase 数据库操作

（1）现有以下关系数据库中的表和数据（见表 A-1～表 A-3），要求将其转换为适合于 HBase 存储的表并插入数据。

表 A-1　学生表（Student）

学号（S_No）	姓名（S_Name）	性别（S_Sex）	年龄（S_Age）
2015001	Zhangsan	male	23
2015002	Mary	female	22
2015003	Lisi	male	24

表 A-2　课程表（Course）

课程号（C_No）	课程名（C_Name）	学分（C_Credit）
123001	Math	2.0
123002	Computer	5.0
123003	English	3.0

表 A-3　选课表（SC）

学号（SC_Sno）	课程号（SC_Cno）	成绩（SC_Score）
2015001	123001	86
2015001	123003	69
2015002	123002	77
2015002	123003	99
2015003	123001	98
2015003	123002	95

① 学生 Student 表。

创建表的 HBase Shell 命令语句如下：

```
hbase>create 'Student','S_No','S_Name','S_Sex','S_Age'
```

插入数据的 HBase Shell 命令如下：

	插入数据的 HBase Shell 命令
第一行数据	put 'Student','s001','S_No','2015001' put 'Student','s001','S_Name','Zhangsan' put 'Student','s001','S_Sex','male' put 'Student','s001','S_Age','23'

续表

	插入数据的 HBase Shell 命令
第二行数据	put 'Student','s002','S_No','2015002' put 'Student','s002','S_Name','Mary' put 'Student','s002','S_Sex','female' put 'Student','s002','S_Age','22'
第三行数据	put 'Student','s003','S_No','2015003' put 'Student','s003','S_Name','Lisi' put 'Student','s003','S_Sex','male' put 'Student','s003','S_Age','24'

② 课程 Course 表。

创建表的 HBase Shell 命令语句如下：

```
hbase>create 'Course','C_No','C_Name','C_Credit'
```

插入数据的 HBase Shell 命令如下：

	插入数据的 HBase Shell 命令
第一行数据	put 'Course','c001','C_No','123001' put 'Course','c001','C_Name','Math' put 'Course','c001','C_Credit','2.0'
第二行数据	put 'Course','c002','C_No','123002' put 'Course','c002','C_Name','Computer' put 'Course','c002','C_Credit','5.0'
第三行数据	put 'Course','c003','C_No','123003' put 'Course','c003','C_Name','English' put 'Course','c003','C_Credit','3.0'

③ 选课表。

创建表的 HBase Shell 命令语句如下：

```
hbase>create 'SC','SC_Sno','SC_Cno','SC_Score'
```

插入数据的 HBase Shell 命令如下：

	插入数据的 HBase Shell 命令
第一行数据	put 'SC','sc001','SC_Sno','2015001' put 'SC','sc001','SC_Cno','123001' put 'SC','sc001','SC_Score','86'

续表

	插入数据的 HBase Shell 命令
第二行数据	put 'SC','sc002','SC_Sno','2015001' put 'SC','sc002','SC_Cno','123003' put 'SC','sc002','SC_Score','69'
第三行数据	put 'SC','sc003','SC_Sno','2015002' put 'SC','sc003','SC_Cno','123002' put 'SC','sc003','SC_Score','77'
第四行数据	put 'SC','sc004','SC_Sno','2015002' put 'SC','sc004','SC_Cno','123003' put 'SC','sc004','SC_Score','99'
第五行数据	put 'SC','sc005','SC_Sno','2015003' put 'SC','sc005','SC_Cno','123001' put 'SC','sc005','SC_Score','98'
第六行数据	put 'SC','sc006','SC_Sno','2015003' put 'SC','sc006','SC_Cno','123002' put 'SC','sc006','SC_Score','95'

(2) 编程实现以下功能。

① createTable(String tableName，String[] fields)。

创建表，参数 tableName 为表的名称，字符串数组 fields 为存储记录各字段名的数组。要求当 HBase 已经存在名为 tableName 的表时，先删除原有的表，再创建新的表。

本题的参考代码如下：

```
public static void createTable (String tableName, String[] fields) throws IOException {

    init();
    TableName tablename =TableName.valueOf(tableName);
    if(admin.tableExists(tablename)){
        System.out.println("table is exists!");
        admin.disableTable(tablename);
        admin.deleteTable(tablename);        //删除原来的表
    }
    TableDescriptorBuilder tableDescriptor=TableDescriptorBuilder.newBuilder
    (tablename);
    for(String str : fields){
            tableDescriptor. setColumnFamily ( ColumnFamilyDescriptorBuilder.
            newBuilder(Bytes.toBytes(str)).build());
        admin.createTable(tableDescriptor.build());
```

```
    }
    close();
}
```

上述代码需要放入完整的程序代码中才可以顺利执行，可以到本书官网"下载专区"的"实验答案"目录下载完整的程序代码 QuestionTwo.java。

② addRecord(String tableName，String row，String[] fields，String[] values)。

向表 tableName、行 row(用 S_Name 表示)和字符串数组 fields 指定的单元格中添加对应的数据 values。其中，fields 中每个元素如果对应的列族下还有相应的列限定符，用 columnFamily:column 表示。例如，同时向 Math、Computer、English 三列添加成绩时，字符串数组 fields 为{"Score:Math"，"Score:Computer"，"Score:English"}，数组 values 存储这三门课的成绩。

本题的参考代码如下：

```
public static void addRecord(String tableName, String row, String[] fields,
String[] values) throws IOException {
    init();
    Table table=connection.getTable(TableName.valueOf(tableName));
    for(int i=0;i!=fields.length;i++){
        Put put=new Put(row.getBytes());
        String[] cols=fields[i].split(":");
        put.addColumn(cols[0].getBytes(), cols[1].getBytes(), values[i].
        getBytes());
        table.put(put);
    }
    table.close();
    close();
}
```

上述代码需要放入完整的程序代码中才可以顺利执行。

③ scanColumn(String tableName，String column)。

浏览表 tableName 某列的数据，如果某行记录中该列数据不存在，则返回 null。要求当参数 column 为某列族名时，如果底下有若干个列限定符，则要列出每个列限定符代表的列的数据；当参数 column 为某列具体名(例如"Score:Math")时，只需要列出该列的数据。

```
public static void scanColumn (String tableName, String column) throws
IOException{
    init();
    Table table =connection.getTable(TableName.valueOf(tableName));
    Scan scan =new Scan();
    scan.addFamily(Bytes.toBytes(column));
    ResultScanner scanner =table.getScanner(scan);
    for (Result result = scanner.next(); result !=null; result =scanner.next
    ()){
```

```
            showCell(result);
        }
        table.close();
        close();
    }
    //格式化输出
    public static void showCell(Result result){
        Cell[] cells =result.rawCells();
        for(Cell cell:cells){
            System.out.println(" RowName:" + new String (Bytes. toString (cell.
            getRowArray(),cell.getRowOffset(), cell.getRowLength()))+" ");
            System.out.println("Timetamp:"+cell.getTimestamp()+" ");
            System.out.println("column Family:"+new String(Bytes.toString(cell.
            getFamilyArray(),cell.getFamilyOffset(), cell.getFamilyLength()))+" ");
            System.out.println("row Name:"+new String(Bytes.toString(cell.getQualifier-
            Array(),cell.getQualifierOffset(), cell.getQualifierLength()))+" ");
            System.out.println("value:"+new String(Bytes.toString(cell.getValueArray(),
            cell.getValueOffset(), cell.getValueLength()))+" ");
        }
    }
```

④ modifyData(String tableName，String row，String column)。

修改表 tableName，即修改行 row（可以用学生姓名 S_Name 表示）、列 column 指定的单元格的数据。

```
    public static void modifyData(String tableName,String row,String column,String
    val)throws IOException{
        init();
        Table table=connection.getTable(TableName.valueOf(tableName));
        Put put=new Put(row.getBytes());
        put.addColumn(column.getBytes(),null,val.getBytes());
        table.put(put);
        table.close();
        close();
    }
```

⑤ deleteRow(String tableName，String row)。

删除表 tableName 中 row 指定的行的记录。

```
    public static void deleteRow(String tableName,String row)throws IOException{
        init();
        Table table =connection.getTable(TableName.valueOf(tableName));
        Delete delete =new Delete(row.getBytes());
```

```
    table.delete(delete);
    table.close();
    close();
}
```

A.4 "实验四：NoSQL 和关系数据库的操作比较"实验步骤

1. MySQL 数据库操作

Student 表如表 A-4 所示。

表 A-4　Student 表

name	English	Math	Computer
zhangsan	69	86	77
lisi	55	100	88

（1）根据上面给出的 Student 表，在 MySQL 数据库中完成如下操作。
① 在 MySQL 中创建 Student 表，并录入数据。
创建 Student 表的 SQL 语句如下：

```
create table student(
    name varchar(30) not null,
    English tinyint unsigned not null,
    Math tinyint unsigned not null,
    Computer tinyint unsigned not null
);
```

向 Student 表中插入两条记录的 SQL 语句如下：

```
insert into student values("zhangsan",69,86,77);
insert into student values("lisi",55,100,88);
```

② 用 SQL 语句输出 Student 表中的所有记录。
输出 Student 表中的所有记录的 SQL 语句如下：

```
select * from student;
```

上述 SQL 语句执行后的结果截图如图 A-1 所示。
③ 查询 zhangsan 的 Computer 成绩。
查询 zhangsan 的 Computer 成绩的 SQL 语句如下：

```
select name , Computer from student where name="zhangsan";
```

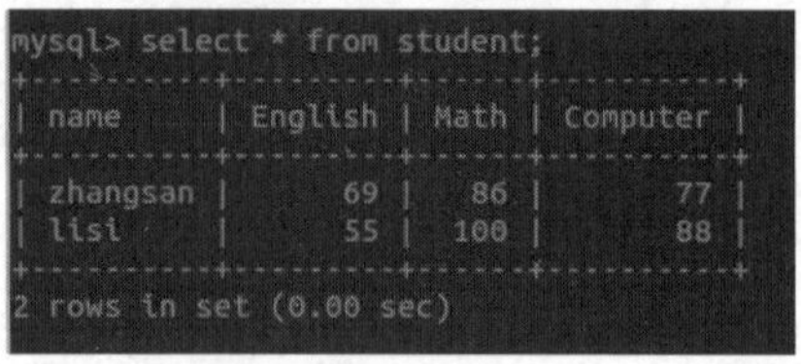

图 A-1　结果截图(1)

上述 SQL 语句执行后的结果截图如图 A-2 所示。

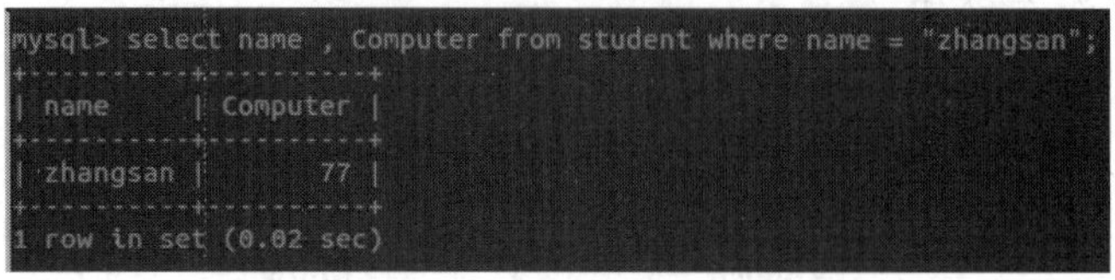

图 A-2　结果截图(2)

④ 修改 lisi 的 Math 成绩，改为 95。

修改 lisi 的 Math 成绩的 SQL 语句如下：

```
update student set Math=95 where name="lisi";
```

上述 SQL 语句执行结果截图如图 A-3 所示。

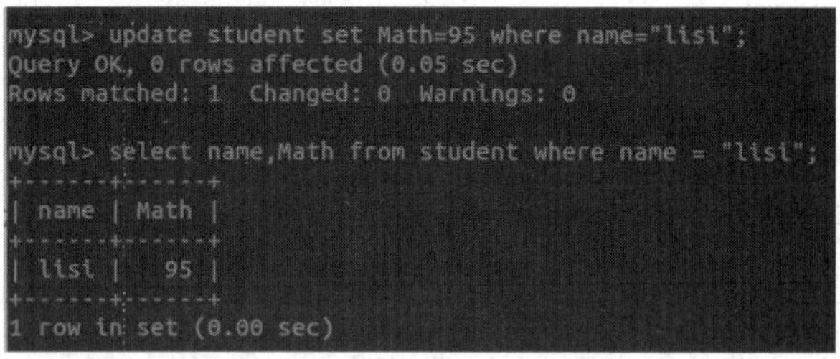

图 A-3　结果截图(3)

(2) 根据上面已经设计出的 Student 表，使用 MySQL 的 Java 客户端编程实现以下操作。

① 向 Student 表中添加如下所示的一条记录：

scofield	45	89	100

向 Student 表添加上述记录的 Java 代码如下：

```java
import java.sql.*;
public class mysql_test {

    /**
     * @param args
     */
```

```java
//JDBC DRIVER and DB
static final String DRIVER="com.mysql.jdbc.Driver";
static final String DB="jdbc:mysql://localhost/test";
//Database auth
static final String USER="root";
static final String PASSWD="root";

public static void main(String[] args) {
    //TODO Auto-generated method stub
    Connection conn=null;
    Statement stmt=null;
    try {
        //加载驱动程序
        Class.forName(DRIVER);
        System.out.println("Connecting to a selected database…");
        //打开一个连接
        conn=DriverManager.getConnection(DB, USER, PASSWD);
        //执行一个查询
        stmt=conn.createStatement();
        String sql="insert into student values('scofield',45,89,100)";
        stmt.executeUpdate(sql);
        System.out.println("Inserting records into the table successfully!");
    } catch (ClassNotFoundException e) {
        //TODO Auto-generated catch block
        e.printStackTrace();
    } catch(SQLException e) {
        //TODO Auto-generated catch block
        e.printStackTrace();
    }finally
    {
        if(stmt!=null)
            try {
                stmt.close();
            } catch(SQLException e) {
                //TODO Auto-generated catch block
                e.printStackTrace();
            }
        if(conn!=null)
            try {
                conn.close();
            } catch(SQLException e) {
                //TODO Auto-generated catch block
                e.printStackTrace();
            }
```

```
        }
    }
}
```

② 获取 scofield 的 English 成绩信息。

获取 scofield 的 English 成绩信息的 Java 代码如下:

```java
import java.sql.*;
public class mysql_qurty {

    /**
     * @param args
     */
    //JDBC DRIVER and DB
    static final String DRIVER="com.mysql.jdbc.Driver";
    static final String DB="jdbc:mysql://localhost/test";
    //Database auth
    static final String USER="root";
    static final String PASSWD="root";

    public static void main(String[] args) {
        //TODO Auto-generated method stub
        Connection conn=null;
        Statement stmt=null;
        ResultSet rs=null;
        try {
            //加载驱动程序
            Class.forName(DRIVER);
            System.out.println("Connecting to a selected database…");
            //打开一个连接
            conn=DriverManager.getConnection(DB, USER, PASSWD);
            //执行一个查询
            stmt=conn.createStatement();
            String sql="select name,English from student where name='scofield' ";
            //获得结果集
            rs=stmt.executeQuery(sql);
            System.out.println("name"+"\t\t"+"English");
            while(rs.next())
            {
                System.out.print(rs.getString(1)+"\t\t");
                System.out.println(rs.getInt(2));
            }
        } catch (ClassNotFoundException e) {
            //TODO Auto-generated catch block
```

```
            e.printStackTrace();
        } catch (SQLException e) {
            //TODO Auto-generated catch block
            e.printStackTrace();
        }finally
        {
            if(rs!=null)
                try {
                    rs.close();
                } catch (SQLException e1) {
                    //TODO Auto-generated catch block
                    e1.printStackTrace();
                }
            if(stmt!=null)
                try {
                    stmt.close();
                } catch (SQLException e) {
                    //TODO Auto-generated catch block
                    e.printStackTrace();
                }
            if(conn!=null)
                try {
                    conn.close();
                } catch (SQLException e) {
                    //TODO Auto-generated catch block
                    e.printStackTrace();
                }
        }
    }
}
```

2. HBase 数据库操作

Student 表如表 A-5 所示。

表 A-5 Student 表

name	score		
	English	Math	Computer
zhangsan	69	86	77
lisi	55	100	88

（1）根据上面给出的 Student 表的信息，执行如下操作。

① 用 HBase Shell 命令创建学生表 Student。

创建 Student 表的命令如下：

```
create 'student','score'
```

向 Student 表中插入上面表格数据的命令如下：

```
put 'student','zhangsan','score:English','69'
put 'student','zhangsan','score:Math','86'
put 'student','zhangsan','score:Computer','77'
put 'student','lisi','score:English','55'
put 'student','lisi','score:Math','100'
put 'student','lisi','score:Computer','88'
```

上述命令执行后的结果截图如图 A-4 所示。

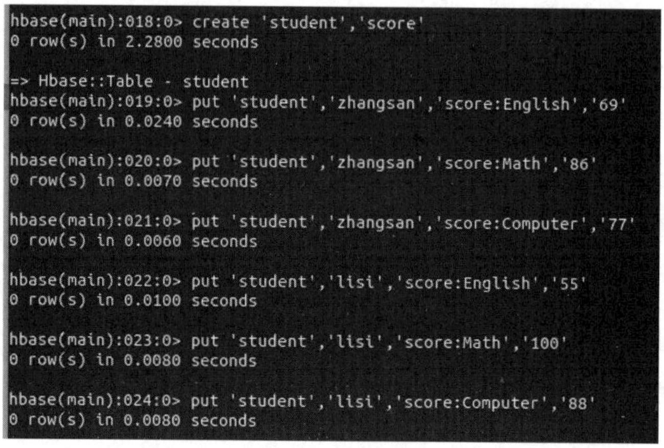

```
hbase(main):018:0> create 'student','score'
0 row(s) in 2.2800 seconds

=> Hbase::Table - student
hbase(main):019:0> put 'student','zhangsan','score:English','69'
0 row(s) in 0.0240 seconds

hbase(main):020:0> put 'student','zhangsan','score:Math','86'
0 row(s) in 0.0070 seconds

hbase(main):021:0> put 'student','zhangsan','score:Computer','77'
0 row(s) in 0.0060 seconds

hbase(main):022:0> put 'student','lisi','score:English','55'
0 row(s) in 0.0100 seconds

hbase(main):023:0> put 'student','lisi','score:Math','100'
0 row(s) in 0.0080 seconds

hbase(main):024:0> put 'student','lisi','score:Computer','88'
0 row(s) in 0.0080 seconds
```

图 A-4　结果截图(4)

② 用 scan 命令浏览 Student 表的相关信息。

用 scan 浏览 Student 表相关信息的命令如下：

```
scan 'student'
```

上述命令执行后的结果截图如图 A-5 所示。

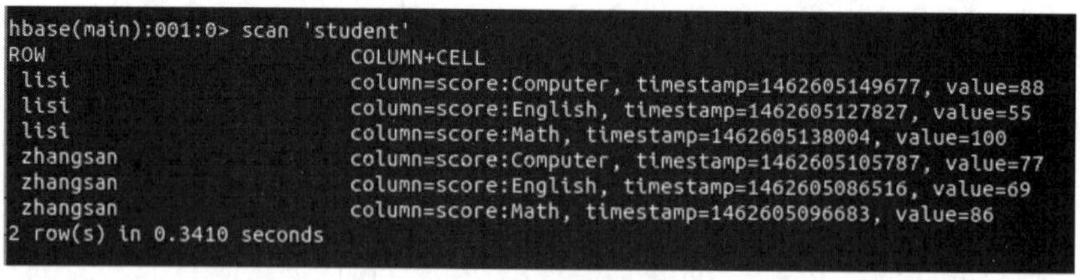

```
hbase(main):001:0> scan 'student'
ROW                          COLUMN+CELL
 lisi                        column=score:Computer, timestamp=1462605149677, value=88
 lisi                        column=score:English, timestamp=1462605127827, value=55
 lisi                        column=score:Math, timestamp=1462605138004, value=100
 zhangsan                    column=score:Computer, timestamp=1462605105787, value=77
 zhangsan                    column=score:English, timestamp=1462605086516, value=69
 zhangsan                    column=score:Math, timestamp=1462605096683, value=86
2 row(s) in 0.3410 seconds
```

图 A-5　结果截图(5)

③ 查询 zhangsan 的 Computer 成绩。

查询 zhangsan 的 Computer 成绩的命令如下：

```
get 'student','zhangsan','score:Computer'
```

上述命令执行后的结果截图如图 A-6 所示。

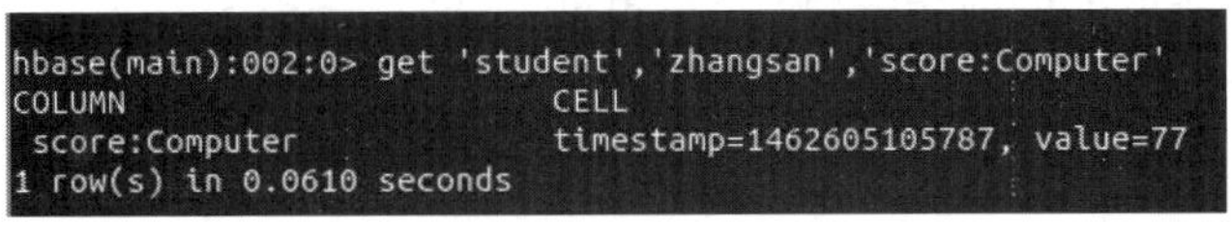

图 A-6　结果截图(6)

④ 修改 lisi 的 Math 成绩，改为 95。

修改 lisi 的 Math 成绩的命令如下：

```
put 'student','lisi','score:Math','95'
```

上述命令执行后的结果截图如图 A-7 所示。

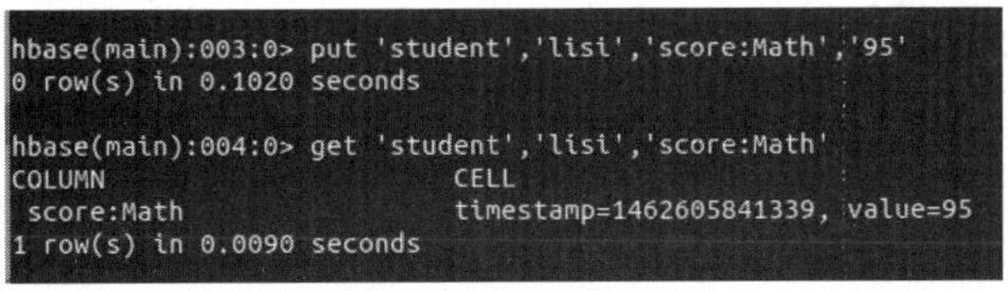

图 A-7　结果截图(7)

(2) 根据上面已经设计出的 Student 表，用 HBase API 编程实现以下操作。

① 添加数据：English 为 45，Math 为 89，Computer 为 100。

| scofield | 45 | 89 | 100 |

实现添加数据的 Java 代码如下：

```java
import java.io.IOException;
import org.apache.hadoop.conf.Configuration;
import org.apache.hadoop.hbase.HBaseConfiguration;
import org.apache.hadoop.hbase.TableName;
import org.apache.hadoop.hbase.client.Admin;
import org.apache.hadoop.hbase.client.Connection;
import org.apache.hadoop.hbase.client.ConnectionFactory;
import org.apache.hadoop.hbase.client.Put;
import org.apache.hadoop.hbase.client.Table;

public class hbase_insert {

    /**
     * @param args
     */
    public static Configuration configuration;
```

```java
    public static Connection connection;
    public static Admin admin;
    public static void main(String[] args) {
        //TODO Auto-generated method stub
        configuration=HBaseConfiguration.create();
        configuration.set("hbase.rootdir","hdfs://localhost:9000/hbase");
        try{
            connection=ConnectionFactory.createConnection(configuration);
            admin=connection.getAdmin();
        }catch (IOException e){
            e.printStackTrace();
        }
        try {
            insertRow("student","scofield","score","English","45");
            insertRow("student","scofield","score","Math","89");
            insertRow("student","scofield","score","Computer","100");
        } catch (IOException e) {
            //TODO Auto-generated catch block
            e.printStackTrace();
        }
        close();
    }
    public static void insertRow(String tableName,String rowKey,String colFamily, String col,String val) throws IOException {
        Table table=connection.getTable(TableName.valueOf(tableName));
        Put put=new Put(rowKey.getBytes());
        put.addColumn(colFamily.getBytes(), col.getBytes(), val.getBytes());
        table.put(put);
        table.close();
    }
    public static void close(){
            try{
                if(admin !=null){
                    admin.close();
                }
                if(null !=connection){
                    connection.close();
                }
            }catch (IOException e){
                e.printStackTrace();
            }
        }
    }
```

执行完上述代码以后，可以用 scan 命令输出数据库数据，以检验是否插入成功，执行后的结果截图如图 A-8 所示。

```
hbase(main):005:0> scan 'student'
ROW                    COLUMN+CELL
 lisi                  column=score:Computer, timestamp=1462605149677, value=88
 lisi                  column=score:English, timestamp=1462605127827, value=55
 lisi                  column=score:Math, timestamp=1462605841339, value=95
 scofield              column=score:Computer, timestamp=1462607153886, value=100
 scofield              column=score:English, timestamp=1462607153858, value=45
 scofield              column=score:Math, timestamp=1462607153883, value=89
 zhangsan              column=score:Computer, timestamp=1462605105787, value=77
 zhangsan              column=score:English, timestamp=1462605086516, value=69
 zhangsan              column=score:Math, timestamp=1462605096683, value=86
3 row(s) in 0.0390 seconds
```

图 A-8　结果截图（8）

② 获取 scofield 的 English 成绩信息。

Java 代码如下：

```java
import java.io.IOException;
import org.apache.hadoop.conf.Configuration;
import org.apache.hadoop.hbase.Cell;
import org.apache.hadoop.hbase.CellUtil;
import org.apache.hadoop.hbase.HBaseConfiguration;
import org.apache.hadoop.hbase.TableName;
import org.apache.hadoop.hbase.client.Admin;
import org.apache.hadoop.hbase.client.Connection;
import org.apache.hadoop.hbase.client.ConnectionFactory;
import org.apache.hadoop.hbase.client.Get;
import org.apache.hadoop.hbase.client.Put;
import org.apache.hadoop.hbase.client.Result;
import org.apache.hadoop.hbase.client.Table;

public class hbase_query {

    /**
     * @param args
     */
    public static Configuration configuration;
    public static Connection connection;
    public static Admin admin;
    public static void main(String[] args) {
        //TODO Auto-generated method stub
        configuration=HBaseConfiguration.create();
        configuration.set("hbase.rootdir","hdfs://localhost:9000/hbase");
        try{
            connection=ConnectionFactory.createConnection(configuration);
            admin=connection.getAdmin();
        }catch (IOException e){
```

```java
            e.printStackTrace();
        }
        try {
            getData("student","scofield","score","English");
        } catch (IOException e) {
            //TODO Auto-generated catch block
            e.printStackTrace();
        }
        close();
    }
    public static void getData(String tableName,String rowKey,String
    colFamily,String col)throws IOException{
        Table table=connection.getTable(TableName.valueOf(tableName));
        Get get=new Get(rowKey.getBytes());
        get.addColumn(colFamily.getBytes(),col.getBytes());
        Result result=table.get(get);
        showCell(result);
        table.close();
    }
    public static void showCell(Result result){
        Cell[] cells=result.rawCells();
        for(Cell cell:cells){
            System.out.println("RowName:"+new String(CellUtil.cloneRow(
            cell))+"");
            System.out.println("Timetamp:"+cell.getTimestamp()+"");
            System.out.println("column Family:"+new String(CellUtil.
            cloneFamily(cell))+"");
            System.out.println("row Name:"+new String(CellUtil.
            cloneQualifier(cell))+"");
            System.out.println("value:"+new String(CellUtil.cloneValue
            (cell))+"");
        }
    }
    public static void close(){
        try{
            if(admin!=null){
                admin.close();
            }
            if(null!=connection){
                connection.close();
            }
        }catch (IOException e){
            e.printStackTrace();
        }
    }
}
```

可以在 Eclipse 中执行上述代码,会在控制台中输出的信息截图如图 A-9 所示。

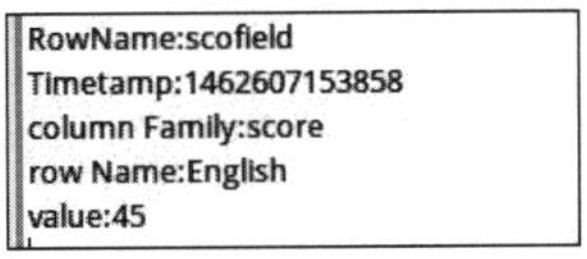

```
RowName:scofield
Timetamp:1462607153858
column Family:score
row Name:English
value:45
```

图 A-9　信息截图(1)

3. Redis 数据库操作

Student 键值对如下:

```
zhangsan:{
        English: 69
        Math: 86
        Computer: 77
}
lisi:{
      English: 55
      Math: 100
      Computer: 88
}
```

(1) 根据上面给出的键值对,完成如下操作。

① 用 Redis 的哈希结构设计出学生表 Student(键值可以用 student.zhangsan 和 student.lisi 来表示两个键值属于同一个表)。

插入上述键值对的命令如下:

```
hset student.zhangsan English 69
hset student.zhangsan Math 86
hset student.zhangsan Computer 77
hset student.lisi English 55
hset student.lisi Math 100
hset student.lisi Computer 88
```

② 用 hgetall 命令分别输出 zhangsan 和 lisi 的成绩信息。

查询 zhangsan 成绩信息的命令如下:

```
hgetall student.zhangsan
```

该命令执行后的结果截图如图 A-10 所示。

```
127.0.0.1:6379> hgetall student.zhangsan
1) "English"
2) "69"
3) "Math"
4) "86"
5) "Computer"
6) "77"
```

图 A-10　结果截图(9)

查询 lisi 成绩信息的命令如下：

```
hgetall student.lisi
```

该命令执行后的结果截图如图 A-11 所示。

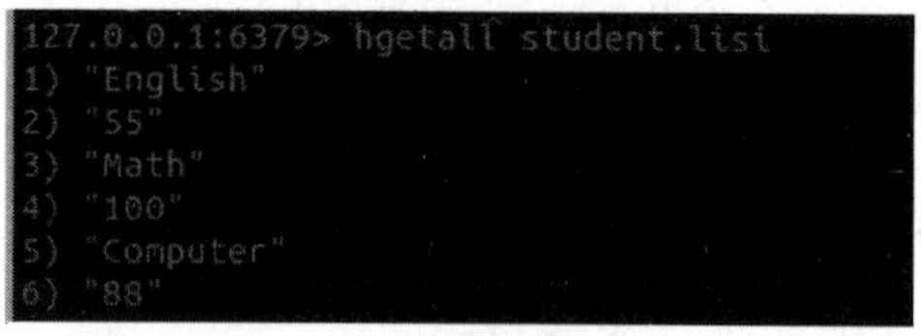

图 A-11　结果截图(10)

③ 用 hget 命令查询 zhangsan 的 Computer 成绩。

查询 zhangsan 的 Computer 成绩的命令如下：

```
hget student.zhangsan Computer
```

该命令执行后的结果截图如图 A-12 所示。

图 A-12　结果截图(11)

④ 修改 lisi 的 Math 成绩，改为 95。

修改 lisi 的 Math 成绩的命令如下：

```
hset student.lisi Math 95
```

该命令执行后的结果截图如图 A-13 所示。

图 A-13　结果截图(12)

(2) 根据上面已经设计出的学生表 Student，用 Redis 的 Java 客户端编程(jedis)，实现如下操作。

① 添加数据：English 为 45，Math 为 89，Computer 为 100。

```
scofield: {
        English: 45
        Math: 89
        Computer: 100
}
```

完成添加数据操作的 Java 代码如下：

```java
import java.util.Map;
import redis.clients.jedis.Jedis;

public class jedis_test {
    /**
     * @param args
     */
    public static void main(String[] args) {
        //TODO Auto-generated method stub
        Jedis jedis=new Jedis("localhost");
        jedis.hset("student.scofield", "English","45");
        jedis.hset("student.scofield", "Math","89");
        jedis.hset("student.scofield", "Computer","100");
        Map<String,String>value=jedis.hgetAll("student.scofield");
        for(Map.Entry<String, String>entry:value.entrySet())
        {
            System.out.println(entry.getKey()+":"+entry.getValue());
        }
    }
}
```

在 Eclipse 中执行程序时,需要添加 JAR 包 jedis-2.9.0.jar,这个 JAR 包可以到本书官网的"下载专区"的"实验答案"目录中下载。在 Eclipse 中执行上述代码后,在 Eclipse 控制台输出的信息截图如图 A-14 所示。

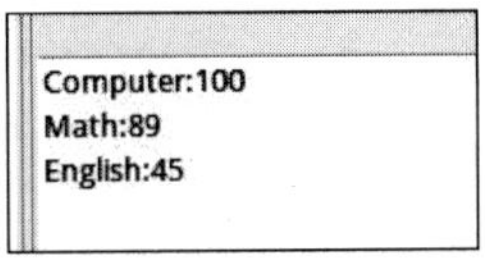

图 A-14　信息截图(2)

② 获取 scofield 的 English 成绩信息。

获取 scofield 的 English 成绩信息的 Java 代码如下:

```java
import java.util.Map;
import redis.clients.jedis.Jedis;

public class jedis_query {

    /**
     * @param args
     */
    public static void main(String[] args) {
        //TODO Auto-generated method stub
        Jedis jedis=new Jedis("localhost");
        String value=jedis.hget("student.scofield", "English");
        System.out.println("scofield's English score is: "+value);
    }
}
```

在 Eclipse 中执行上述代码后,在 Eclipse 控制台输出的信息截图如图 A-15 所示。

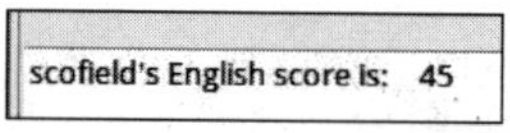

> scofield's English score is: 45

图 A-15　信息截图(3)

4. MongoDB 数据库操作

Student 文档如下：

```
{
    "name": "zhangsan",
    "score": {
        "English": 69,
        "Math": 86,
        "Computer": 77
    }
}
{
    "name": "lisi",
    "score": {
        "English": 55,
        "Math": 100,
        "Computer": 88
    }
}
```

（1）根据上面给出的文档，完成如下操作。

① 用 MongoDB Shell 设计出 student 集合。

首先切换到 student 集合，命令如下：

```
use student
```

其次定义包含上述两个文档的数组，命令如下：

```
var stus=[
{"name":"zhangsan","scores":{"English":69,"Math":86,"Computer":77}},
{"name":"lisi","score":{"English":55,"Math":100,"Computer":88}} ]
```

最后调用如下命令插入数据库：

```
db.student.insert(stus)
```

上述命令执行结果截图如图 A-16 所示。

② 用 find()方法输出两个学生的信息。

用 find()方法输出两个学生信息的命令如下：

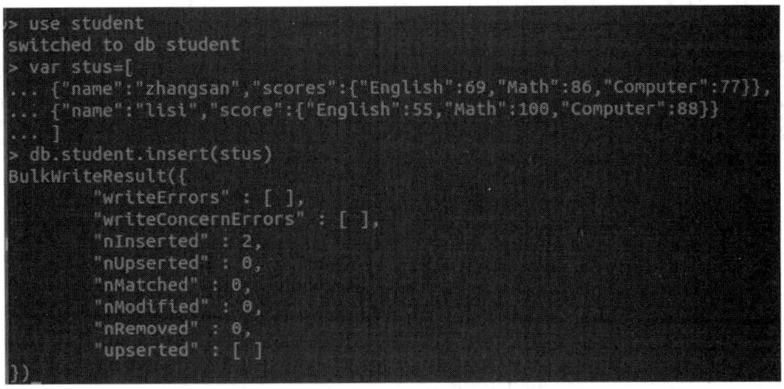

图 A-16　结果截图(13)

```
db.student.find().pretty()
```

上述命令执行后的结果截图如图 A-17 所示。

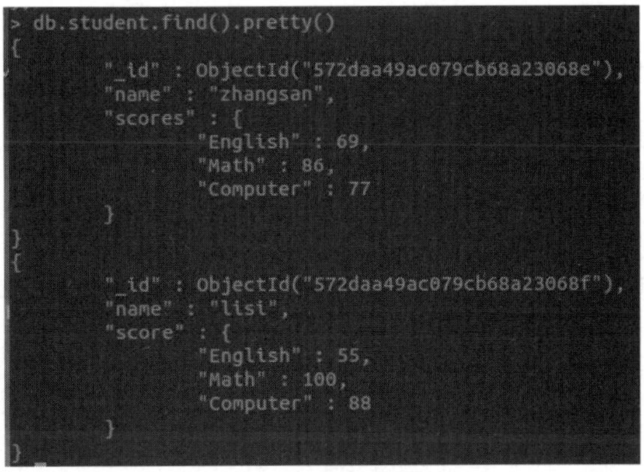

图 A-17　结果截图(14)

③ 用 find 函数查询 zhangsan 的所有成绩(只显示 score 列)。

用 find 函数查询 zhangsan 的所有成绩的命令如下：

```
db.student.find({"name":"zhangsan"},{"_id":0,"name":0})
```

上述命令执行后的结果截图如图 A-18 所示。

图 A-18　结果截图(15)

④ 修改 lisi 的 Math 成绩，改为 95。

修改 lisi 的 Math 成绩的命令如下：

```
db.student.update({"name":"lisi"}, {"$set":{"score.Math":95}})
```

上述命令执行后的结果截图如图 A-19 所示。

图 A-19　结果截图(16)

（2）根据上面已经设计出的 Student 集合，用 MongoDB 的 Java 客户端编程，实现如下操作。

① 添加数据：English 为 45，Math 为 89，Computer 为 100。

与上述数据对应的文档形式如下：

```
{
    "name":"scofield",
    "score": {
        "English": 45,
        "Math": 89,
        "Computer": 100
    }
}
```

实现上述添加数据操作的 Java 代码如下：

```java
import java.util.ArrayList;
import java.util.List;

import org.bson.Document;
import com.mongodb.MongoClient;
import com.mongodb.client.MongoCollection;
import com.mongodb.client.MongoDatabase;

public class mongo_insert {

    /**
     * @param args
     */
    public static void main(String[] args) {
        //TODO Auto-generated method stub
        //实例化一个 mongo 客户端
        MongoClient mongoClient=new MongoClient("localhost",27017);
        //实例化一个 mongo 数据库
        MongoDatabase mongoDatabase=mongoClient.getDatabase("student");
        //获取数据库中的某个集合
        MongoCollection<Document>collection=mongoDatabase.getCollection
        ("student");
```

```java
        //实例化一个文档,内嵌一个子文档
        Document document=new Document("name","scofield").
            append("score", new Document("English",45).
                append("Math", 89).
                append("Computer", 100));
        List<Document>documents=new ArrayList<Document>();
        documents.add(document);
        //将文档插入集合中
        collection.insertMany(documents);
        System.out.println("文档插入成功");
    }
}
```

可以使用 find()方法验证数据是否已经成功插入 MongoDB 数据库,具体命令执行的结果截图如图 A-20 所示。

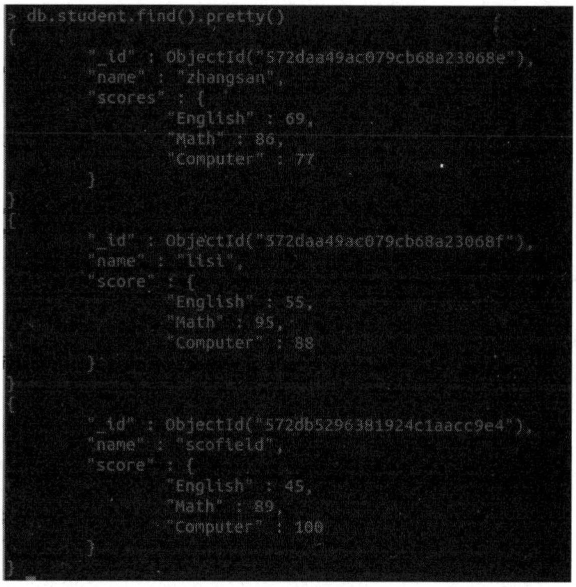

图 A-20 结果截图(17)

② 获取 scofield 的所有成绩信息(只显示 score 列)。

Java 代码如下:

```java
import java.util.ArrayList;
import java.util.List;
import org.bson.Document;
import com.mongodb.MongoClient;
import com.mongodb.client.MongoCollection;
```

```java
import com.mongodb.client.MongoCursor;
import com.mongodb.client.MongoDatabase;
import com.mongodb.client.model.Filters;
import static com.mongodb.client.model.Filters.eq;
public class mongo_query {

    /**
     * @param args
     */
    public static void main(String[] args) {
        //TODO Auto-generated method stub
        //实例化一个 mongo 客户端
        MongoClient mongoClient=new MongoClient("localhost",27017);
        //实例化一个 mongo 数据库
        MongoDatabase mongoDatabase=mongoClient.getDatabase("student");
        //获取数据库中的某个集合
        MongoCollection<Document>collection=mongoDatabase.getCollection
        ("student");
        //进行数据查找,查询条件为 name=scofield,对获取的结果集只显示 score 这个域
        MongoCursor<Document>cursor=collection.find(new Document("name",
        "scofield")).
            projection(new Document("score",1).append("_id", 0)).iterator();
        while(cursor.hasNext())
            System.out.println(cursor.next().toJson());
    }
}
```

A.5 "实验五：MapReduce 初级编程实践" 实验步骤

1. 编程实现文件合并和去重操作

对于两个输入文件,即文件 A 和文件 B,编写 MapReduce 程序,对两个文件进行合并,并剔除其中重复的内容,得到一个新的输出文件 C。下面是输入文件和输出文件的一个样例供参考。

输入文件 A 的样例如下：

20170101	x
20170102	y
20170103	x
20170104	y
20170105	z
20170106	x

输入文件 B 的样例如下：

```
20170101        y
20170102        y
20170103        x
20170104        z
20170105        y
```

根据输入文件 A 和 B 合并得到的输出文件 C 的样例如下：

```
20170101        x
20170101        y
20170102        y
20170103        x
20170104        y
20170104        z
20170105        y
20170105        z
20170106        x
```

实现上述操作的 Java 代码如下：

```java
package com.Merge;

import java.io.IOException;

import org.apache.hadoop.conf.Configuration;
import org.apache.hadoop.fs.Path;
import org.apache.hadoop.io.IntWritable;
import org.apache.hadoop.io.Text;
import org.apache.hadoop.mapreduce.Job;
import org.apache.hadoop.mapreduce.Mapper;
import org.apache.hadoop.mapreduce.Reducer;
import org.apache.hadoop.mapreduce.lib.input.FileInputFormat;
import org.apache.hadoop.mapreduce.lib.output.FileOutputFormat;
import org.apache.hadoop.util.GenericOptionsParser;

public class Merge {
    /**
     * @param args
     * 对 A、B 两个文件进行合并,并剔除其中重复的内容,得到一个新的输出文件 C
     */
```

```java
//重载 map 函数,直接将输入中的 value 复制到输出数据的 key 上
public static class Map extends Mapper<Object, Text, Text, Text>{
    private static Text text=new Text();
    public void map(Object key, Text value, Context context) throws
    IOException,InterruptedException{
        text=value;
        context.write(text, new Text(""));
    }
}

//重载 reduce 函数,直接将输入中的 key 复制到输出数据的 key 上
public static class Reduce extends Reducer<Text, Text, Text, Text>{
    public void reduce(Text key, Iterable<Text>values, Context context)
        throws IOException,InterruptedException{
        context.write(key, new Text(""));
    }
}

public static void main(String[] args) throws Exception{

    //TODO Auto-generated method stub
    Configuration conf=new Configuration();
    conf.set("fs.default.name","hdfs://localhost:9000");
    String[] otherArgs=new String[]{"input","output"}; /* 直接设置输入参数 */
    if(otherArgs.length !=2) {
        System.err.println("Usage: wordcount<in><out>");
        System.exit(2);
        }
    Job job=Job.getInstance(conf,"Merge and duplicate removal");
    job.setJarByClass(Merge.class);
    job.setMapperClass(Map.class);
    job.setCombinerClass(Reduce.class);
    job.setReducerClass(Reduce.class);
    job.setOutputKeyClass(Text.class);
    job.setOutputValueClass(Text.class);
    FileInputFormat.addInputPath(job, new Path(otherArgs[0]));
    FileOutputFormat.setOutputPath(job, new Path(otherArgs[1]));
    System.exit(job.waitForCompletion(true) ? 0 : 1);
    }
}
```

2. 编写程序实现对输入文件的排序

现在有多个输入文件,每个文件中的每行内容均为一个整数。要求读取所有文件中的

整数,进行升序排序后,输出到一个新的文件中,输出的数据格式为每行两个整数,第一个数字为第二个整数的排序位次,第二个整数为原待排列的整数。下面是输入文件和输出文件的一个样例供参考。

输入文件 1 的样例如下：

```
33
37
12
40
```

输入文件 2 的样例如下：

```
4
16
39
5
```

输入文件 3 的样例如下：

```
1
45
25
```

根据输入文件 1、2 和 3 得到的输出文件如下：

```
1   1
2   4
3   5
4   12
5   16
6   25
7   33
8   37
9   39
10  40
11  45
```

实现上述操作的 Java 代码如下：

```java
package com.MergeSort;

import java.io.IOException;

import org.apache.hadoop.conf.Configuration;
```

```java
import org.apache.hadoop.fs.Path;
import org.apache.hadoop.io.IntWritable;
import org.apache.hadoop.io.Text;
import org.apache.hadoop.mapreduce.Job;
import org.apache.hadoop.mapreduce.Mapper;
import org.apache.hadoop.mapreduce.Partitioner;
import org.apache.hadoop.mapreduce.Reducer;
import org.apache.hadoop.mapreduce.lib.input.FileInputFormat;
import org.apache.hadoop.mapreduce.lib.output.FileOutputFormat;
import org.apache.hadoop.util.GenericOptionsParser;

public class MergeSort {
    /**
     * @param args
     * 输入多个文件,每个文件中的每行内容均为一个整数
     * 输出到一个新的文件中,输出的数据格式为每行两个整数,第一个数字为第二个整数的排
     *   序位次,第二个数字为原待排列的整数
     */
    //map 函数读取输入中的 value,将其转化成 IntWritable 类型,最后作为输出 key
    public static class Map extends Mapper<Object, Text, IntWritable, IntWritable>{
        private static IntWritable data=new IntWritable();
        public void map(Object key, Text value, Context context) throws 
        IOException,InterruptedException{
            String text=value.toString();
            data.set(Integer.parseInt(text));
            context.write(data, new IntWritable(1));
        }
    }

    //reduce 函数将 map 输入的 key 复制到输出的 value 上,然后根据输入的 value-list 中
    //元素的个数决定 key 的输出次数,定义一个全局变量 line_num 来代表 key 的位次
    public static class Reduce extends Reducer<IntWritable, IntWritable, IntWritable, IntWritable>{
        private static IntWritable line_num=new IntWritable(1);
        public void reduce(IntWritable key, Iterable<IntWritable>values, 
        Context context) throws IOException,InterruptedException{
            for(IntWritable val : values){
                context.write(line_num, key);
                line_num=new IntWritable(line_num.get()+1);
            }
        }
```

```
    }

    //自定义 Partition 函数,此函数根据输入数据的最大值和 MapReduce 框架中 Partition
    //的数量获取将输入数据按照大小分块的边界,然后根据输入数值和边界的关系返回对应的
    //Partiton ID
    public static class Partition extends Partitioner<IntWritable,
    IntWritable>{
        public int getPartition(IntWritable key, IntWritable value, int num_
        Partition){
            int Maxnumber=65223;              //int 型的最大数值
            int bound=Maxnumber/num_Partition+1;
            int keynumber=key.get();
            for(int i=0; i<num_Partition; i++){
                if(keynumber<bound*(i+1)&&keynumber>=bound*i){
                    return i;
                }
            }
            return -1;
        }
    }

    public static void main(String[] args) throws Exception{
        //TODO Auto-generated method stub
        Configuration conf=new Configuration();
        conf.set("fs.default.name","hdfs://localhost:9000");
        String[] otherArgs=new String[]{"input","output"};  /*直接设置输入参数*/
        if(otherArgs.length !=2) {
            System.err.println("Usage: wordcount<in><out>");
            System.exit(2);
        }
        Job job=Job.getInstance(conf,"Merge andsort");
        job.setJarByClass(MergeSort.class);
        job.setMapperClass(Map.class);
        job.setReducerClass(Reduce.class);
        job.setPartitionerClass(Partition.class);
        job.setOutputKeyClass(IntWritable.class);
        job.setOutputValueClass(IntWritable.class);
        FileInputFormat.addInputPath(job, new Path(otherArgs[0]));
        FileOutputFormat.setOutputPath(job, new Path(otherArgs[1]));
        System.exit(job.waitForCompletion(true) ? 0 : 1);
    }
}
```

3. 对给定的表格进行信息挖掘

下面给出一个 child-parent 的表格,要求挖掘其中的父子关系,给出祖孙关系的表格。

输入文件内容如下：

```
child         parent
Steven        Lucy
Steven        Jack
Jone          Lucy
Jone          Jack
Lucy          Mary
Lucy          Frank
Jack          Alice
Jack          Jesse
David         Alice
David         Jesse
Philip        David
Philip        Alma
Mark          David
Mark          Alma
```

输出文件内容如下：

```
grandchild    grandparent
Steven        Alice
Steven        Jesse
Jone          Alice
Jone          Jesse
Steven        Mary
Steven        Frank
Jone          Mary
Jone          Frank
Philip        Alice
Philip        Jesse
Mark          Alice
Mark          Jesse
```

实现上述操作的 Java 代码如下：

```java
package com.simple_data_mining;

import java.io.IOException;
import java.util.*;

import org.apache.hadoop.conf.Configuration;
import org.apache.hadoop.fs.Path;
import org.apache.hadoop.io.IntWritable;
import org.apache.hadoop.io.Text;
```

```java
import org.apache.hadoop.mapreduce.Job;
import org.apache.hadoop.mapreduce.Mapper;
import org.apache.hadoop.mapreduce.Reducer;
import org.apache.hadoop.mapreduce.lib.input.FileInputFormat;
import org.apache.hadoop.mapreduce.lib.output.FileOutputFormat;
import org.apache.hadoop.util.GenericOptionsParser;

public class simple_data_mining {
    public static int time=0;
    /**
     * @param args
     * 输入一个 child-parent 的表格
     * 输出一个体现 grandchild-grandparent 关系的表格
     */
    //Map 将输入文件按照空格分隔成 child 和 parent,然后正序输出一次作为右表,反序输出
    //一次作为左表,需要注意的是在输出的 value 中必须加上左右表区分标志
    public static class Map extends Mapper<Object, Text, Text,Text>{
        public void map(Object key, Text value, Context context) throws
        IOException,InterruptedException{
            String child_name=new String();
            String parent_name=new String();
            String relation_type=new String();
            String line=value.toString();
            int i=0;
            while(line.charAt(i) != ' '){
                i++;
            }
            String[] values={line.substring(0,i),line.substring(i+1)};
            if(values[0].compareTo("child") != 0){
                child_name=values[0];
                parent_name=values[1];
                relation_type="1";       //左右表区分标志
                context.write(new Text(values[1]), new
                Text(relation_type+"+"+child_name+"+"+parent_name));
                //左表
                relation_type="2";
                context.write(new Text(values[0]), new
                Text(relation_type+"+"+child_name+"+"+parent_name));
                //右表
            }
        }
    }

    public static class Reduce extends Reducer<Text, Text, Text, Text>{
```

```java
public void reduce(Text key, Iterable<Text> values, Context context)
throws IOException,InterruptedException{
    if(time==0){       //输出表头
        context.write(new Text("grand_child"), new
        Text("grand_parent"));
        time++;
    }
    int grand_child_num=0;
    String grand_child[]=new String[10];
    int grand_parent_num=0;
    String grand_parent[]=new String[10];
    Iterator ite=values.iterator();
    while(ite.hasNext()){
        String record=ite.next().toString();
        int len=record.length();
        int i=2;
        if(len==0) continue;
        char relation_type=record.charAt(0);
        String child_name=new String();
        String parent_name=new String();
        //获取 value-list 中 value 的 child

        while(record.charAt(i)!='+'){
            child_name=child_name+record.charAt(i);
            i++;
        }
        i=i+1;
        //获取 value-list 中 value 的 parent
        while(i<len){
            parent_name=parent_name+record.charAt(i);
            i++;
        }
        //左表,取出 child 放入 grand_child
        if(relation_type=='1'){
            grand_child[grand_child_num]=child_name;
            grand_child_num++;
        }
        else{      //右表,取出 parent 放入 grand_parent
            grand_parent[grand_parent_num]=parent_name;
            grand_parent_num++;
        }
    }

    if(grand_parent_num!=0 && grand_child_num!=0){
        for(int m=0;m<grand_child_num;m++){
```

```
                    for(int n=0;n<grand_parent_num;n++){
                        context.write(new Text(grand_child[m]), new
                        Text(grand_parent[n]));
                        //输出结果
                    }
                }
            }
        }
    }
    public static void main(String[] args) throws Exception{
        //TODO Auto-generated method stub
        Configuration conf=new Configuration();
        conf.set("fs.default.name","hdfs://localhost:9000");
        String[] otherArgs=new String[]{"input","output"}; /*直接设置输入参数*/
        if(otherArgs.length !=2) {
            System.err.println("Usage: wordcount<in><out>");
            System.exit(2);
            }
        Job job=Job.getInstance(conf,"Single table join");
        job.setJarByClass(simple_data_mining.class);
        job.setMapperClass(Map.class);
        job.setReducerClass(Reduce.class);
        job.setOutputKeyClass(Text.class);
        job.setOutputValueClass(Text.class);
        FileInputFormat.addInputPath(job, new Path(otherArgs[0]));
        FileOutputFormat.setOutputPath(job, new Path(otherArgs[1]));
        System.exit(job.waitForCompletion(true) ? 0 : 1);
    }
}
```

A.6 "实验六：熟悉 Hive 的基本操作"实验步骤

（1）创建一个内部表 stocks，字段分隔符为英文逗号，表结构如表 A-6 所示。

表 A-6 stocks 表结构

col_name	data_type	col_name	data_type
exchange	string	price_low	float
symbol	string	price_close	float
ymd	string	volume	int
price_open	float	price_adj_close	float
price_high	float		

创建表的语句如下：

```
create table if not exists stocks
(
'exchange' string,
'symbol' string,
'ymd' string,
'price_open' float,
'price_high' float,
'price_low' float,
'price_close' float,
'volume' int,
'price_adj_close' float
)
row format delimited fields terminated by ',';
```

（2）创建一个外部分区表 dividends（分区字段为 exchange 和 symbol），字段分隔符为英文逗号，表结构如表 A-7 所示。

表 A-7　dividends 表结构

col_name	data_type
ymd	string
dividend	float
exchange	string
symbol	string

创建表的语句如下：

```
create external table if not exists dividends
(
'ymd' string,
'dividend' float
)
partitioned by('exchange' string ,'symbol' string)
row format delimited fields terminated by ',';
```

（3）从 stocks.csv 文件向 stocks 表中导入数据。

操作语句如下：

```
load data local inpath '/home/hadoop/data/stocks/stocks.csv' overwrite into table stocks;
```

（4）创建一个未分区的外部表 dividends_unpartitioned，并从 dividends.csv 向其中导入数据，表结构如表 A-8 所示。

表 A-8 dividends_unpartitioned 表结构

col_name	data_type	col_name	data_type
ymd	string	exchange	string
dividend	float	symbol	string

创建表的语句如下：

```
create external table if not exists dividends_unpartitioned
(
'exchange' string ,
'symbol' string,
'ymd' string,
'dividend' float
)
row format delimited fields terminated by ',';

load data local inpath '/home/hadoop/data/dividends/dividends.csv' overwrite
into table dividends_unpartitioned;
```

（5）通过对 dividends_unpartitioned 的查询语句，利用 Hive 自动分区特性向分区表 dividends 各个分区中插入对应数据。

操作语句如下：

```
set hive.exec.dynamic.partition=true;
set hive.exec.dynamic.partition.mode=nonstrict;
set hive.exec.max.dynamic.partitions.pernode=1000;
insert overwrite table dividends partition('exchange','symbol') select 'ymd',
'dividend','exchange','symbol' from dividends_unpartitioned;
```

（6）查询 IBM 公司（symbol＝IBM）从 2000 年起所有支付股息的交易日（dividends 表中有对应记录）的收盘价（price_close）。

操作语句如下：

```
select s.ymd,s.symbol,s.price_close
from stocks s
LEFT SEMI JOIN
dividends d
ON s.ymd=d.ymd and s.symbol=d.symbol
where s.symbol='IBM' and year(ymd)>=2000;
```

（7）查询苹果公司（symbol＝AAPL）2008 年 10 月每个交易日的涨跌情况，涨显示 rise，跌显示 fall，不变显示 unchange。

操作语句如下：

```
select ymd,
case
    when price_close-price_open> 0 then 'rise'
    when price_close-price_open< 0 then 'fall'
    else 'unchanged'
end as situation
from stocks
where symbol='AAPL' and substring(ymd,0,7)='2008-10';
```

(8) 查询 stocks 表中收盘价(price_close)比开盘价(price_open)高得最多的那条记录的交易所(exchange)、股票代码(symbol)、日期(ymd)、收盘价、开盘价及二者差价。

操作语句如下：

```
select 'exchange',symbol,ymd,price_close-price_open as 'diff'
from
(
    select *
    from stocks
    order by price_close-price_open desc
    limit 1
)t;
```

(9) 从 stocks 表中查询苹果公司(symbol＝AAPL)年平均调整后收盘价(price_adj_close)大于 50 美元的年份及年平均调整后收盘价。

操作语句如下：

```
select
    year(ymd) as 'year',
    avg(price_adj_close) as avg_price from stocks
where 'exchange'='NASDAQ' and symbol='AAPL'
group by year(ymd)
having avg_price >50;
```

(10) 查询每年年平均调整后收盘价(price_adj_close)前三名的公司的股票代码及年平均调整后收盘价。

操作语句如下：

```
select t2.'year',symbol,t2.avg_price
from
(
    select
        *,row_number() over(partition by t1.'year' order by t1.avg_price desc) as
        'rank'
```

```
    from
    (
        select
            year(ymd) as 'year',
            symbol,
            avg(price_adj_close) as avg_price
        from stocks
        group by year(ymd),symbol
    )t1
)t2
where t2.'rank'<=3;
```

A.7 "实验七：Spark 初级编程实践"实验步骤

1. Spark 读取文件系统的数据

（1）在 spark-shell 中读取 Linux 系统本地文件/home/hadoop/test.txt，统计出文件的行数。

假设 Spark 安装在/usr/local/spark 目录。

```
$cd /usr/local/spark
$./bin/spark-shell
scala>val textFile=sc.textFile("file:///home/hadoop/test.txt")
scala>textFile.count()
```

（2）在 spark-shell 中读取 HDFS 文件/user/hadoop/test.txt（如果该文件不存在，先创建），统计出文件的行数。

```
scala > val textFile = sc. textFile ( "hdfs://localhost: 9000/user/hadoop/test.txt")
scala>textFile.count()
```

（3）编写独立应用程序（推荐使用 Scala 语言），读取 HDFS 文件/user/hadoop/test.txt（如果该文件不存在，先创建），统计出文件的行数；通过 sbt 工具将整个应用程序编译打包成 JAR 包，并将生成的 JAR 包通过 spark-submit 提交到 Spark 中运行命令。

使用 hadoop 用户名登录 Linux 系统，打开一个终端，在 Linux 终端中，执行如下命令创建一个文件夹 sparkapp 作为应用程序根目录：

```
$cd ~                                    #进入用户主文件夹
$mkdir ./sparkapp                        #创建应用程序根目录
$mkdir -p ./sparkapp/src/main/scala      #创建所需的文件夹结构
```

需要注意的是，为了能够使用 sbt 对 Scala 应用程序进行编译打包，需要把应用程序代码存放在应用程序根目录下的 src/main/scala 目录下。下面使用 vim 编辑器在 ~/sparkapp/src/main/scala 下建立一个名为 SimpleApp.scala 的 Scala 代码文件，命令如下：

```
$cd ~
$vim ./sparkapp/src/main/scala/SimpleApp.scala
```

在 SimpleApp.scala 代码文件中输入以下代码：

```
/* SimpleApp.scala */
import org.apache.spark.SparkContext
import org.apache.spark.SparkContext._
import org.apache.spark.SparkConf

object SimpleApp {
    def main(args: Array[String]) {
        val logFile =" hdfs://localhost:9000/user/hadoop/test.txt"
        val conf =new SparkConf().setAppName("Simple Application")
        val sc =new SparkContext(conf)
        val logData =sc.textFile(logFile, 2)
        val num =logData.count()
        printf("The num of this file is %d", num)
    }
}
```

下面使用 sbt 对 Scala 程序进行编译打包。

SimpleApp.scala 程序依赖于 Spark API，因此，需要通过 sbt 进行编译打包以后才能运行。首先，需要使用 vim 编辑器在 ~/sparkapp 目录下新建文件 simple.sbt，命令如下：

```
$cd ~
$vim ./sparkapp/simple.sbt
```

simple.sbt 文件用于声明该独立应用程序的信息以及与 Spark 的依赖关系（实际上，只要扩展名使用 sbt，文件名可以不用 simple，可以自己随意命名，如 mysimple.sbt）。需要在 simple.sbt 文件中输入以下内容：

```
name :="Simple Project"
version :="1.0"
scalaVersion :="2.11.12"
libraryDependencies +="org.apache.spark" %% "spark-core" % "2.4.0"
```

为了保证 sbt 能够正常运行，先执行如下命令检查整个应用程序的文件结构：

```
$cd ~/sparkapp
$find .
```

文件结构应该是类似如下的内容：

```
.
./src
./src/main
./src/main/scala
./src/main/scala/SimpleApp.scala
./simple.sbt
```

可以通过如下代码将整个应用程序打包成 JAR：

```
$cd ~/sparkapp          #一定把这个目录设置为当前目录
$/usr/local/sbt/sbt  package
```

对于刚刚安装的 Spark 和 sbt 而言，第一次执行上面命令时，系统会自动从网络上下载各种相关的依赖包，因此上面执行过程需要消耗几分钟时间，后面如果再次执行 sbt package 命令，速度就会快很多，因为不再需要下载相关文件。执行上述命令后，屏幕会返回如下类似信息：

```
$/usr/local/sbt/sbt package
OpenJDK 64-Bit Server VM warning: ignoring option MaxPermSize=256M; support was removed in 8.0
[info] Set current project to Simple Project (in build file:/home/hadoop/sparkapp/)
…
[info] Done packaging.
[success] Total time: 2 s, completed 2020-2-1 22:53:13
```

生成的 JAR 包的位置为 ~/sparkapp/target/scala-2.11/simple-project_2.11-1.0.jar。

对于前面 sbt 打包得到的应用程序 JAR 包，可以通过 spark-submit 提交到 Spark 中运行，命令如下：

```
$/usr/local/spark/bin/spark-submit --class  "SimpleApp" ~/sparkapp/target/scala-2.11/simple-project_2.11-1.0.jar
```

2. 编写独立应用程序实现数据去重

对于两个输入文件 A 和 B，编写 Spark 独立应用程序（推荐使用 Scala 语言），对两个文件进行合并，并剔除其中重复的内容，得到一个新文件 C。下面是输入文件和输出文件的一个样例供参考。

输入文件 A 的样例如下：

```
20170101     x
20170102     y
```

```
20170103    x
20170104    y
20170105    z
20170106    z
```

输入文件 B 的样例如下:

```
20170101    y
20170102    y
20170103    x
20170104    z
20170105    y
```

根据输入的文件 A 和 B 合并得到的输出文件 C 的样例如下:

```
20170101    x
20170101    y
20170102    y
20170103    x
20170104    y
20170104    z
20170105    y
20170105    z
20170106    z
```

(1) 假设当前目录为/usr/local/spark/mycode/remdup,在当前目录下新建一个目录 src/main/scala,然后在目录/usr/local/spark/mycode/remdup/src/main/scala 下新建一个 remdup.scala,复制如下代码:

```scala
import org.apache.spark.SparkContext
import org.apache.spark.SparkContext._
import org.apache.spark.SparkConf
import org.apache.spark.HashPartitioner

object RemDup {
    def main(args: Array[String]) {
        val conf = new SparkConf().setAppName("RemDup")
        val sc = new SparkContext(conf)
        val dataFile = "file:///home/charles/data"
        val data = sc.textFile(dataFile,2)
        val res = data.filter(_.trim().length>0).map(line=>(line.trim,"")).
        partitionBy(new HashPartitioner(1)).groupByKey().sortByKey().keys
```

```
        res.saveAsTextFile("result")
    }
}
```

（2）在/usr/local/spark/mycode/remdup目录下新建simple.sbt，复制如下代码：

```
name := "Simple Project"
version := "1.0"
scalaVersion := "2.11.12"
libraryDependencies += "org.apache.spark" %% "spark-core" % "2.4.0"
```

（3）在/usr/local/spark/mycode/remdup目录下执行如下命令打包程序：

```
$sudo /usr/local/sbt/sbt package
```

（4）在/usr/local/spark/mycode/remdup目录下执行如下命令提交程序：

```
$/usr/local/spark/bin/spark-submit --class "RemDup" /usr/local/spark/mycode/remdup/target/scala-2.11/simple-project_2.11-1.0.jar
```

（5）在/usr/local/spark/mycode/remdup/result目录下即可得到结果文件。

3. 编写独立应用程序实现求平均值问题

每个输入文件表示班级学生某个学科的成绩，每行内容由两个字段组成，第一个是学生名字，第二个是学生的成绩；编写Spark独立应用程序求出所有学生的平均成绩，并输出到一个新文件中。下面是输入文件和输出文件的一个样例供参考。

Algorithm成绩的样例如下：

```
小明 92
小红 87
小新 82
小丽 90
```

Database成绩的样例如下：

```
小明 95
小红 81
小新 89
小丽 85
```

Python成绩的样例如下：

```
小明 82
小红 83
小新 94
小丽 91
```

平均成绩的样例如下:

```
小明,89.67
小红,83.67
小新,88.33
小丽,88.67
```

(1) 假设当前目录为/usr/local/spark/mycode/avgscore,在当前目录下新建一个目录src/main/scala,然后在目录/usr/local/spark/mycode/avgscore/src/main/scala下新建一个avgscore.scala,复制如下代码:

```
import org.apache.spark.SparkContext
import org.apache.spark.SparkContext._
import org.apache.spark.SparkConf
import org.apache.spark.HashPartitioner

object AvgScore {
    def main(args: Array[String]) {
        val conf = new SparkConf().setAppName("AvgScore")
        val sc = new SparkContext(conf)
        val dataFile = "file:///home/hadoop/data"
        val data = sc.textFile(dataFile,3)

        val res = data.filter(_.trim().length>0).map(line=>(line.split(" ")(0).trim(),line.split(" ")(1).trim().toInt)).partitionBy(new HashPartitioner(1)).groupByKey().map(x => {
            var n = 0
            var sum = 0.0
            for(i <- x._2){
            sum = sum + i
            n = n + 1
            }
            val avg = sum/n
            val format = f"$avg%1.2f".toDouble
            (x._1,format)
        })
        res.saveAsTextFile("result")
    }
}
```

(2) 在/usr/local/spark/mycode/avgscore 目录下新建 simple.sbt，复制如下代码：

```
name := "Simple Project"
version := "1.0"
scalaVersion := "2.11.12"
libraryDependencies += "org.apache.spark" %% "spark-core" % "2.4.0"
```

(3) 在/usr/local/spark/mycode/avgscore 目录下执行如下命令打包程序：

```
$sudo /usr/local/sbt/sbt package
```

(4) 在/usr/local/spark/mycode/avgscore 目录下执行如下命令提交程序：

```
$/usr/local/spark/bin/spark-submit --class "AvgScore"
/usr/local/spark/mycode/avgscore/target/scala-2.11/simple-project_2.11-1.0.jar
```

(5) 在/usr/local/spark/mycode/avgscore/result 目录下即可得到结果文件。

A.8 "实验八：Flink 初级编程实践"实验步骤

1. 使用 IntelliJ IDEA 工具开发 WordCount 程序

在 Linux 系统中安装 IntelliJ IDEA，使用 IntelliJ IDEA 工具开发 WordCount 程序，并打包成 JAR 文件，提交到 Flink 中运行。

参考相关网络资料完成 IntelliJ IDEA 的安装。在开始本实验之前，先要启动 Flink。下面介绍如何使用 IntelliJ IDEA 工具开发 WordCount 程序。

启动进入 IntelliJ IDEA，如图 A-21 所示，新建一个项目。

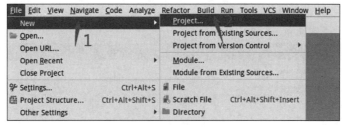

图 A-21　创建项目

执行如图 A-22 所示的操作。

如图 A-23 所示，填写 GroupId 和 ArtifactId。这里的 GroupId 是 dblab，ArtifactId 是 FlinkWordCount。

如图 A-24 所示，设置 Project name 为 FlinkWordCount。

若出现如图 A-25 所示内容，则单击 Enable Auto-Import。

这时生成的项目目录结构如图 A-26 所示。

打开 pom.xml 文件，输入如下内容：

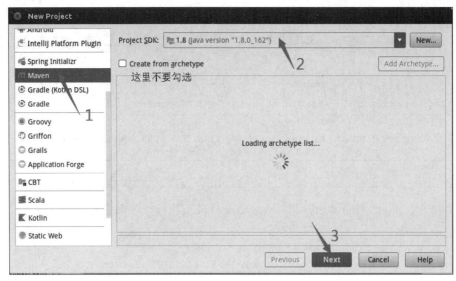

图 A-22　创建 Maven 项目

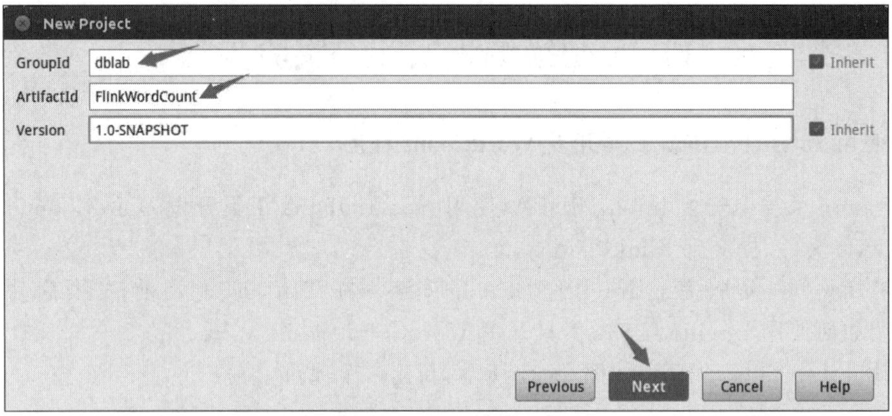

图 A-23　设置项目信息

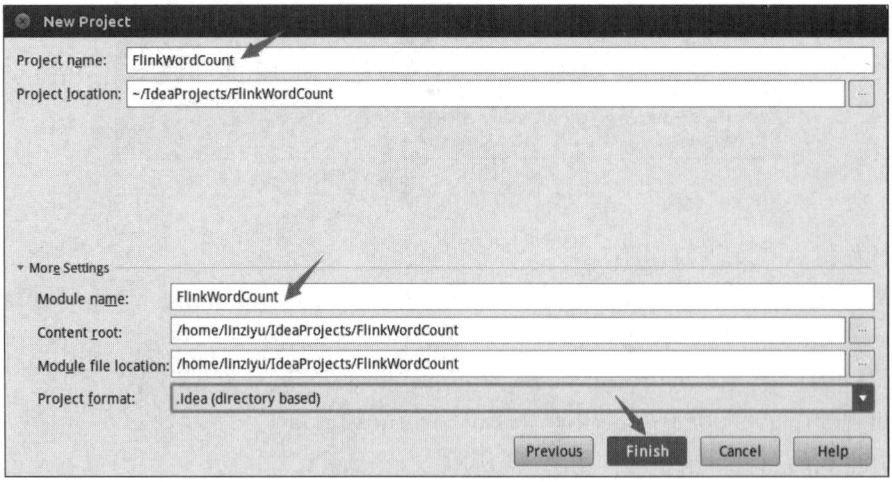

图 A-24　设置项目名称

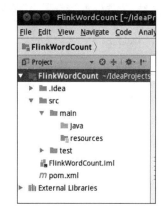

图 A-25　Enable Auto-Import 提示信息　　图 A-26　项目结构

```
<? xml version="1.0" encoding="UTF-8"? >
<project xmlns="http://maven.apache.org/POM/4.0.0"
        xmlns:xsi="http://www.w3.org/2001/XMLSchema-instance"
        xsi:schemaLocation="http://maven.apache.org/POM/4.0.0 http://maven.
apache.org/xsd/maven-4.0.0.xsd">
    <modelVersion>4.0.0</modelVersion>
    <groupId>dblab</groupId>
    <artifactId>FlinkWordCount</artifactId>
    <version>1.0-SNAPSHOT</version>
    <dependencies>
        <dependency>
            <groupId>org.apache.flink</groupId>
            <artifactId>flink-java</artifactId>
            <version>1.9.1</version>
        </dependency>
        <dependency>
            <groupId>org.apache.flink</groupId>
            <artifactId>flink-streaming-java_2.11</artifactId>
            <version>1.9.1</version>
        </dependency>
        <dependency>
            <groupId>org.apache.flink</groupId>
            <artifactId>flink-clients_2.11</artifactId>
            <version>1.9.1</version>
        </dependency>
    </dependencies>
```

如图 A-27 所示，创建 Package。

如图 A-28 所示，在 Enter new package name 下面的文本框中输入 cn.edu.xmu。

如图 A-29 所示，新建一个 Java Class 文件。

如图 A-30 所示，在 Name 右侧的文本框中输入 WordCountData。

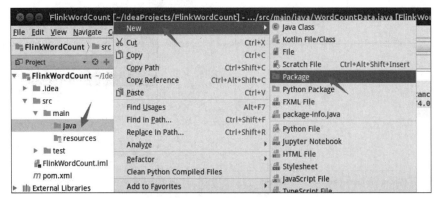

图 A-27 创建 Package

图 A-28 设置 Package 的名称

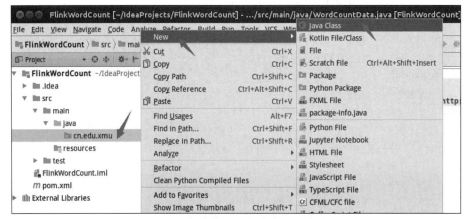

图 A-29 新建一个 Java Class 文件

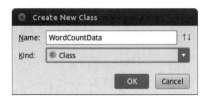

图 A-30 输入类的名称

WordCountData.java 用于提供原始数据,其内容如下:

```
package cn.edu.xmu;
import org.apache.flink.api.java.DataSet;
```

```
import org.apache.flink.api.java.ExecutionEnvironment;

public class WordCountData {
    public static final String[] WORDS=new String[]{"To be, or not to be,--that is the question:--", "Whether \'tis nobler in the mind to suffer", "The slings and arrows of outrageous fortune", "Or to take arms against a sea of troubles,", "And by opposing end them?--To die,--to sleep,--", "No more; and by a sleep to say we end", "The heartache, and the thousand natural shocks", "That flesh is heir to, --\'tis a consummation", "Devoutly to be wish\'d. To die,--to sleep;--", "To sleep! perchance to dream:--ay, there\'s the rub;", "For in that sleep of death what dreams may come,", "When we have shuffled off this mortal coil,", "Must give us pause: there\'s the respect", "That makes calamity of so long life;", "For who would bear the whips and scorns of time,", "The oppressor\'s wrong, the proud man \'s contumely,", "The pangs of despis\'d love, the law\'s delay,", "The insolence of office, and the spurns", "That patient merit of the unworthy takes,", "When he himself might his quietus make", "With a bare bodkin? who would these fardels bear,", "To grunt and sweat under a weary life,", "But that the dread of something after death,--", "The undiscover\'d country, from whose bourn", "No traveller returns,--puzzles the will,", "And makes us rather bear those ills we have", "Than fly to others that we know not of?", "Thus conscience does make cowards of us all;", "And thus the native hue of resolution", "Is sicklied o\'er with the pale cast of thought;", "And enterprises of great pith and moment,", "With this regard, their currents turn awry,", "And lose the name of action.--Soft you now!", "The fair Ophelia!--Nymph, in thy orisons", "Be all my sins remember \'d."};
    public WordCountData() {
    }
    public static DataSet < String > getDefaultTextLineDataset ( Execution -
    Environment env) {
        return env.fromElements(WORDS);
    }
}
```

按照刚才同样的操作，创建第二个文件 WordCountTokenizer.java。WordCountTokenizer.java 用于切分句子，其内容如下：

```
package cn.edu.xmu;
import org.apache.flink.api.common.functions.FlatMapFunction;
import org.apache.flink.api.java.tuple.Tuple2;
import org.apache.flink.util.Collector;

public class WordCountTokenizer implements FlatMapFunction< String, Tuple2< String,Integer>>{
    public WordCountTokenizer(){}
    public void flatMap(String value, Collector<Tuple2<String, Integer>>out)
    throws Exception {
```

```java
        String[] tokens =value.toLowerCase().split("\\W+");
        int len =tokens.length;
        for(int i =0; i<len;i++){
            String tmp =tokens[i];
            if(tmp.length()>0){
                out.collect(new Tuple2<String, Integer>(tmp, Integer.valueOf
                (1)));
            }
        }
    }
}
```

按照刚才同样的操作,创建第三个文件 WordCount.java。

WordCount.java 提供主函数,其内容如下:

```java
package cn.edu.xmu;
import org.apache.flink.api.java.DataSet;
import org.apache.flink.api.java.ExecutionEnvironment;
import org.apache.flink.api.java.operators.AggregateOperator;
import org.apache.flink.api.java.utils.ParameterTool;

public class WordCount {
    public WordCount(){}
    public static void main(String[] args) throws Exception {
        ParameterTool params =ParameterTool.fromArgs(args);
        ExecutionEnvironment env =ExecutionEnvironment.getExecution-
        Environment();
        env.getConfig().setGlobalJobParameters(params);
        Object text;
        //如果没有指定输入路径,则默认使用 WordCountData 中提供的数据
        if(params.has("input")){
            text =env.readTextFile(params.get("input"));
        }else{
            System.out.println("Executing WordCount example with default input
            data set.");
            System.out.println("Use --input to specify file input.");
            text =WordCountData.getDefaultTextLineDataset(env);
        }
            AggregateOperator counts =((DataSet)text).flatMap(new
            WordCountTokenizer()).groupBy(new int[]{0}).sum(1);
        //如果没有指定输出,则默认打印到控制台
        if(params.has("output")){
            counts.writeAsCsv(params.get("output"),"\n", " ");
            env.execute();
```

```
        }else{
            System.out.println("Printing result to stdout. Use - - output to
            specify output path.");
            counts.print();
        }
    }
}
```

三个代码文件创建以后的效果,如图 A-31 所示。

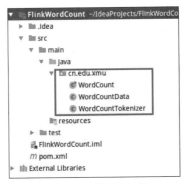

图 A-31　项目目录树

如图 A-32 所示,在左侧目录树的 pom.xml 文件上右击,在弹出的快捷菜单中选择 Maven→Generate Sources and Update Folders 命令。

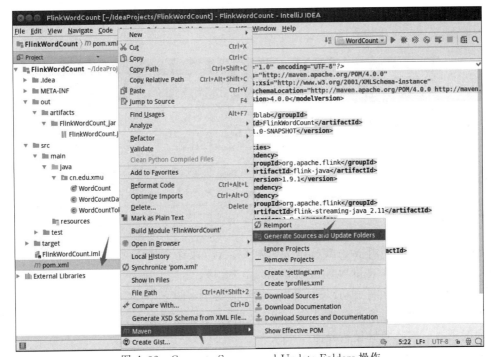

图 A-32　Generate Sources and Update Folders 操作

如图 A-33 所示，在左侧目录树的 pom.xml 文件上右击，在弹出的快捷菜单中选择 Maven→Reimport 命令。

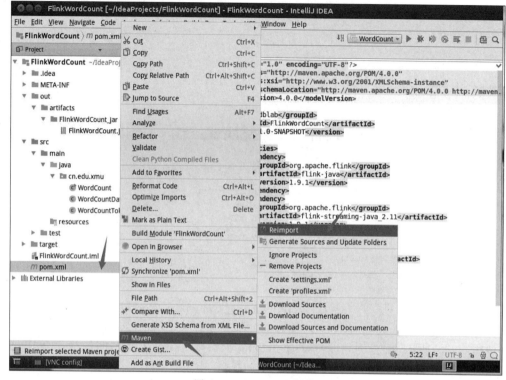

图 A-33　Reimport 操作

如图 A-34 所示，执行编译。

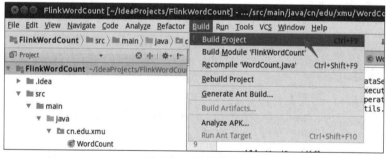

图 A-34　执行编译

如图 A-35 所示，打开 WordCount.java 代码文件，在这个代码文件的代码区域右击，在弹出的快捷菜单中选择 Run 'WordCount.main()' 命令。

如图 A-36 所示，执行成功以后，可以看到词频统计结果。

下面要把代码进行编译打包，打包成 JAR 包。为此，需要做一些准备工作。

如图 A-37 所示，打开设置界面。

按照图 A-38 所示进行设置。

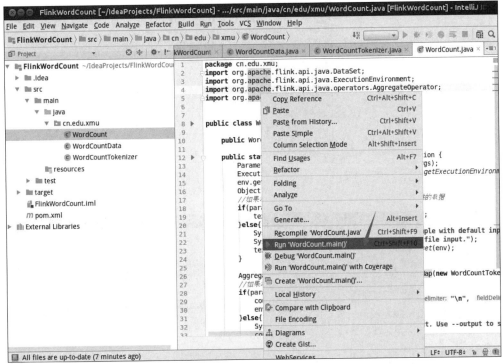

图 A-35　运行代码

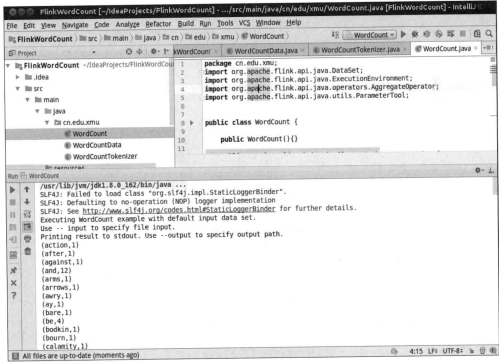

图 A-36　程序执行结果

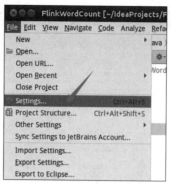

图 A-37 打开设置界面

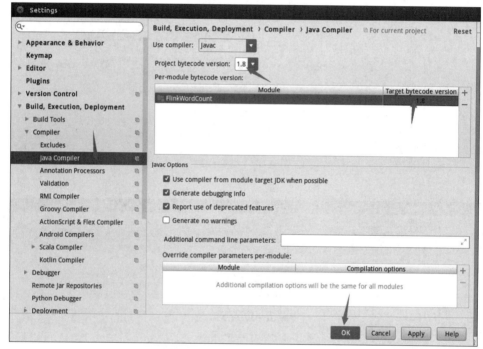

图 A-38 设置 Java Compiler

如图 A-39 所示进入 Project Structure 界面。

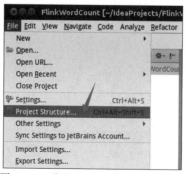

图 A-39 进入 Project Structure 界面

按照图 A-40～图 A-44 所示进行设置。

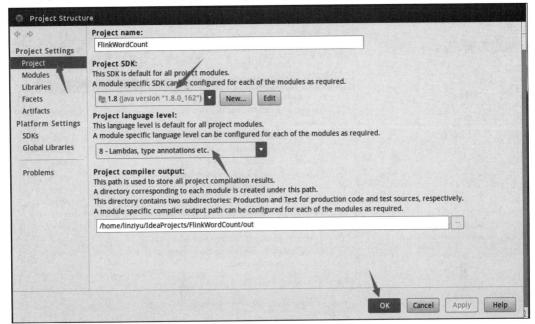

图 A-40　设置项目信息

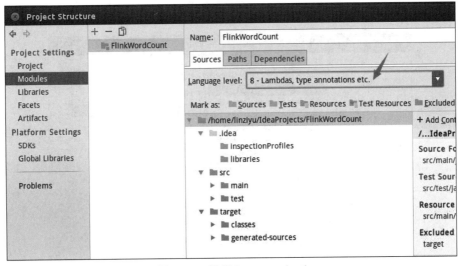

图 A-41　设置 Language level

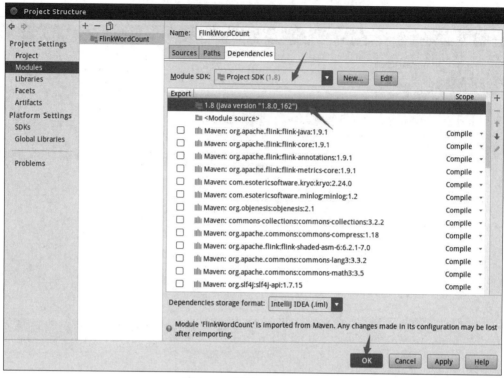

图 A-42　设置 Project SDK

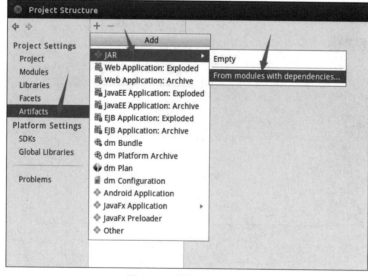

图 A-43　设置 Artifacts

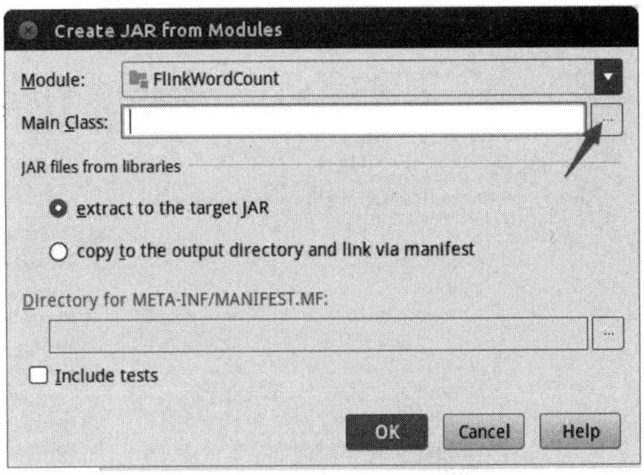

图 A-44 设置 Main Class

按照图 A-45 所示进行设置。在搜索框中输入 WordCount 就会自动搜索到主类，再在搜索到的结果条上双击。

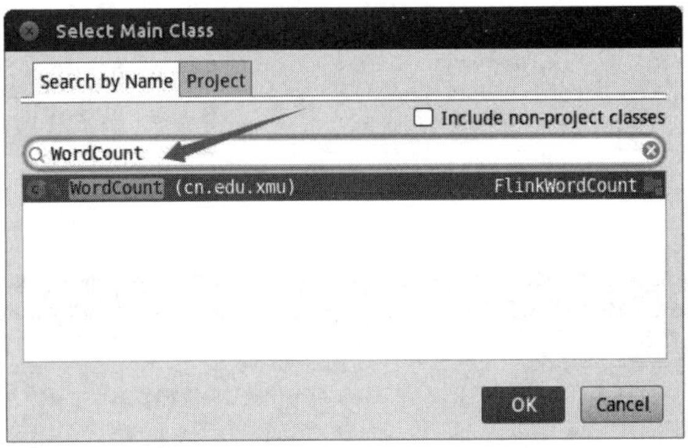

图 A-45 选择 Main Class

按照图 A-46 所示设置 META-INF 目录。

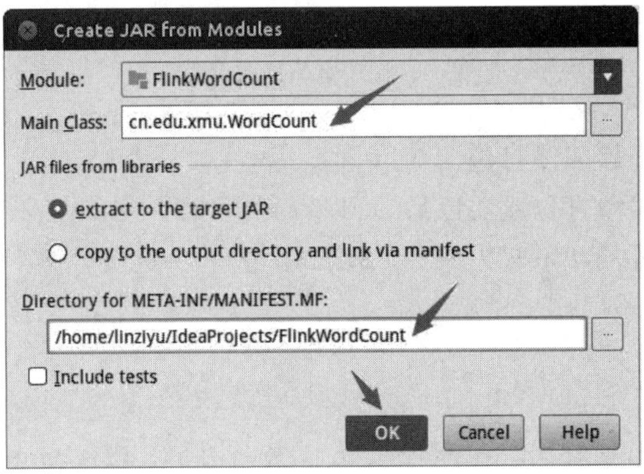

图 A-46 设置 META-INF 目录

按照图 A-47 所示进行设置。
如图 A-48 所示，进入编译打包菜单。

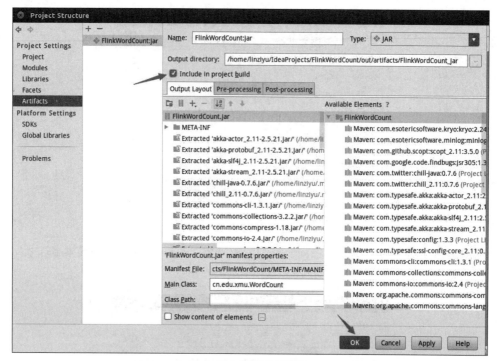

图 A-47 设置项目结构

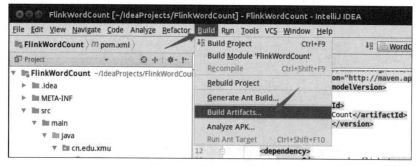

图 A-48 编译打包菜单

如图 A-49 所示,开始编译打包。

如图 A-50 所示,编译打包成功以后,可以看到生成的 FlinkWordCount.jar 文件。

最后,到 Flink 中运行 FlinkWordCount.jar。这里一定要注意,要确认已经开启 Flink 系统。程序运行结果如图 A-51 所示。

2. 数据流词频统计

使用 Linux 系统自带的 NC 程序模拟生成数据流,不断产生单词并发送出去。编写 Flink 程序对 NC 程序发来的单词进行实时处理,计算词频,并把词频统计结果输出。要求先在 IntelliJ IDEA 中开发和调试程序,再打成 JAR 包部署到 Flink 中运行。

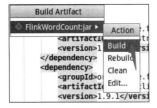
图 A-49　开始编译打包

图 A-50　编译打包成功后生成的 FlinkWordCount.jar 文件

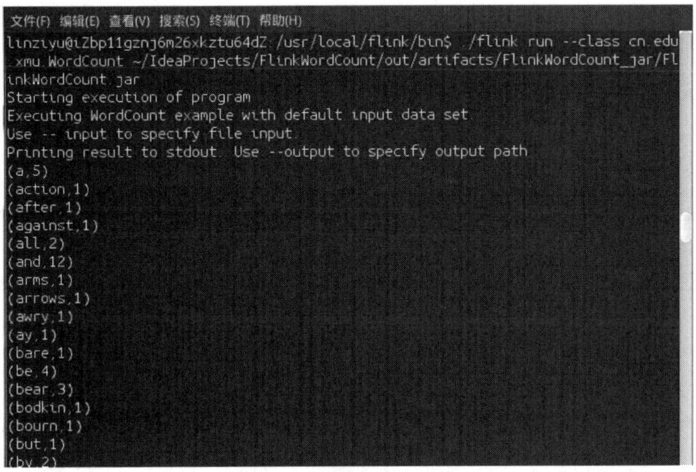

图 A-51　程序运行结果

仿照前面 FlinkWordCount 项目的开发流程，在 IntelliJ IDEA 中新建一个项目，名为 FlinkWordCount2。新建一个 pom.xm 文件，内容和前面 FlinkWordCount 项目中的 pom.xml 一样。新建一个代码文件 WordCount.java，内容如下：

```
package cn.edu.xmu;
import org.apache.flink.api.common.functions.FlatMapFunction;
import org.apache.flink.api.java.utils.ParameterTool;
import org.apache.flink.streaming.api.datastream.DataStream;
import org.apache.flink.streaming.api.datastream.DataStreamSource;
import org.apache.flink.streaming.api.environment.StreamExecution-
Environment;
```

```java
import org.apache.flink.streaming.api.windowing.time.Time;
import org.apache.flink.util.Collector;

public class WordCount {
    public static void main(String[] args) throws Exception {
        //定义 socket 的端口号
        int port;
        try {
            ParameterTool parameterTool = ParameterTool.fromArgs(args);
            port = parameterTool.getInt("port");
        } catch (Exception e) {
            System.err.println("指定 port 参数,默认值为 9000");
            port = 9000;
        }

        //获取运行环境
        StreamExecutionEnvironment env = StreamExecutionEnvironment.getExecution-
Environment();

        //连接 socket,获取输入的数据
        DataStreamSource<String> text = env.socketTextStream("127.0.0.1",
port, "\n");

        //计算数据
        DataStream<WordWithCount> windowCount = text.flatMap(new FlatMap-
Function<String, WordWithCount>() {
            public void flatMap(String value, Collector<WordWithCount> out)
            throws Exception {
                String[] splits = value.split("\\s");
                for (String word : splits) {
                    out.collect(new WordWithCount(word, 1L));
                }
            }
        })//flatMap 操作,把每行的单词转为<word,count>类型的数据
                .keyBy("word")                              //针对相同的 word 数据进行分组
                .timeWindow(Time.seconds(2), Time.seconds(1))
                                        //指定计算数据的窗口大小和滑动窗口大小
                .sum("count");

        //把数据打印到控制台
        windowCount.print()
                .setParallelism(1);                         //使用一个并行度
        //注意:因为 flink 是懒加载的,所以必须调用 execute 方法,上面的代码才会执行
        env.execute("streaming word count");
    }
```

```java
/**
 * 主要为了存储单词以及单词出现的次数
 */
public static class WordWithCount {
    public String word;
    public long count;

    public WordWithCount() {
    }

    public WordWithCount(String word, long count) {
        this.word = word;
        this.count = count;
    }

    @Override
    public String toString() {
        return "WordWithCount{" +
                "word='" + word + '\'' +
                ", count=" + count +
                '}';
    }
}
}
```

仿照前面的 FlinkWordCount 项目进行编译打包，编译打包成功以后，可以看到生成的 FlinkWordCount2.jar 文件。

启动 Flink 系统。打开一个 Linux 终端，使用如下命令启动 NC 程序：

```
$nc -lk 9999
```

再新建一个 Linux 终端，使用如下命令启动 FlinkWordCount2 词频统计程序：

```
$cd /usr/local/flink
$./bin/flink run --class cn.edu.xmu.WordCount /home/hadoop/IdeaProjects/FlinkWordCount2/out/artifacts/FlinkWordCount2_jar/FlinkWordCount2.jar --port 9999
```

在 NC 程序窗口内连续输入一些 hello world，类似图 A-52。

这时可以到浏览器中查看结果。在 Linux 系统中打开一个浏览器，在里面输入 http://localhost:8081，进入 Flink 的 Web 管理页面，再单击左侧的 Task Managers，会弹出右边的新页面，在页面中单击链接（见图 A-53），会出现如图 A-54 所示的新页面，在这个页面中，就可以看到词频统计结果了。

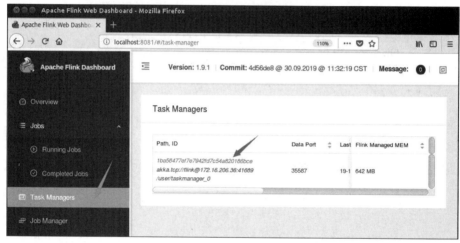

图 A-52　在 NC 程序窗口内连续输入一些 hello world

图 A-53　Flink 的 Web 管理页面

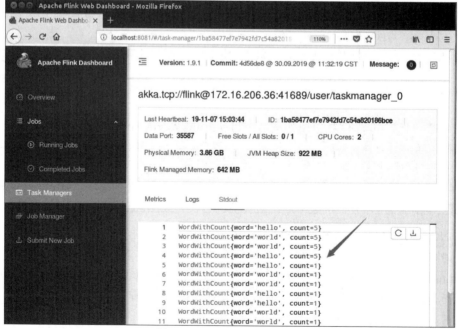

图 A-54　词频统计结果页面

附录 B

Linux 系统中的 MySQL 安装及常用操作

MySQL 是最流行的关系数据库管理系统(Relational Database Management System，RDBMS)，由瑞典 MySQL AB 公司开发，目前属于 Oracle 旗下的产品。在 Web 应用方面，它是最好的关系数据库管理系统应用软件之一。

B.1 安装 MySQL

1. 执行安装命令

在安装 MySQL 之前，需要更新软件源以获得最新版本，命令如下：

```
$sudo apt-get update
```

再执行如下命令安装 MySQL：

```
$sudo apt-get install mysql-server
```

上述命令会安装以下包。

(1) apparmor。
(2) mysql-client-5.7。
(3) mysql-common。
(4) mysql-server。
(5) mysql-server-5.7。
(6) mysql-server-core-5.7。

因此无须再安装 mysql-client 等。安装过程会提示设置 MySQL 数据库 root 用户的密码，本书统一设置密码为 hadoop，设置完成后等待自动安装即可。

2. 启动 MySQL 服务

默认情况下，安装完成就会自动启动 MySQL。可以先手动关闭 MySQL 服务，然后再次启动 MySQL 服务，命令如下：

```
$service mysql stop
$service mysql start
```

可以执行如下命令确认是否启动成功：

```
$sudo netstat-tap | grep mysql
```

如图 B-1 所示，如果 MySQL 节点处于 LISTEN 状态，则表示启动成功。

图 B-1　启动成功

3. 进入 MySQL Shell 界面

执行如下命令进入 MySQL Shell 界面：

```
$mysql -u root-p
```

该命令执行以后，系统会提示输入 MySQL 数据库的 root 用户的密码，本书把密码统一设置为 hadoop；输入密码后就进入 mysql> 命令提示符状态，如图 B-2 所示。

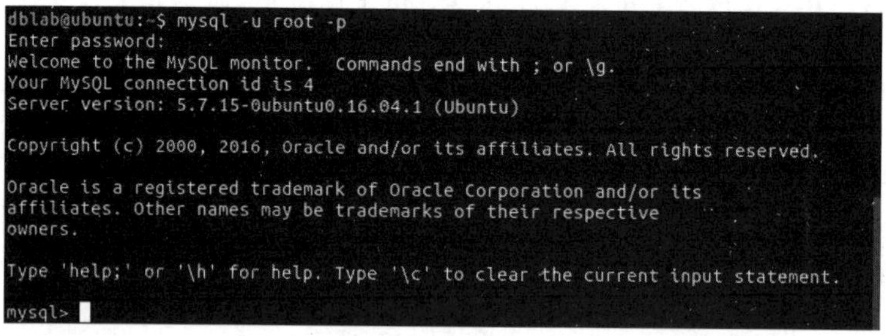

图 B-2　命令提示符

在 mysql> 命令提示符后，就可以输入各种 SQL 语句，对 MySQL 数据库进行操作。

4. 解决利用 Sqoop 导入 MySQL 出现的中文乱码问题

当使用 Sqoop 工具向 MySQL 数据库导入数据时，可能出现中文乱码问题，原因是 character_set_server 默认设置是 latin1，不是中文编码。要查询 MySQL 数据库当前的字符编码格式，可以使用如下命令：

```
mysql>show variables like 'char%';
```

执行该命令以后，会出现类似图 B-3 所示的信息。

可以单个设置修改编码方式，例如，使用如下命令：

```
mysql>set character_set_server=utf8;
```

```
mysql> show variables like "char%";
+--------------------------+----------------------------+
| Variable_name            | Value                      |
+--------------------------+----------------------------+
| character_set_client     | utf8                       |
| character_set_connection | utf8                       |
| character_set_database   | utf8                       |
| character_set_filesystem | binary                     |
| character_set_results    | utf8                       |
| character_set_server     | latin1                     |
| character_set_system     | utf8                       |
| character_sets_dir       | /usr/share/mysql/charsets/ |
+--------------------------+----------------------------+
8 rows in set (0.00 sec)
```

图 B-3　执行结果(1)

但是,通过这种方式设置字符编码格式,重启 MySQL 服务以后就会失效。因此,建议按照如下方式修改编码格式。

1) 修改配置文件

在 Linux 系统中新打开一个终端,使用 vim 编辑器编辑/etc/mysql/mysql.conf.d/mysql.cnf 文件,命令如下:

```
$vim /etc/mysql/mysql.conf.d/mysql.cnf
```

注意:上面的命令是在 Linux Shell 命令提示符下执行的,不是在 mysql>命令提示符下执行,一定要注意区分。打开 mysql.cnf 文件以后,在[mysqld]下面添加一行 character_set_server=utf8,如图 B-4 所示。

```
[mysqld]
#
# * Basic Settings
#
user            = mysql
pid-file        = /var/run/mysqld/mysqld.pid
socket          = /var/run/mysqld/mysqld.sock
port            = 3306
basedir         = /usr
datadir         = /var/lib/mysql
tmpdir          = /tmp
lc-messages-dir = /usr/share/mysql
character_set_server=utf8
skip-external-locking
```

图 B-4　增加一行代码

2) 重启 MySQL 服务

在 Linux 终端的 Shell 命令提示符(不是 mysql>命令提示符)下执行如下命令重启 MySQL 服务:

```
$service mysql restart
```

3) 登录 MySQL 查看当前编码格式

重启 MySQL 服务以后,再次使用如下命令查询 MySQL 数据库当前的字符编码格式:

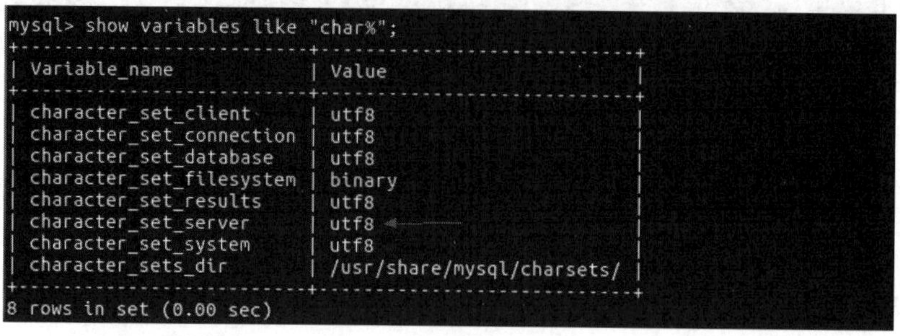

```
mysql>show variables like'char%';
```

执行该命令以后,会出现类似如图 B-5 所示的信息。

图 B-5　执行结果(2)

从图 B-5 中可以看出,字符编码格式已经修改为 utf8。

B.2　MySQL 常用操作

1. 显示数据库

可以在 mysql>命令提示符下输入如下命令显示数据库:

```
mysql>show databases;
```

注意:每条命令后面都需要跟上英文的分号(;)。

MySQL 安装完后,就会包含两个数据库,即 mysql 和 test。数据库 mysql 非常重要,它里面有 MySQL 的系统信息,修改密码和新增用户,实际上就是用这个库中的相关表进行操作。

2. 显示数据库中的表

对每个数据库进行操作之前,需要使用 use 命令打开该数据库:

```
mysql>use mysql;
```

可以使用如下命令来显示数据库中的表:

```
mysql>show tables;
```

3. 显示数据表的结构

显示数据表的结构的命令格式如下:

describe 表名;

4. 查询表中的记录

查询表中记录的命令格式如下：

select * from 表名；

例如，显示数据库 mysql 中的 user 表中的记录，可以使用如下命令：

```
mysql>select * from user;
```

5. 创建数据库

创建数据库的命令格式如下：

create database 库名；

例如，创建一个名为 aaa 的数据库，命令如下：

```
mysql>create database aaa;
```

6. 创建表

创建一个新表的命令格式如下：

use 库名；
create table 表名 (字段设定列表)；

例如，在刚刚创建的数据库 aaa 中建立表 person，表中有 id（序号，自动增长）、xm（姓名）、xb（性别）和 csny（出生年月）4 个字段，命令如下：

```
mysql>use aaa;
mysql> create table person (id int(3) auto_incrementnot null primary key, xm
varchar(10),xb varchar(2),csny date);
```

可以用 describe 命令查看建立的 person 表的结构，命令如下：

```
mysql>describe person;
```

执行完 describe 命令以后，会出现如图 B-6 所示的信息。

```
mysql> describe person;
+-------+-------------+------+-----+---------+----------------+
| Field | Type        | Null | Key | Default | Extra          |
+-------+-------------+------+-----+---------+----------------+
| id    | int(3)      | NO   | PRI | NULL    | auto_increment |
| xm    | varchar(10) | YES  |     | NULL    |                |
| xb    | varchar(2)  | YES  |     | NULL    |                |
| csny  | date        | YES  |     | NULL    |                |
+-------+-------------+------+-----+---------+----------------+
4 rows in set (0.00 sec)
```

图 B-6　执行结果(3)

7. 增加记录

例如，可以执行如下命令向 person 表中增加几条相关记录：

```
mysql>insert into person values(null,'张三','男','1997-01-02');
mysql>insert into person values(null,'李四','女','1996-12-02');
```

因为在创建表时设置了 id 自增，所以无须插入 id 字段，用 null 代替即可。

可用 select 命令查询 person 表的记录验证插入记录是否成功：

```
mysql>select * from person;
```

执行该命令后会得到图 B-7 所示的结果。

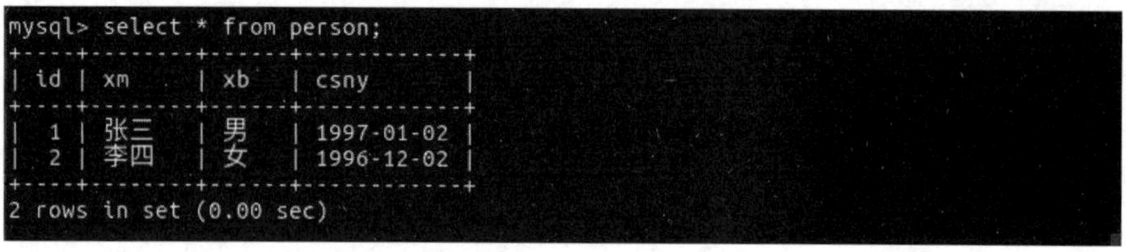

```
mysql> select * from person;
+----+--------+------+------------+
| id | xm     | xb   | csny       |
+----+--------+------+------------+
|  1 | 张三   | 男   | 1997-01-02 |
|  2 | 李四   | 女   | 1996-12-02 |
+----+--------+------+------------+
2 rows in set (0.00 sec)
```

图 B-7　执行结果(4)

8. 修改记录

例如，将张三的出生年月改为 1971-01-10，命令如下：

```
mysql>update person set csny='1971-01-10' where xm='张三';
```

9. 删除记录

例如，可以执行如下命令删除张三的记录：

```
mysql>delete from person where xm='张三';
```

10. 删除数据库和表

删除数据库和表的命令格式如下：

```
drop database 库名;
drop table 表名;
```

11. 查看 MySQL 版本

可以使用如下命令查看 MySQL 的版本信息：

```
mysql>show variables like 'version';
```

也可以使用如下命令查看 MySQL 版本信息：

```
mysql>select version();
```

参 考 文 献

[1] 林子雨.大数据技术原理与应用[M].3版.北京:人民邮电出版社,2020.

[2] 陆嘉恒.Hadoop 实战[M].2 版.北京:机械工业出版社,2012.

[3] Tom White.Hadoop 权威指南(中文版)[M].周傲英,等译.北京:清华大学出版社,2010.

[4] 维克托·迈尔-舍恩伯格,肯尼思·库克耶.大数据时代:生活、工作与思维的大变革[M].盛杨燕,译.杭州:浙江人民出版社,2013.

[5] 王鹏.云计算的关键技术与应用实例[M].北京:人民邮电出版社,2010.

[6] 黄宜华.深入理解大数据——大数据处理与编程实践[M].北京:机械工业出版社,2014.

[7] 蔡斌,陈湘萍.Hadoop 技术内幕——深入解析 Hadoop Common 和 HDFS 架构设计与实现原理[M].北京:机械工业出版社,2013.

[8] Nick Dimiduk,Amandeep Khurana.HBase 实战[M].谢磊,译.北京:人民邮电出版社,2013.

[9] 罗燕新.基于 HBase 的列存储压缩算法的研究与实现[M].广州:华南理工大学出版社,2011.

[10] 颜开.NoSQL 数据库笔谈[EB/OL].http://kecheng.baidu.com/view/c5f3420dba1aa8114431d92d.html.

[11] 林子雨,赖永炫,林琛,等.云数据库研究[J].软件学报.2012,23(5):1148-1166.

[12] Apache Hadoop.Hadoop Commands Guide[Z].http://hadoop.apache.org/docs/r1.0.4/commands_manual.html.

[13] Apache Hadoop.HDFS User Guide[Z].http://hadoop.apache.org/docs/r1.0.4/hdfs_user_guide.html.

[14] Rajiv Ranjan.Streaming big data processing in datacenter clouds[J].IEEE Cloud Computing,2014,1(1):78-83.

[15] Eric Redmond.七天七数据库[M].王海鹏,等译.北京:人民邮电出版社,2013.

[16] 陆嘉恒.大数据挑战与 NoSQL 数据库技术[M].北京:电子工业出版社,2013.

[17] 范凯.NoSQL 数据库综述[J].程序员,2010(6):76-78.

[18] Katarina Grolinger, Wilson A Higashino, Abhinav Tiwaril, et al. Data management in cloud environments: NoSQL and NewSQL data stores[J].Journal of Cloud Computing: Advances, Systems and Applications,2013,2(1):22.

[19] 于俊,向海,代其锋,等.Spark 核心技术与高级应用[M].北京:机械工业出版社,2016.

[20] 王道远.Spark 快速大数据分析[M].北京:人民邮电出版社,2015.

[21] Nathan Yau.鲜活的数据——数据可视化指南[M].向怡宁,译.北京:人民邮电出版社,2015.

[22] 王珊,萨师煊.数据库系统概论[M].5 版.北京:高等教育出版社,2014.

[23] 申德荣,于戈,王习特,等.支持大数据管理的 NoSQL 系统研究综述[J].软件学报,2013(8):1786-1803.

[24] 朝乐门.数据科学[M].北京:清华大学出版社,2016.

[25] Douglas Crockford.JavaScript 语言精粹[M].赵泽欣,鄢薛鸥,译.北京:电子工业出版社,2015.

[26] 鸟哥.鸟哥的 Linux 私房菜基础学习篇[M].3 版.北京:人民邮电出版社,2016.

[27] 王飞飞,崔洋,贺亚茹.MySQL 数据库应用从入门到精通[M].2 版.北京:中国铁道出版社,2016.

[28] Edward Capriolo,Dean Wampler,Jason Rutberglen.Hive 编程指南[M].曹坤,译.北京:人民邮电出版社,2016.

[29] Horstmann Cay S.快学 Scala[M].高宇翔,译.北京:电子工业出版社,2016.

图书资源支持

感谢您一直以来对清华版图书的支持和爱护。为了配合本书的使用,本书提供配套的资源,有需求的读者请扫描下方的"书圈"微信公众号二维码,在图书专区下载,也可以拨打电话或发送电子邮件咨询。

如果您在使用本书的过程中遇到了什么问题,或者有相关图书出版计划,也请您发邮件告诉我们,以便我们更好地为您服务。

我们的联系方式:

地　　址:北京市海淀区双清路学研大厦 A 座 701

邮　　编:100084

电　　话:010-83470236　010-83470237

资源下载:http://www.tup.com.cn

客服邮箱:2301891038@qq.com

QQ:2301891038(请写明您的单位和姓名)

资源下载、样书申请

书圈

扫一扫,获取最新目录

课程直播

用微信扫一扫右边的二维码,即可关注清华大学出版社公众号"书圈"。